编 译 原 理

李维华　岳　昆　周小兵　编著

科学出版社

北　京

内 容 简 介

本书围绕编译程序分析、设计和实现方面的主题，介绍上下文无关文法、有限自动机的基础知识，以及构造程序设计语言编译程序的一般原理、设计方法和实现技术，包括词法分析、语法分析、语义分析、中间代码生成、目标代码生成、运行时刻环境和代码优化；设计了一个案例语言，给出该语言翻译器的分析、设计和实现的完整过程；介绍了开源编译器 GCC 的逻辑结构、典型中间代码形式和存储管理策略，也围绕目标文件介绍了汇编和链接。

本书可以作为高校计算机科学与技术等相关专业的本科生教材，也可以作为相关专业教师和学生的参考书。

图书在版编目(CIP)数据

编译原理 / 李维华，岳昆，周小兵编著. — 北京：科学出版社，2022.10
ISBN 978-7-03-073439-6

Ⅰ. ①编… Ⅱ. ①李… ②岳… ③周… Ⅲ. ①编译程序－程序设计－高等学校－教材 Ⅳ. ①TP314

中国版本图书馆 CIP 数据核字(2022)第 189134 号

责任编辑：于海云 张丽花 / 责任校对：王 瑞
责任印制：赵 博 / 封面设计：迷底书装

科学出版社 出版
北京东黄城根北街 16 号
邮政编码：100717
http://www.sciencep.com
三河市骏杰印刷有限公司印刷
科学出版社发行 各地新华书店经销
*
2022 年 10 月第 一 版 开本：787×1092 1/16
2024 年 8 月第三次印刷 印张：15
字数：356 000

定价：**59.00 元**
(如有印装质量问题，我社负责调换)

前　言

　　编译程序是重要的计算机系统软件，同时编译原理涉及的知识贯穿计算机的软硬件体系结构。因此，通过剖析编译系统的结构、工作流程以及编译程序各组成部分的设计原理和实现技术，不仅可以深入理解程序设计语言的执行过程，获得分析、设计、实现和维护编译系统的初步能力，还可以提高对计算机系统的总体认识。另外，编译系统的构造是一个复杂的工程问题，包括了问题抽象、理论建模、系统设计与实现，所以编译原理不仅仅是介绍相关理论和技术，更重要的是阐述解决复杂工程问题的基本方法。因此，编译对计算机专业人员来说具有普遍意义。

　　本书以高级程序设计语言翻译为主线，组织编译的主要理论、方法和技术，阐述从源程序到目标文件的翻译过程。全书共 10 章。第 1 章概述编译器的结构、编译过程以及每个阶段的主要功能。第 2 章介绍上下文无关文法及分析的基本知识，为后续各章节的学习奠定基础。第 3 章介绍正规表达式和有限自动机，讨论词法分析程序的基本实现方法。第 4 章介绍自顶向下和自底向上语法分析的基本方法与技术。第 5 章围绕语义分析，介绍属性文法、语法制导翻译、符号表和类型检查等内容。第 6 章介绍程序设计语言中典型语法结构的中间代码生成方法。第 7 章围绕程序的运行过程，介绍运行时刻环境的存储组织、活动记录、基于栈的过程管理、非局部变量的访问，以及 GCC 的存储管理策略等内容。第 8 章介绍优化相关的基本概念、数据流分析基础以及经典的优化技术等内容。第 9 章围绕目标代码生成，介绍基本的目标机模型和典型的代码生成算法。第 10 章定义一个案例语言，采用多遍的组织方式，实现该语言的翻译器，详细给出翻译器的分析、设计和实现过程，并提供了源代码，读者可通过以下方法获取：打开网址 www.ecsponline.com，在页面最上方注册或通过 QQ、微信等方式快速登录，在页面搜索框输入书名，找到图书后进入图书详情页，在"资源下载"栏目中下载。

　　"编译原理"是计算机专业中的一门经典课程，在过去几十年中，有很多优秀的编译原理相关教材，如 Alfred.V.Aho 等编著的 *Compilers:Principles,Techniques and Tools*，这些教材为本书的编写提供了参考和借鉴。本书的编写过程中，编者参考了许多相关参考文献和博客，在此衷心地向相关作者表示诚挚的感谢。感谢家人、朋友和同事的支持和鼓励。

　　由于编者的精力和水平有限，若书中存在疏漏之处，敬请读者批评指正，将不胜感激。

编　者

2022 年 1 月

目　　录

第 1 章 引　　论

1.1　编　译　器

一种高级程序设计语言(简称高级语言)定义一个编程抽象,这个抽象可以使编程更容易,使编写的程序可读性更高、可移植性更好。然而,系统执行高级语言编写的程序时需要将程序转换成目标机能够识别的指令,并将这些指令按照一定的格式存储在存储器中。

图 1-1 所示的是一个 C 语言的示例程序 test.c,经过 gcc-5.4.0 编译产生 x86-64 目标程序,该目标程序是一个二进制的文件。

```
int b=3;
int main()
{
        int a=2,sum;
        sum=a+b;
        return 0;
}
```

图 1-1　C 语言的示例程序 test.c

如图 1-2 所示,左部是机器指令编码,右部是反汇编产生的注释。

```
0000000000000000 <main>:
    0: 55                      push    %rbp
    1: 48 89 e5                mov     %rsp,%rbp
    4: c7 45 f8 02 00 00 00    movl    $0x2,-0x8(%rbp)
    b: 8b 15 00 00 00 00       mov     0x0(%rip),%edx        # 11 <main+0x11>
   11: 8b 45 f8                mov     -0x8(%rbp),%eax
   14: 01 d0                   add     %edx,%eax
   16: 89 45 fc                mov     %eax,-0x4(%rbp)
   19: b8 00 00 00 00          mov     $0x0,%eax
   1e: 5d                      pop     %rbp
   1f: c3                      retq
```

图 1-2　目标代码示例

从上面的示例程序可以看出,编译器就是一个翻译程序,将一种语言编写的源程序翻译为另一种语言编写的目标程序。显然,识别并报告源程序中的错误也是编译器的一个重要任务。在大多数程序员的眼中,编译器可以看作图 1-3 所示的一个"黑箱"。

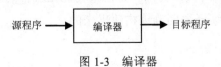

图 1-3　编译器

编译器将源程序转换成目标程序，系统再将目标程序加载到内存中并运行，最终可以实现程序的输入处理和输出。解释器是另一种程序设计语言处理器，和编译器一样，解释器需要检查程序的正确性并分析程序的语法和语义。然而，与编译器不同，解释器不生成目标程序，而是直接根据源程序和用户输入执行程序。一般来说，编译器产生的目标程序执行比解释器快，但是解释器的错误诊断效果比编译器好。

将源程序转换成可执行目标程序时，编译器往往还需要和一些相关程序紧密结合，这些程序包括预处理器、汇编器、链接器等。预处理器、编译器、汇编器和链接器一起构成编译系统。预处理器是在翻译之前由编译器调用的独立程序，主要处理宏定义和文件包含等信息。汇编语言不仅容易转换成目标机指令，也容易调试，所以为编译器提供了通用的输出语言。然而，汇编语言程序还需要经过汇编器转换成目标代码。如果程序被分成多个部分进行编译，那么汇编器得到的多个汇编语言程序还需要通过链接器进行链接，最后才能得到可执行的目标文件。

1.2　编译器的结构

编译将一种语言编写的源程序映射成另一种语言编写的目标程序，但是将高级语言程序直接有效地转换为目标机代码的映射规则往往难以找到，所以"黑箱"中的映射过程可以分为前端和后端两个部分(图 1-4)。

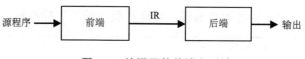

图 1-4　编译器的前端和后端

前端把源程序分解为若干个组成元素，并对这些元素附加语法结构，然后根据这个结构构建源程序的中间表示(Intermediate Representation，IR)，同时收集源程序的信息并将其存入符号表。后端根据得到的中间表示和符号表中的信息构建目标程序。简单地说，前端致力于理解源程序，后端致力于把程序映射到目标机上。

事实上，编译器在生成目标代码之前可能使用多种中间表示。这些中间表示的使用可以使编译器的前端语言和后端机器相对独立，降低编译的难度，同时可以更好地支持编译器的移植。此外，引入中间表示可以将编译过程进一步细化为若干个转换阶段，每一个阶段将源程序由一种中间表示转换成另一种中间表示。一个典型的编译过程可以分解为词法分析、语法分析、语义分析、中间代码生成、中间代码优化、目标代码生成、目标代码优化，如图 1-5 所示。其中，中间代码优化和目标代码优化统称为代码优化，是可选的步骤。另外，中间表示不一定是被编译器明确地构建出来的。

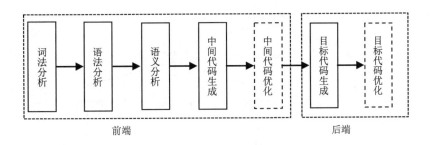

图 1-5　编译器的典型编译过程

1.2.1　词法分析

编译器的第一个任务就是词法分析。词法分析的任务是从源程序的连续字符序列中识别出有意义的单词。

对于每个单词，词法分析程序将它转换为一种内部表示形式，称为词法单元。词法单元一般包括单词的词法记号和属性。词法记号是用于语法分析的抽象记号，可以理解为一类单词的标签。典型的词法记号包括关键字、整数、实数、标识符、运算符、分隔符等。单词最典型的属性是标识符的名字、整数的数值等。例如，示例程序(图 1-1)中的 int、main 是关键字，3 和 2 是整数，a 和 b 是标识符，"="和";"分别是运算符和分隔符。

因此，每个词法单元可以表示为一个二元组< tokenID,token_value>。其中，tokenID 表示词法记号，token_value 表示单词属性。如果标识符、"="和"+"的词法记号分别是 id、becomes 和 addtoken，那么示例程序(图 1-1)中语句 sum=a+b 经过词法分析可以输出如下词法单元序列：

< id, sum>　　　　<becomes, = >　　　　< id, a>　　　　<addtoken, +>　　　< id, b >

词法分析中，对程序执行结果没有影响的元素将被忽略，如空格、回车符、换行符、制表符、注释等。此外，如果一个词法记号仅仅定义一个单词，那么没有必要同时使用 tokenID 和 token_value。例如，假设 addtoken 仅仅是"+"的抽象，那么输出可以表示为<addtoken,>。

1.2.2　语法分析

语法分析程序判定从词法分析输出的词法单元序列是否符合语言的语法结构，并构造其中间表示形式。一种常用的中间表示是树型结构，称为语法树。

示例程序(图 1-1)中语句 sum=a+b 可以表示为图 1-6 所示的树型结构。其中，每个结点都表示一个语法元素。

语法树以一种层次定义关系忠实地反映语法元素之间的语法结构，但是语法树的具体形式依赖于语法元素之间的定义。例如，图 1-6 所示的语法树中，赋值语句通过表达式定义，表达式可以通过表达式递归定义，也可以通过标识符直接定义。这种语法关系将采用上下文无关文法进行描述，并进一步构造出有效的语法分析程序。

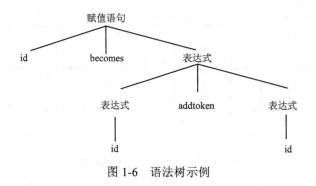

图 1-6　语法树示例

1.2.3　语义分析

语法分析在词性和语法规则上确定句子的合法性，局限于拼写和语法范畴，但是语法分析忽略单词的含义。例如，sum=a+b 和 y=b+c 在语法结构上是完全一样的。因此，在前端将源程序翻译成中间表示之后，编译器必须进行语义分析。

语义分析主要根据语言的语义约束检查程序的一致性，收集相关信息并将其存储到符号表或者语法树中。例如，程序(图 1-1)将 sum、a 和 b 声明为整型变量，语义分析程序首先在处理声明时将这些信息填入符号表或者存储到语法树的相应结点中。

语义分析的一个主要任务是类型检查。例如，针对赋值语句 sum=a+b(图 1-1)，首先需要根据 a 和 b 的类型信息判断它们是否相容，并进一步确定 a+b 结果的类型；接着确定 sum 和 a+b 结果的类型是否相容。

语义分析和符号表密切相关，但是符号表不只和语义分析相关，它几乎与编译器的所有阶段都进行交互。词法分析阶段和语法分析阶段识别符号的名称与抽象的词法记号；语义分析阶段将增加数据类型和其他信息；代码生成阶段和代码优化阶段也将利用由符号表提供的信息选出恰当的代码。

1.2.4　中间代码生成

中间代码是在源语言和目标语言之间引入的一种中间表示形式，可以看作某种虚拟机的抽象。通过中间代码，编译器可以避开直接从源语言到目标语言翻译时较大的语义跨度。中间代码的引入使编译程序的逻辑结构更加简单明确，也有利于实现程序优化和编译器的移植。

中间代码一般具有两个重要的性质：容易生成，同时容易转换成目标机上的程序。树型结构和线性中间代码是两种最重要的中间表示形式。语法树和抽象语法树就是树型结构中间代码；三地址代码是一种线性中间代码，这种代码类似于汇编指令，每条代码有三个分量。例如，图 1-1 中的赋值语句 sum=a+b 可以表示为如下的三地址代码：

$T_1=a+b$

sum= T_1

其中，T_1 是存储加法运算结果的临时变量。此外，从上面的三地址代码可以看出，每条指令只能有一个运算，所以指令顺序和运算顺序一致。更多形式的中间代码和处理技术将在第 6 章介绍。

1.2.5　代码优化

代码优化的目的是提高程序执行的时空效率,可以分为与机器有关的优化和与机器无关的优化。与机器无关的优化主要针对中间代码进行,也称为中间代码优化;与机器有关的优化主要针对目标代码进行,也称为目标代码优化。

把高级结构和数据存储运算直接翻译成代码,其运行的效率可能比较低。在图 1-1 中的 sum=a+b,如果直接翻译,那么得到的目标程序每次运行不仅需要访问 a 和 b 的存储空间,还需要进行加法运算。如果考虑 sum=a+b 之前 a 和 b 的值是个常量,那么赋值号右边的 a 和 b 可以分别用 2 和 3 替换;此外,2+3 可由编译器直接计算并得到结果 5。因此,sum=a+b 可以被优化为 sum=5。

好的优化能够提高代码的质量。然而,引入优化使得源代码和目标代码之间的关系变得模糊,同时使得程序调试变得困难。其次,不管多么复杂的优化,都不能为所有的程序产生最优代码,而且很多编译优化问题都是不可判定的。此外,代码优化是以增加编译器的开销为代价的,所以优化工作量大势必会降低编译器编译源程序的效率。因此,不同的编译器会在编译效率和源程序执行效率之间进行权衡,并采用不同的优化策略和优化技术。

1.2.6　目标代码生成

代码生成器以源程序或者源程序的中间表示形式作为输入,并把它映射为目标机上的代码。代码生成与目标机的特性密切相关,目标机上的指令格式、寻址达式、寄存器分配、数据表示等都是影响代码生成的因素。

代码生成不仅需要确定选择哪些指令,还要确定指令高效执行的顺序,确定哪些值应该放入寄存器中,哪些值放入内存中。因此,指令选择、寄存器分配、指令的调度是代码生成的三个主要问题。这三个问题相互作用,对生成代码的质量有直接的影响。指令选择就是选择一组实现中间操作的目标指令集。因为寄存器是存储层次结构中访问速度最快的资源,所以操作数存储在寄存器中的指令比操作数存储在内存中的指令的执行速度快。然而,寄存器的数量有限,所以一些指令执行之后不得不将其操作数移入内存,为即将执行的指令空出寄存器。从寄存器移进内存或者从内存移进寄存器的指令将增加代码运行的开销,所以要充分考虑指令执行顺序及其操作数之间的关系,可以尽可能提高代码的性能。

和代码生成密切相关的一个问题是如何对源程序中的标识符进行存储分配,编译器将在中间代码或目标代码生成阶段做出存储分配的决定。

1.2.7　编译器的组织

编译器的结构强调编译程序的逻辑过程和步骤。在实现编译器的时候,可以将每个步骤组织为一遍,也可以将几个步骤组织为一遍。每遍读入一个输入文件并产生一个输出,将一种中间表示形式转换成另一种中间表示形式。例如,可以将词法分析、语法分析、语义分析和中间代码生成组织成一遍,代码生成和代码优化组织成一遍。

实际上，编译程序也可以通过一遍完成所有的编译步骤，这样的编译器称为单遍编译器。一个典型的单遍编译器可以按照图 1-7 所示的方式组织，其中的核心程序是语法语义分析程序，只有核心程序需要单词时才会调用词法分析程序识别一个单词，同样只有核心程序需要生成代码的时候才会调用代码生成程序。单遍编译器不用显式构造中间表示，适合实现翻译需求相对简单的程序设计语言。

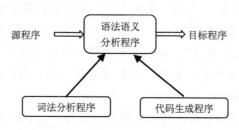

图 1-7　一个单遍编译器的模型

和单遍编译器相对的就是多遍编译器。在多遍编译器中，编译器围绕一组精心设计的中间表示形式进行组织，每一遍将源程序或一种中间表示形式转换成另一种表示形式。多遍编译器比较灵活，适合进行具有复杂语言功能的程序设计语言的翻译。此外，精心设计的中间表示形式使得编译器可以将不同的前端和不同的后端结合起来，提高编译器的可移植性。

1.3　GCC 概述

GCC 是一套 GNU（GNU's Not UNIX）开发的编译器环境，不仅支持多种语言，还支持多种硬件平台。

1.3.1　GCC 的语言处理过程

高级程序设计语言程序只有转化为目标机上的代码才能执行。GCC 将源程序转换成可执行文件的过程可以细分为 4 个阶段：预处理、编译、汇编和链接，如图 1-8 所示。

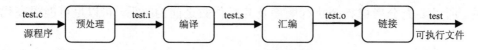

图 1-8　GCC 的语言处理过程

预处理是将要包含（Include）的文件插入原文件中，并将宏定义展开，根据条件编译命令选择要使用的代码，最后将这些代码输出文件并等待进一步处理。预处理可以在源程序编译之前，也就是说可以在对源程序的所有扩展信息进行处理之后，再对结果进行词法分析等；也可以将编译程序的预处理设计为词法分析驱动，当发现标志性的符号时，处理当前的扩展信息，处理完毕返回词法分析程序。例如，GCC 处理 C 语言的"#"时启动预处理程序。

预处理阶段的工作方式可以简单地理解为替换或者复制。例如，对于 C 程序的宏定义 #define *n* 10，GCC 的词法分析程序在发现#define 时进入宏定义的处理，识别出标识符 *n*，建立对照表存储标识符 *n* 和符号序列 10 之间的映射关系，然后词法分析程序继续运行，每当遇到标识符 *n* 时，就在对照表中寻找映射关系，并进行替换。对于 C 程序中的文件包含，GCC 将文件复制到#include 语句的位置。

编译阶段对源程序进行词法、语法、语义分析，并将源程序转换成与目标体系结构相关的汇编代码。

汇编阶段将编译阶段得到的汇编代码翻译成符合一定格式的机器代码，并将其输出到目标文件中。目标文件包括机器代码和代码在运行时使用的数据，如重定位信息、用于链接或调试的程序符号(变量和函数的名字)，以及其他调试信息。每个目标文件由对应的.c 文件生成，其代码和数据地址都从 0 开始。

链接阶段以一组可重定位目标文件作为输入，生成可加载和运行的可执行目标文件，具体需要完成符号解析和重定位。其中，符号解析主要将符号的引用和输入的可重定位目标文件的符号表中的一个符号关联起来；重定位将每个符号的定义与其在虚拟内存中的具体位置进行关联，使得它们指向正确的运行时地址。

1.3.2　GCC 的逻辑结构

GCC 编译器的实现围绕一组精心设计的中间表示形式，这些中间表示形式可以将不同的前端语言和不同的后端目标机结合起来，建立不同语言在目标机上的编译器，同时可以建立同一个语言在不同目标机上的编译器。

对于不同高级语言的源文件，GCC 按照各自的词法、语法进行分析，并将其转换成一棵抽象语法树(Abstract Syntax Tree，AST)。每种前端语言词法、语法分析后形成的 AST 是异构的，所以前端进一步将 AST 转换成 GENERIC。简化的 GENERIC 表示为中间表示形式 GIMPLE，之后再转换成寄存器转移语言(Register Transfer Language，RTL)。RTL 是一种与目标体系结构相关、接近汇编指令的中间表示。GCC 的后端在 RTL 上开展与体系结构相关的优化并生成对应平台上的汇编代码。图 1-9 给出一个 GCC 结构示意图。

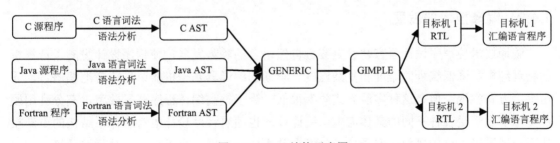

图 1-9　GCC 结构示意图

通过 GENERIC、GIMPLE 和 RTL，GCC 将不同的高级语言和不同的目标体系结构结合起来，最终形成支持多语言和多目标机的编译器套件。经过多年的发展，GCC 编译器前端支持 C、Fortran、Pascal、Java、Python 等编程语言，后端支持大部分广泛使用的目标机体系结构，如 x86、MIPS、ARM、PowerPC 等。

1.4 编译程序的发展

1.4.1 程序设计语言的发展

最早的程序都是用机器语言编写的，但是机器语言编写程序是十分费时和困难的，所以机器语言很快就被符号形式的汇编语言代替。汇编语言的出现大大地提高了编程的速度和准确度，因此至今还在使用汇编语言。然而，汇编语言的编写、阅读和理解都比较难，而且汇编语言和计算机的体系结构密切相关，所以汇编语言程序的可移植性比较差。

1954 年，IBM 的 John Backus 带领一个研究小组设计和开发了自动将数学公式转换成IBM 704 机器代码的工具。由于程序设计语言处理所涉及的翻译并不为人所掌握，所以这个项目耗费了巨大的人力和物力。1957 年，公式翻译系统 Fortran 正式发布，成为第一个高级程序设计语言。Fortran 语言问世之后，不断完善并推出了不同的版本，在接下来的十多年间几乎统治了所有的数值计算领域。

Fortran 的成功为随后的程序设计语言和编译器的涌现铺平了道路。在接下来的几十年里，有很多带有新特性的程序设计语言被陆续开发出来。它们使得编程更加容易、自然，功能也更加强大。按照语言产生来划分程序设计语言：第一代是机器语言；第二代是汇编语言；第三代是 Fortran、Lisp、C、C++、Java 等高级程序设计语言；第四代是为特定应用设计的程序设计语言，如 SQL、PostScript 等；第五代是基于逻辑和约束的语言，如 Prolog。程序设计语言也可以划分为强制式语言和声明式语言。强制式语言强调计算过程，需要程序指明如何完成一个计算任务，如 C、C++等；声明式语言强调结果，不需要关心程序具体的实现方式，如数据库查询语言 SQL 以及基于逻辑和约束的语言 Prolog。

以冯·诺依曼计算机体系结构为计算机模型的程序设计语言称为冯·诺依曼语言，反之称为非冯·诺依曼语言。Fortran、C 是典型的冯·诺依曼语言。脚本语言是为了缩短传统的编写-编译-链接-运行过程的时间而创建的计算机编程语言，它具有高层次运算符，是一种解释型语言，可以"粘合"多个计算过程，如 Python、VBScript、JavaScript。

1.4.2 编译技术的发展

编译技术使程序设计语言朝着更接近自然语言的趋势发展，使程序设计脱离了计算机的物理结构，降低编程的难度和复杂程度。早期的编译器基于机器语言或者汇编语言，采用手工方式实现，但是这种实现方式效率很低。为了提高编译程序开发效率，充分利用硬件资源以及满足各种不同的具体需求，编译技术也随着程序设计语言和体系结构的更新换代不断地发展，比较典型的编译技术包括自动生成、自展、交叉编译、并行编译等。

自动生成的目的是以任一语言的词法规则、语法规则和语义解释为出发点，自动产生该语言的编译程序。其中最著名是词法分析程序的自动生成工具 Lex（Lexical Analyzer Generator），以及语法分析程序的自动生成工具 Yacc（Yet Another Compiler-Compiler），它们是由 AT&T 贝尔实验室在 20 世纪 70 年代为 UNIX 系统开发的。

　　自展是先使用一种可用语言实现一个源语言子集的编译器，然后扩展源语言，并用源语言子集编写扩展语言的翻译程序，最后使用子集编译器编译并更新编译器。自展可以迭代地进行，直到编译器可以处理完整的源语言。Pascal 语言就是成功使用自展技术开发的编译器。

　　交叉编译是指在当前平台下编译出在其他平台下运行的程序。编译器运行的平台称为主机，新程序运行的平台称为目标机。当主机和目标机是相同类型的平台时，编译器是本地编译器。当主机和目标机是不同类型的平台时，编译器就是交叉编译器。交叉编译一般用于嵌入式系统的开发，这主要因为嵌入式系统配置较低，资源过少，编译效率远不及 PC。交叉编译的困难来源于主机和目标机不同的软硬件环境。

　　并行编译为并行化现有的串行程序或编写新的并行程序提供了支持。并行编译系统是能够处理并行程序，将现有串行程序并行化的编译系统。并行编译系统的具体实现和功能与并行程序的设计以及其支持的目标机体系结构密切相关。

　　随着程序设计语言翻译技术的成熟，大多数的研究和工程实践都专注于编译优化。然而，程序设计语言的更新换代和体系结构的不断发展使得编译优化搜索空间急剧增长。巨大的搜空间使编译器开发人员很难设计出考虑所有因素的启发式规则，也使许多编译器优化过时或调优不佳。迭代编译就是为解决这一问题提出的一种方法，它的基本思想是生成正在编译的程序的若干版本，并将执行最快的版本作为编译的最终结果。迭代编译几乎不需要了解当前平台，可以使程序适应任何给定的体系结构，并且可以显著地提高程序性能。然而，迭代编译必须对每个新程序都重复可能成千上万次的编译和执行，这就阻止了迭代编译在通用编译器上的应用和推广，迭代编译仅仅应用在某些特定领域，如嵌入式系统，因为可用的资源稀缺。

　　机器学习从已有数据中学习可重用知识并将其用于新数据的预测，基于机器学习的编译优化不仅可以获得迭代编译的优势，同时还减少所需的执行次数。基于机器学习的优化模型不需要依赖于编译器开发人员的经验去设计启发式规则，也不需要开发人员关心体系结构或程序的细节，在复杂的、异构的、不断变化的系统中可以自动探索优化代码，自动实现底层程序和硬件特性优化。近年来，深度学习的出现已经开始渗透到每一个学科，编译器也不例外。基于深度学习的编译器可以避免特征选择和设计，为不同硬件架构之间提供了更好的可移植性。在过去的 20 年里，基于机器学习的编译逐渐成为编译研究领域中最为活跃的关注点。

习　　题

1.1　计算机执行高级语言程序的途径有哪些? 它们之间有什么区别?

1.2　编译器对高级语言源程序的处理一般包括哪些逻辑过程?各自的功能是什么?

1.3　编译器对高级语言源程序的处理过程可以划分为词法分析、语法分析、语义分析、中间代码生成、中间代码优化、目标代码生成、目标代码优化等几个阶段，哪些阶段并不是每种编译器都必需的?

第2章 上下文无关文法和分析

编译器的实现首先需要关注如何设计正确的数学模型并选择有效的算法。在满足功能要求的条件下，设计和选择还需要平衡通用性和有效性。文法与程序设计语言翻译的数学模型和算法密切相关。本章围绕描述程序设计语言的文法，介绍基本的概念和模型，为理解、实现程序设计语言的翻译奠定基础。

2.1 概　述

编译器在分析程序时，需要在判断程序结构的基础上理解程序。因此，明确、严谨地定义程序的结构是理解和翻译程序设计语言的基础。

图 1-1 所示的 C 程序使用了一个赋值语句 sum=a+b，但仅依靠"赋值语句"这个抽象概念无法把该句子的语法描述清楚。因此，可以采用如下的规则形式化地表示"赋值语句"的结构：

　　　　赋值语句→变量=代数表达式

该规则表示将"赋值语句"定义为"变量"、"="和"代数表达式"组成的序列。假设"变量"是字母开头，后面是数字或者字母的一种字符串，那么在这个规则中，只有"代数表达式"仍然是个不清楚的、抽象的概念。因此，可以采用类似上面的规则迭代地进行定义，直到每一个概念都非常明确，没有必要再定义为止。最后，可得到以下定义"赋值语句"的语法规则：

　　　　赋值语句→变量=代数表达式

　　　　代数表达式→代数表达式+代数表达式

　　　　代数表达式→代数表达式−代数表达式

　　　　代数表达式→代数表达式*代数表达式

　　　　代数表达式→代数表达式/代数表达式

　　　　代数表达式→(代数表达式)

　　　　代数表达式→变量

上面的规则把"赋值语句"的结构基本刻画清楚。这种语法规则的刻画形式称为文法。在文法的定义过程中包含了一些不可再分的基本元素，这些元素包括字母、数字、"+"、"−"、"*"、"/"、"="、"("和")"。把这些基本的不可再分的元素集合称为字母表。

每个程序设计语言都是某个字母表上任意数量的字符串的集合，文法就是定义这个集合的数学工具。利用文法，可以判断任意的一个符号串是否符合文法规则的定义。例如，下面是一个不符合赋值语句定义的序列：

sum=a*b+

此外，文法还可以生成很多合法的序列。例如，x=x1+x2*(a+b)是一个符合上面赋值语句定义的序列。程序员和编译器往往从不同的角度关注文法，例如，程序员根据语言规则编写程序，而编译器按照规则检查程序员提交的任意程序是否合法。

2.2　符号串及运算

程序设计语言可以由有限个不可再分的基本元素组成，这些元素组成的集合称为字母表，常用 Σ 表示。字母表定义了一个程序设计语言中可能出现的基本符号集合。

下面展示了一些不同的字母表：

$$\Sigma_1=\{a,b,\cdots,z,A,B,\cdots,Z\}$$
$$\Sigma_2=\{aa,bb\}$$
$$\Sigma_3=\{0,1,2,\cdots,9\}$$
$$\Sigma_4=\{0,1\}$$
$$\Sigma_5=\{a,b\}$$

Σ 中的若干符号构成的一个有限序列称为符号串，不包含任何符号的串称为空串，常用 ε 表示。符号串 w 包含字母表中基本符号的个数称为该符号串的长度，记为 $|w|$。很显然 $|\varepsilon|=0$。对于字母表 Σ_1，$|aabb|=4$；对于字母表 Σ_2，$|aabb|=2$。

符号串之间可以进行连接，设 x、y 为串，且 $x=a_1a_2\cdots a_m$，$y=b_1b_2\cdots b_n$，则 x 与 y 连接得到 xy 为 $a_1a_2\cdots a_mb_1b_2\cdots b_n$，表示为 $xy=a_1a_2\cdots a_mb_1b_2\cdots b_n$。很显然，连接运算不满足交换律，但具有下面的性质：

$$(xy)z=x(yz)$$
$$\varepsilon x=x\varepsilon=x$$
$$|xy|=|x|+|y|$$

宽泛地说，语言就是某个字母表上任意数量的符号串的集合，如 $\{a,b\}$、二进制序列集合、正确的英文单词集合、语法正确的 C 程序集合、正确的英文句子的集合等。由此可见，字母表也是一个简单的语言。语言最常用的运算是并、连接和闭包运算。表 2-1 给出相关运算的定义。

表 2-1　语言的运算

运算	定义
集合 L、M 的并	$L\cup M=\{s|s\in L \text{ 或者 } s\in M\}$
集合 L、M 的连接	$LM=\{ab|a\in L,b\in M\}$
集合 L 的 0 次幂	$L^0=\{\varepsilon\}$
集合 L 的 n 次幂	$L^n=LL^{n-1}=L^{n-1}L,n\geqslant 1$
集合 L 的*闭包	$L^*=L^0\cup L^1\cup L^2\cup\cdots$
集合 L 的+闭包	$L^+=L^1\cup L^2\cup\cdots$

从表 2-1 的定义可以看到，$\{a,b,c\}\{0,1\}=\{a0,b0,c0,a1,b1,c1\}$。此外，对于前面给出的字母表，$(\Sigma_1)^+$ 就表示所有可能的英文单词；$(\Sigma_3)^+$ 就表示所有可能的数字串；$(\Sigma_4)^+$ 就表示

由 0 和 1 组成的所有串的集合；$\Sigma_1(\Sigma_1 \cup \Sigma_3)^*$就表示所有以字母开头，由数字和字母组成的符号串的集合。

和符号串相关的定义还有前缀、后缀和子串。对于任意 w，x，y，$z \in \Sigma^*$，如果 $w=xyz$，则称 x 是 w 的前缀，z 是 w 的后缀，y 是 w 的子串。例如，对于字母表 $\Sigma = \{a,b\}$，符号串 *aaba* 的前缀、后缀和子串分别如表 2-2 所示。

表 2-2 *aaba* 的前缀、后缀和子串

运算	结果
前缀	$\varepsilon,a,aa,aab,aaba$
后缀	$\varepsilon,a,ba,aba,aaba$
子串	$aaba,a,aa,ab,aab,aba,ba,b,\varepsilon$

2.3 文 法

文法是描述语言的一个形式化工具，它用于描述程序设计语言的语法规则。本节首先介绍文法的定义，再进一步介绍基于文法的语言分析。

2.3.1 上下文无关文法的定义

定义 2.1 一个上下文无关文法是一个四元组 $G[S]=(V_T, V_N, S, P)$。其中：

(1) V_T 是终结符的有限非空集合，表示组成符号串的所有基本符号；

(2) V_N 是非终结符的有限非空集合，每个非终结符表示一个符号串集合的语法变量；

(3) $S \in V_N$ 为开始符号，这个符号表示的符号串集合就是文法定义的语言；

(4) P 是产生式的有限非空集合，每个产生式形如 $A \rightarrow \alpha$。这里，$A \in V_N$ 称为产生式的左部，$\alpha \in (V_T \cup V_N)^*$ 称为产生式的右部，"$\rightarrow$"表示定义关系，可以读作"定义为"。

文法中开始符号至少出现在某个产生式的左部，而且习惯上最先列出开始符号的产生式。在语法分析时，终结符和单词就是同义词。

对于一个定义表达式的文法 $G[S]=(\{S,E\},\{(,),+,*,v,d\},P,S)$，其中产生式集合 P 如图 2-1 所示。

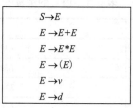

$$S \rightarrow E$$
$$E \rightarrow E+E$$
$$E \rightarrow E*E$$
$$E \rightarrow (E)$$
$$E \rightarrow v$$
$$E \rightarrow d$$

图 2-1 简单表达式文法的产生式集合

为了避免在每个文法中描述哪些是终结符，哪些是非终结符，使得文法描述更加方便和简洁，本书将按照如下约定来表示文法[①]。

---

① 文法格式的相应约定，斜体的字符串表示非终结符，加粗正体的字符串表示终结符。

（1）下列符号表示终结符：

① 小写字母，如 a、b、c 等；

② 数字，包括 0,1,2,$\cdots$,9；

③ 标点符号，如逗号、分号等；

④ 运算符，如+、–等；

⑤ 黑体字符串，如 **if**、**else** 等。

（2）下列符号表示非终结符：

① 大写字母，如 A、B、C 等；

② 大写字母 S 表示开始符号。

（3）小写希腊字母表示符号串，如 α、β、γ 等。

（4）可以把相同左部的一组产生式 $A \to \alpha_1, A \to \alpha_2, \cdots, A \to \alpha_k$ 合并为 $A \to \alpha_1 \mid \alpha_2 \mid \cdots \mid \alpha_k$，其中 $\alpha_1, \alpha_2, \cdots, \alpha_k$ 称为 A 的候选式，"$\mid$"可读作"或者"。例如，图 2-1 中的非终结符 E 的产生式表示为 $E \to E+E \mid E*E \mid (E) \mid v \mid d$。

程序设计语言的语法规则也可以采用 BNF（Backus-Naur Form）范式进行描述。BNF 范式习惯使用"::="代替"$\to$"表示"定义为"，在"$\mid$"的基础上提供了更多的元符号，为一些具体语法结构的描述提供便利。例如，在 BNF 范式中，尖括号"<"">"括起来的是非终结符，方括号"[""]"内的成分是可选项，花括号"{""}"内的成分可重复任意次。

例如，下面的 BNF 范式定义了整数的集合。

<整数>::=[+$\mid$–]<数字>{<数字>}

<数字>::=0$\mid$$\cdots$$\mid$9

2.3.2　推导和归约

利用文法可以分析给定的输入串是否符合文法定义的规则，具体的分析方法有推导和归约两种。推导从开始符号出发，利用产生式的右部替换产生式的左部。归约从终结符出发，利用产生式的左部替换产生式的右部。显然，推导和归约是两个互逆的过程。

定义 2.2　设 $G[S]=(V_N, V_T, P, S)$ 是一个文法，如果 $A \in V_N$，$\eta, \sigma \in (V_T \cup V_N)^*$，$\alpha \to \beta \in P$，$\omega = \eta \alpha \sigma$，$\varphi = \eta \beta \sigma$，则称 ω **直接推导**出 φ，或者 φ **直接归约**出 ω，记为 $\eta \alpha \sigma \underset{G[S]}{\Rightarrow} \eta \beta \sigma$，如果 $G[S]$ 在上下文中是清楚的，则记为 $\eta \alpha \sigma \Rightarrow \eta \beta \sigma$。

直接推导也称为**一步推导**，所以 $\eta \alpha \sigma \Rightarrow \eta \beta \sigma$ 也可以读为 $\eta \alpha \sigma$ 一步推导出 $\eta \beta \sigma$，或者 $\eta \beta \sigma$ **一步归约**出 $\eta \alpha \sigma$。如果存在直接推导序列 $\omega \Rightarrow \omega_1 \Rightarrow \cdots \Rightarrow \omega_n = \varphi$，则称 ω 经过 **n 步推导**出 φ，简称 ω 推导出 φ，记为 $\omega \overset{n}{\Rightarrow} \varphi$。如果仅仅表示经过多步推导得到的结果，即 n 为大于 0 的某个数值，则 $\omega \overset{n}{\Rightarrow} \varphi$ 记为 $\omega \overset{+}{\Rightarrow} \varphi$。如果 $n \geq 0$，则记为 $\omega \overset{*}{\Rightarrow} \varphi$。

对于图 2-1 所示的文法，下面罗列一些推导序列：

（1）$S \Rightarrow E \Rightarrow E+E \Rightarrow E+(E) \Rightarrow E+(E*E) \Rightarrow v+(E*E) \Rightarrow v+(E*d) \Rightarrow v+(v*d)$

（2）$S \Rightarrow E \Rightarrow E+E \Rightarrow v+E \Rightarrow v+(E) \Rightarrow v+(E*E) \Rightarrow v+(v*E) \Rightarrow v+(v*d)$

（3）$S \Rightarrow E \Rightarrow E+E \Rightarrow E+(E) \Rightarrow E+(E*E) \Rightarrow E+(E*d) \Rightarrow E+(v*d) \Rightarrow v+(v*d)$

（4）$S \overset{*}{\Rightarrow} v+(v*d)$

$(5)\ S \overset{+}{\Rightarrow} v+(v*d)$

$(6)\ S \overset{7}{\Rightarrow} v+(v*d)$

$(7)\ v+(v*d) \overset{0}{\Rightarrow} v+(v*d)$

$(8)\ v+(v*d) \overset{*}{\Rightarrow} v+(v*d)$

$(9)\ S \Rightarrow E \Rightarrow E*E \Rightarrow E*(E) \Rightarrow E*(E+E) \Rightarrow E+E*(E+E) \Rightarrow E+E*(v+E) \Rightarrow E+E*(v+d)$

在这些序列中，序列(1)、序列(2)和序列(3)都表示从 S 推导得到 $v+(v*d)$，但是推导的序列不完全相同；序列(4)、序列(5)和序列(6)都表示 S 可以推导得到 $v+(v*d)$；序列(7)表示 $v+(v*d)$ 经过 0 步推导得到 $v+(v*d)$；因为 $\overset{*}{\Rightarrow}$ 可以表示 0 步推导，所以序列(8)也是正确的表示形式；序列(9)表示直接推导序列不一定都推导到终结符才结束。

如果推导过程中每一步替换选择的都是当前最左边的非终结符，则称这样的推导为**最左推导**，如序列(2)，可以表示为 "$\underset{lm}{\Rightarrow}$"。同理，如果推导过程中每一步替换选择的都是当前最右边的非终结符，则将这样的推导称为**最右推导**，如序列(3)，可以表示为 "$\underset{rm}{\Rightarrow}$"。最左推导的逆过程称为**最右归约**，最右推导的逆过程称为**最左归约**。一般把最左归约称为**规范归约**，最右推导称为**规范推导**。

2.3.3 文法定义的语言

对于任意一个文法，从开始符号出发推导得到的序列称为该文法的句型。如果句型中仅仅包括终结符，那么该句型还称为句子。句子的集合称为文法定义的语言。

定义 2.3 设 $G[S]=(V_N,V_T,P,S)$ 是一个文法，如果 $S \overset{*}{\Rightarrow} \alpha$，且 $\alpha \in (V_T \cup V_N)^*$，则称 α 是一个**句型**；如果 $S \overset{*}{\Rightarrow} \alpha$ 且 $\alpha \in V_T^*$，则称 α 是一个**句子**。文法 $G[S]$ 定义的语言为 $L(G[S])=\{w \mid w \in V_T^* \wedge S \overset{*}{\Rightarrow} w\}$

最左推导得到的句型称为**左句型**，最右推导得到的句型称为**右句型**。习惯上将右句型称为**规范句型**。

从上面的定义可知，文法的语言就是从开始符号推导出的所有终结符串的集合，即句子的集合。图 2-1 所示文法定义的语言是一个简单表达式的集合。

如果文法仅包含一个产生式 $S \to 2n+1$，那么该文法定义的语言只包含一个句子，即 $\{"2n+1"\}$，也就是说，该文法定义的语言并不是奇数的集合。从这个例子可以明白，文法并不解释符号串的含义，只定义符号串的形式。可以使用图 2-2 所示的文法定义无符号奇数的集合。

```
S→ABC|C
A→1|2|3|4|5|6|7|8|9
B→0B|1B|2B|3B|4B|5B|6B|7B|8B|9B|ε
C→1|3|5|7|9
```

图 2-2 定义无符号奇数集合的文法

例 2.1 下面给出一些文法：

$(1)\ G_1[S]: S \to aS \mid a \mid \varepsilon$

(2) $G_2[S]$: $S \rightarrow aS \mid \varepsilon$

(3) $G_3[S]$: $S \rightarrow Sa \mid \varepsilon$

(4) $G_4[S]$: $S \rightarrow Sa \mid a$

比较上面的四个文法可知，前三个文法定义的语言都是 $\{a^n \mid n \geqslant 0\}$，第四个文法定义的语言是 $\{a^n \mid n \geqslant 1\}$，两个语言的差别是前者包含 ε，后者不包含 ε，即 $L(G_1[S]) = L(G_2[S]) = L(G_3[S])$。引入"文法等价"的概念来描述这种现象，即如果两个不同的文法 $G_1[S]$ 和 $G_2[S]$ 满足 $L(G_1[S]) = L(G_2[S])$，则称文法 $G_1[S]$ 和 $G_2[S]$ 是等价的，也就是说，$G_1[S]$、$G_2[S]$ 和 $G_3[S]$ 是等价的文法。

表 2-3 给出了一些典型的语言以及定义它们的典型文法。

表 2-3　上下文无关语言和文法示例

序号	语言	文法 $G[S]$
(1)	$\{(ab)^n \mid n \geqslant 0\}$	$S \rightarrow abS \mid \varepsilon$
		$S \rightarrow aA \mid \varepsilon$ $A \rightarrow bS$
(2)	$\{a,b\}^*$	$S \rightarrow aS \mid bS \mid \varepsilon$
(3)	$\{a^n b^m \mid n \geqslant 0, m \geqslant 0\}$	$S \rightarrow AB$ $A \rightarrow aA \mid \varepsilon$ $B \rightarrow bB \mid \varepsilon$
(4)	$\{a^n b^n \mid n \geqslant 0\}$	$S \rightarrow aSb \mid \varepsilon$
(5)	$\{a^n c b^n \mid n \geqslant 0\}$	$S \rightarrow aSb \mid c$
(6)	$\{\alpha\alpha' \mid \alpha \in (a \mid b)^*,$ 且 α' 是 α 的逆$\}$	$S \rightarrow aSa \mid bSb \mid \varepsilon$

在表 2-3 所示的语言中，序号 (1) 表示的语言具有重复构造的特点，可以认为是在例 2.1 基础上的扩展；同时，表 2-3 也给出该语言的第二种定义方法。因此，可以采用类似的方法进一步构造 $(abc)^n$、$(0111)^n$ 等语言的文法；序号 (2) 表示的语言是基本元素的任意组合，可以采用类似的方法定义 $\{00,11\}^*$、$\{a,b,c\}^*$ 等语言；序号 (3) 表示的语言是一个顺序结构，对应的文法给出一般的构造方法，显然，可以采用类似的方法定义 $\{a^n b^m c^k \mid n \geqslant 0, m \geqslant 0, k \geqslant 0\}$、$\{(ab)^n c^m \mid n \geqslant 0, m \geqslant 0\}$ 等语言；序号 (4)、(5) 和 (6) 表示的语言具有对称的特点，凡是具有对称特点的语言都可以采用类似的方法进行构造，如 $\{a^n c^m d^m b^n \mid n \geqslant 0, m \geqslant 1\}$。

2.3.4　文法的分类

上下文无关文法的产生式左部只有一个非终结符，但是除了上下文无关文法，产生式的左部可以有更灵活的情况。Chomsky 按照文法形式把文法划分为四种类型：0 型、1 型、2 型和 3 型。

定义 2.4　设 $G[S] = (V_N, V_T, P, S)$ 是一个文法。

(1) 对于任意产生式 $\alpha \rightarrow \beta \in P$，如果满足 $\alpha, \beta \in (V_N \cup V_T)^*$，且 α 中至少包含一个非终结符，则 G 称为 0 型文法或者短语文法，$L(G)$ 称为 0 型语言或者递归枚举语言。

（2）对于任意产生式 $\alpha \to \beta \in P$，如果满足 $|\alpha| \leqslant |\beta|$。只有 $S \to \varepsilon$ 是可以例外的产生式，但此时 S 不能出现在任意产生式右部，则 G 称为 1 型文法或者上下文相关文法，$L(G)$ 称为 1 型语言或上下文相关语言。

（3）对于任意产生式 $\alpha \to \beta \in P$，如果满足 $\alpha \in V_N$，$\beta \in (V_N \cup V_T)^*$，则 G 称为 2 型文法或者上下文无关文法，$L(G)$ 称为 2 型语言或上下文无关语言。

（4）对于任意产生式 $\alpha \to \beta \in P$，如果满足 $\alpha \in V_N$，$\beta \in \{aA, a, \varepsilon | a \in V_T, A \in V_N\}$，则 G 称为右线性文法；如果满足 $\alpha \in V_N$，$\beta \in \{Aa, a, \varepsilon | a \in V_T, A \in V_N\}$，则 G 称为左线性文法；右线性文法和左线性文法统称 3 型文法、正则文法或正规文法，$L(G)$ 称为 3 型语言、正则语言或正规语言。

在上下文无关文法中，产生式形如 $A \to \beta$，即产生式的左部是非终结符，所以，在推导的过程中，只要出现了非终结符 A，不需要考虑 A 的上文和下文就可以将其替换成 β，因此得名上下文无关文法。

例如，图 2-1 和图 2-2 所示的文法是 2 型文法；例 2.1 中的四个文法都是 3 型文法，其中的 $G_1[S]$ 和 $G_2[S]$ 是右线性文法，$G_3[S]$ 和 $G_4[S]$ 是左线性文法。很显然，3 型文法也属于上下文无关文法的范畴。表 2-3 中序号（1）、序号（2）和序号（3）表示的语言既可以使用 2 型文法进行定义，也可以用 3 型文法进行定义；序号（4）、（5）和（6）表示的语言能使用上下文无关文法进行定义，但不存在 3 型文法可以定义它们。

然而，语言 $\{a^n b^n c^n, n \geqslant 1\}$ 无法构造任意上下文无关文法进行定义，即该语言是上下文相关语言。一个可以定义它的文法如下：

$S \to aSBC \,|\, aBC$

$CB \to BC$

$bB \to bb$

$bC \to bc$

$cC \to cc$

$aB \to ab$

从上面的例子可以看出，3 型文法不能对两个个体进行计数，2 型文法可以对两个个体进行计数，但不能对三个个体进行计数。另外，1 型文法虽然描述能力比 2 型文法强，但是 1 型文法也比 2 型文法复杂。进一步可以推断，0 型文法的表达能力最强，也是最复杂的，1 型文法次之，2 型文法再次之，3 型文法的表达能力最弱，也是最简单的。

程序设计语言的大部分特征符合上下文无关的特点，因此上下文无关文法可以描述程序设计语言的大部分特征。然而，程序设计语言中也存在一些无法使用上下文无关文法进行定义的特征。例如，C 语言要求标识符先声明后使用，且标识符的长度任意。这个特征可以抽象表示为输入串，形如 $w\alpha w$，其中 w 表示某个标识符，α 表示一段程序。为了仍然使用上下文无关文法描述程序设计语言的特征，语法分析器接收的是程序设计语言的超集，因此在语法分析之后，需要进一步进行语义分析，检查那些超出上下文无关文法范畴的特征。例如，编译器在语法分析阶段不区分具体的标识符，仅分析某个位置上是否出现了标识符，在语义分析阶段再检查具体的标识符是否符合先声明后使用的原则。此外，因为程序设计语言主要涉及上下文无关文法，所以本书将其简称为文法。

2.3.5　文法在应用中的说明

为了使定义程序设计语言的文法尽可能地简单，或者简化分析技术，在文法的应用过程中，往往对文法提出一定的要求和限制。本节简单解释无用符号、ε 产生式和单产生式三个概念。

在一个上下文无关文法 $G[S]=(V_N,V_T,P,S)$ 中，一个符号 $X\in(V_N\cup V_T)$ 是有用的，X 要满足以下两个条件：

(1) 存在 $\alpha,\beta\in(V_N\cup V_T)^*$，使 $S\overset{*}{\Rightarrow}\alpha X\beta$ 成立；

(2) 存在 $\alpha,\beta\in(V_N\cup V_T)^*$，$w\in V_T^*$，使 $\alpha X\beta\overset{*}{\Rightarrow}w$ 成立。

也就是说，如果一个符号出现在一个句子的推导过程中，那么该符号在文法中就不是无用的。另外，含有无用符号的产生式称为无用产生式，可以从文法中删除。

例如，对于下面的文法 $G[S]$：

$$S\to aS\,|\,B$$
$$B\to a\,|\,d$$
$$C\to d$$

因为非终结符 C 不会出现在任意句子的推导过程中，所以 C 是一个无用符号，同时 $C\to d$ 也是一个无用产生式，可以从文法中删除。在后序章节中，如果没有特殊说明，所讨论的文法均指的是没有包含无用符号的文法。

上下文无关文法中，ε 可以作为产生式的右部，这样的产生式称为 ε 产生式。首先不加证明地给出一个结论：如果 ε 不属于一个语言，即 $\varepsilon\notin L(G[S])$，那么可以消除文法中的所有 ε 产生式。下面通过一个例子非形式化地展示在应用中的 ε 产生式的等价变换方法。

对于下面的文法 $G[S]$：

$$S\to aA$$
$$A\to BC$$
$$B\to bB\,|\,\varepsilon$$
$$C\to cC\,|\,\varepsilon$$

按照语言的定义，可以判定 $\varepsilon\notin L(G[S])$，所以可以删除所有的 ε 产生式。第一步是确定能够推导得到 ε 的所有非终结符；第二步的基本思想是"代入"，也就是对能推导出 ε 的非终结符 X，用 ε 去替换其他的产生式右部中出现的 X，并将得到的非 ε 产生式添加进来，同时去掉该非终结符的 ε 产生式。上例中，能推导出 ε 的所有非终结符是 $\{A,B,C\}$。在此基础上，依次对每一个产生式进行扫描并替换：

(1) 对于产生式 $S\to aA$，使用 ε 替换 A，得到 $S\to a$，即 $P'=\{S\to aA,S\to a\}$；

(2) 对于产生式 $A\to BC$，使用 ε 替换 B 或者 C，得到 $A\to C$，$A\to B$，即 $P'=\{S\to aA,S\to a,A\to BC,A\to B,A\to C\}$；

(3) 对于产生式 $B\to bB$，使用 ε 替换 B，得到 $B\to b$，即 $P'=\{S\to aA,S\to a,A\to BC,A\to B,A\to C,B\to bB,B\to b\}$；

(4) 对于产生式 $C\to cC$，使用 ε 替换 C，得到 $C\to c$，即 $P'=\{S\to aA,S\to a,A\to BC,A\to B,A\to C,B\to bB,B\to b,C\to cC,C\to c\}$。

最后得到消除 ε 产生式之后的产生式集合。注意，对于 $A{\rightarrow}BC$ 而言，虽然用 ε 替换 B 或者 C 后还得到一个产生式 $A{\rightarrow}\varepsilon$，但是这样的产生式却不能添加到改造后的文法中。

单产生式是一种产生式的左右部都是一个非终结符的产生式，即 $A{\rightarrow}B{\in}P$ 且 $A,B{\in}V_{\mathrm{N}}$。单产生式的消除思想和 ε 产生式类似。对于右部是一个非终结符的产生式 $A{\rightarrow}B$，而且 $B{\rightarrow}\alpha$，则用 α 替换 $A{\rightarrow}B$ 的右部，并将得到的 $A{\rightarrow}\alpha$ 添加到 P 中。迭代替换的过程，直到 P 不再发生改变。

例如，上面例子得到的文法中包含了两个单产生式，即 $A{\rightarrow}B$ 和 $A{\rightarrow}C$。分别用定义 B 和 C 的产生式右部对它们进行替换，可以得到如下的产生式集合：

$$S{\rightarrow}aA\,|\,a$$
$$A{\rightarrow}BC\,|\,bB\,|\,b\,|\,cC\,|\,c$$
$$B{\rightarrow}bB\,|\,b$$
$$C{\rightarrow}cC\,|\,c$$

注意，替换的结果可能包含无用符号，此时再删除无用符号就可以得到更简约的产生式。另外，单产生式的消除本质上就是多步推导压缩为一步推导。例如，单产生式消除之前 $A{\Rightarrow}B{\Rightarrow}b$，单产生式消除之后 $A{\Rightarrow}b$。

2.4 语 法 树

语法树是推导的图形表示形式，该形式忽略了推导过程中非终结符使用产生式的顺序。在语法树中，把句型使用产生式的层次定义结构直观地表示出来。

2.4.1 语法树的定义

定义 2.5　对于上下文无关文法 $G[S]=(V_{\mathrm{N}},V_{\mathrm{T}},P,S)$，该文法的语法树是满足下列条件的一棵有序树：

(1)每个内部结点由一个非终结符标记；

(2)树根由开始符号 S 标记；

(3)每个叶子结点由 $V_{\mathrm{N}}{\cup}V_{\mathrm{T}}{\cup}\{\varepsilon\}$ 中的一个符号标记，但标记为 ε 时，它必须是其父结点唯一的儿子结点；

(4)如果一个内部结点标记为 A，且其儿子结点从左至右分别标记为 $X_1,X_2,{\cdots},X_k$，则 $A{\rightarrow}X_1X_2{\cdots}X_k{\in}P$。

每一棵语法树都直观地反映一个句型的语法结构，每个内部结点对应一个产生式的使用。例如，$E+E*(v+d)$ 是图 2-1 所示文法的一个句型，它的语法树如图 2-3 所示。

既然语法树是推导的图形化表示，那么从语法树就可以获得推导序列。例如，从图 2-3 的根结点开始，按照从左到右深度优先的顺序，使用儿子结点替换父结点，可以得到句型 $E+E*(v+d)$ 的最左推导序列：

$$S{\Rightarrow}E{\Rightarrow}E*E{\Rightarrow}E+E*E{\Rightarrow}E+E*(E){\Rightarrow}E+E*(E+E){\Rightarrow}E+E*(v+E){\Rightarrow}E+E*(v+d)$$

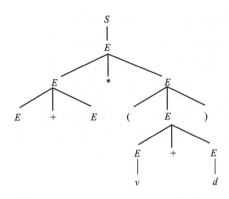

图 2-3　句型 $E+E*(v+d)$ 的语法树示例

很显然，一棵语法树和多个推导序列相对应。此外，按照推导的序列也可以构造一棵语法树。图 2-1 所示文法的句型 $d*v+d$ 的最左推导序列如下：

$$S \Rightarrow E \Rightarrow E*E \Rightarrow d*E \Rightarrow d*E+E \Rightarrow d*v+E \Rightarrow d*v+d$$

图 2-4 展示了按照这个最左推导序列构造句型 $d*v+d$ 的语法树的过程。

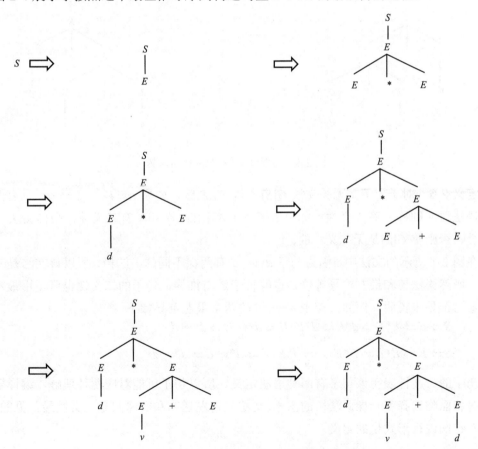

图 2-4　由推导序列构造句型 $d*v+d$ 的语法树的过程

从推导、归约和语法树的定义可以看到，对于任意的上下文无关文法 $G[S]=(V_N, V_T, P, S)$，下面的陈述是等价的：

（1）非终结符 A 推导得到符号串 $w\in(V_T\cup V_N)^*$；

（2）非终结符 A 最左推导得到符号串 $w\in(V_T\cup V_N)^*$；

（3）非终结符 A 最右推导得到符号串 $w\in(V_T\cup V_N)^*$；

（4）符号串 $w\in(V_T\cup V_N)^*$ 可以最左归约到非终结符 A；

（5）符号串 $w\in(V_T\cup V_N)^*$ 可以最右归约到非终结符 A；

（6）存在一棵以 A 为根结点的语法树，其叶子结点从左到右连接得到的符号串为 w。

2.4.2　文法的二义性

语法树可以直观地表示句型的语法结构。然而，在某些文法中，句型的语法树不一定是唯一的。例如，对于图 2-1 所示的文法，句型 $d*v+d$ 可以构造得到两棵不同的语法树，如图 2-5 所示。同样，句型 $E+E*(v+d)$ 除了图 2-3 所示的语法树，还存在另一棵语法树。因此，引入二义性描述这种现象。

图 2-5　句型 $d*v+d$ 的两棵语法树

定义 2.6　对于上下文无关文法 $G[S]=(V_N,V_T,P,S)$，如果 $\alpha\in V_T^*$，$S\overset{*}{\Rightarrow}\alpha$，且有两棵不同的语法树，则称 α 有二义性。如果 $L(G[S])$ 中存在一个句子有二义性，则称文法 $G[S]$ 有二义性，否则称 $G[S]$ 是无二义性的。

在图 2-1 所示的文法中，因为句子 $d*v+d$ 有两棵不同的语法树，所以该文法是二义性文法。既然语法树和最左推导等价，也等价于最右推导，句子的二义性也可使用最左推导或者最右推导来说明。例如，句子 $d*v+d$ 的两个最左推导如下：

$$S\underset{lm}{\Rightarrow}E\underset{lm}{\Rightarrow}E*E\underset{lm}{\Rightarrow}d*E\underset{lm}{\Rightarrow}d*E+E\underset{lm}{\Rightarrow}d*v+E\underset{lm}{\Rightarrow}d*v+d$$

$$S\underset{lm}{\Rightarrow}E\underset{lm}{\Rightarrow}E+E\underset{lm}{\Rightarrow}E*E+E\underset{lm}{\Rightarrow}d*E+E\underset{lm}{\Rightarrow}d*v+E\underset{lm}{\Rightarrow}d*v+d$$

句子的二义性表明该句子有两种语法定义，所以句子可能对应两种理解，编译器进行翻译时将面临选择哪一棵语法树的困难。文法包含左递归和右递归是二义性最常见的原因。下面对递归进行形式化的定义。

定义 2.7　设 $G[S]=(V_N,V_T,P,S)$ 是一个文法，$A\in V_N$，$\omega\in(V_T\cup V_N)^*$。如果 $A\overset{+}{\Rightarrow}\alpha A\beta$ 且 α 和 β 不同时为 ε，则称非终结符 A 是递归的；如果 $A\overset{+}{\Rightarrow}A\beta$，则称非终结符 A 是左递归的，如果 $A\overset{+}{\Rightarrow}\alpha A$，则称非终结符 A 是右递归的。如果 $A\Rightarrow\alpha A\beta$ 且 α 和 β 不同时为 ε，则称非终

结符 A 是直接递归的；如果 $A \Rightarrow A\beta$，则称非终结符 A 是直接左递归的，如果 $A \Rightarrow \alpha A$，则称非终结符 A 是直接右递归的。

从定义 2.7 可以看出，直接递归是递归的特例。图 2-1 所示的文法就是一个既包含直接左递归，也包含直接右递归的文法，消除其二义性的等价文法如图 2-6 所示，该文法仅包含直接左递归。

$$
\begin{aligned}
&S \rightarrow E \\
&E \rightarrow E + T \mid T \\
&T \rightarrow T * F \mid F \\
&F \rightarrow (E) \mid v \mid d
\end{aligned}
$$

图 2-6　消除二义性的表达式文法

一些文法的二义性可以通过文法的等价变换进行消除，但是在实践中也可以通过其他手段来解决二义性带来的问题。例如，if 语句的语法规则可以使用如下的文法进行概括的定义：

$$S \rightarrow \text{if then } S \mid \text{if then } S \text{ else } S \mid \varepsilon$$

很容易验证，上述 **if** 语句的定义存在二义性。然而，在一个 **then** 和 **else** 之间出现的语句必须是"已经匹配的"，也就是说不能以一个没有 **else** 匹配的 **then** 结尾。因此，在实践中可以采用最近匹配原则，使每个 **else** 都和前面最近的 **then** 进行匹配。

另外，不是所有的二义性文法都可以通过等价变换进行消除，也就是说，存在这样的上下文无关语言，不存在非二义性的上下文无关文法与之等价。

2.4.3　短语和句柄

一棵语法树中，满足定义 2.5 中条件(1)、(3)、(4)的连通部分称为**子树**，如果子树只有一个内部结点，则称为**直接子树**。很显然，直接子树一定是子树，并且每棵语法树有几个内部结点就有几棵子树。子树的所有叶子结点按从左到右的顺序组成的串称为**短语**。对应地，直接子树的所有叶子结点按从左到右的顺序组成的串称为**直接短语**。很显然，直接短语一定是短语。

从图 2-3 所示语法树可以看到，该树有 7 个内部结点，所以可以依次识别出句型 $E+E*(v+d)$ 的 7 个短语，包括 $E+E$、v、d、$v+d$、$(v+d)$、$E+E*(v+d)$、$E+E*(v+d)$。其中，$E+E$、v、d 也是该句型的直接短语。需要注意的是，因为存在两棵子树，它们对应的短语是相同的，所以句型 $E+E*(v+d)$ 仅有 6 个不同的短语。其次，因为图 2-1 所示的文法存在二义性，所以句型 $E+E*(v+d)$ 的短语可能不止上述的 7 个。

句型的短语一定是该句型的一个子串，并且满足在从开始符号推导得到该句型的过程中，短语是某个非终结符经过一步以上推导得到的，而直接短语是某个非终结符经过一步推导得到的。换句话说，短语(或直接短语)是句型中可以进行一步以上(或一步)归约的子串。为了更准确地表示短语和直接短语与对应的非终结符的关系，对短语和直接短语进行如下形式化的定义。

定义 2.8　对于上下文无关文法 $G[S]=(V_N,V_T,P,S)$，$A \in V_N, \alpha,\delta,\beta \in (V_N \cup V_T)^*$，如果 $S \overset{*}{\Rightarrow} \alpha A\beta$，且 $A \overset{+}{\Rightarrow} \delta$，则 δ 称为句型 $\alpha\delta\beta$ 相对于非终结符 A 的短语，如果 $S \overset{*}{\Rightarrow} \alpha A\beta$，且 $A \Rightarrow \delta$，则 δ 称为句型 $\alpha\delta\beta$ 相对于产生式 $A \rightarrow \delta$ 的直接短语。句型 $\alpha\delta\beta$ 最左边的直接短语称为句柄。

在图 2-6 所示文法中，$E+T+v*d$ 是该文法的一个句型，它对应的语法树如图 2-7 所示。下面按照定义 2.8 描述该句型的短语、直接短语和句柄。

因为 $S \overset{*}{\Rightarrow} S$，且 $S \overset{+}{\Rightarrow} E+T+v*d$，$E+T+v*d$ 是相对于 S 的短语。

因为 $S \overset{*}{\Rightarrow} E$，且 $E \overset{+}{\Rightarrow} E+T+v*d$，$E+T+v*d$ 是相对于 E 的短语。

因为 $S \overset{*}{\Rightarrow} E+v*d$，且 $E \rightarrow E+T$，所以 $E+T$ 是相对于 $E \rightarrow E+T$ 的直接短语，也是相对于 E 的短语。

因为 $S \overset{*}{\Rightarrow} E+T+T$，且 $T \overset{+}{\Rightarrow} v*d$，所以 $v*d$ 是相对于 T 的短语。

因为 $S \overset{*}{\Rightarrow} E+T+T*d$，且 $T \overset{+}{\Rightarrow} v$，所以 v 是相对于 T 的短语。

因为 $S \overset{*}{\Rightarrow} E+T+F*d$，且 $F \Rightarrow v$，所以 v 是相对于 F 的短语，也是相对于 $F \rightarrow v$ 的直接短语。

因为 $S \overset{*}{\Rightarrow} E+T+v*F$，且 $F \Rightarrow d$，所以 d 是相对于 F 的短语，也是相对于 $F \rightarrow d$ 的直接短语。

句柄就是在规范归约中最先被归约的子串，句型 $E+T+v*d$ 最左边的一个直接短语是 $E+T$，所以句型 $E+T+v*d$ 的一个句柄是 $E+T$。

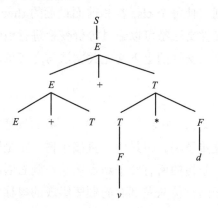

图 2-7　句型 $E+T+v*d$ 的语法树

习　　题

2.1　请用自然语言描述下面的集合。

a^*

a^+b^+

$(ab)^+$

$\{a^nc^n \mid n \geqslant 1\}$

$\{a^nb^mc^k \mid n \geqslant 1, m \geqslant 0, k \geqslant 0\}$

$\{a^nb^mc^md^n \mid n \geqslant 1, m \geqslant 0\}$

2.2　分析下面文法 $G[S]$ 定义的语言是什么？

(1) $S \rightarrow aS \mid Sb \mid \varepsilon$；

(2) $S \rightarrow SS+ \mid SS^* \mid a$；

(3) $S \rightarrow aSbS \mid bSaS \mid \varepsilon$；

(4) $S \rightarrow (L) \mid (a)$，

　　$L \rightarrow L,S \mid S$；

(5) $S \rightarrow aSa \mid a$；

(6) $S \rightarrow (A)$，

　　$A \rightarrow A(A)A \mid \varepsilon$。

2.3　分别构造下面语言的文法。

(1) $\{a,b,c\}^*$；

(2) $\{a^n b^k c^n \mid n \geqslant 1, k \geqslant 0\}$；

(3) $\{a^n b^m c^k \mid n \geqslant 0, m \geqslant 0, k \geqslant 0\}$；

(4) $\{a^n b^n c^m \mid n \geqslant 1, m \geqslant 0\}$；

(5) $\{a^n b^n c^m d^m \mid n \geqslant 1, m \geqslant 1\}$；

(6) $\{a^n b^n c^m \mid m,n \geqslant 1, n$ 为奇数$, m$ 为偶数$\}$；

(7) $\{a^n b^k c^m \mid n,k,m \geqslant 0,$ 且 $n \geqslant m\}$；

(8) 无符号十进制偶数；

(9) 由 a 和 b 组成，同时每个 a 之后都有 b；

(10) 由 a 和 b 组成且它们的个数相同的任意串的集合。

2.4　对于下面的集合，请给出定义该语言的文法。

$\{a; ,a;a; ,a;a;a; ,\cdots\}$

2.5　对于下面的文法 $G[S]$，给出一个与它等价的 3 型文法。

$S \rightarrow AB$

$A \rightarrow aA \mid a$

$B \rightarrow bB \mid b$

2.6　对于标识符的集合，请分别构造一个左线性文法和右线性文法。

2.7　分别构造下面语言的 3 型文法。

(1) $\{a^n b^m \mid n,m \geqslant 1\}$；

(2) $\{a^n b^m \mid n,m \geqslant 0\}$；

(3) $\{a^n b^m c^k \mid n,m,k \geqslant 0\}$；

(4) 由 a 和 b 组成，同时每个 a 之后都有 b；

(5) 由 a 和 b 组成，同时 a 和 b 的个数是偶数。

2.8　对于图 2-1 所示文法，分析 $v+(v*d)$ 和 $((v*v)+d)$ 的短语、直接短语和句柄。

2.9　对于下面的文法 $G[S]$，给出句子 $(((a)),(b),(a))$ 的所有短语和句柄。

$S \rightarrow a \mid b \mid (T)$

$T \rightarrow T,S \mid S$

2.10　对于下面的文法 $G[T]$，给出句型 $T*P{\uparrow}(T*F)$ 的短语和句柄。

$T{\rightarrow}T*F\,|\,F$

$F{\rightarrow}F{\uparrow}P\,|\,P$

$P{\rightarrow}\,(T)\,|\,i$

2.11　对于下面的文法 $G[S]$，给出句型 $aabb$ 的所有短语和句柄。

$S{\rightarrow}AB$

$A{\rightarrow}aA\,|\,\varepsilon$

$B{\rightarrow}b\,|\,bB$

2.12　说明下面的文法 $G[S]$ 是二义的。

(1) $S{\rightarrow}AS\,|\,b$,

　　$A{\rightarrow}SA\,|\,a$;

(2) $S{\rightarrow}aSbS\,|\,bSaS\,|\,\varepsilon$;

(3) $S{\rightarrow}S(S)S\,|\,\varepsilon$;

(4) $S{\rightarrow}SS\,|\,(S)\,|\,\varepsilon$。

第 3 章　词 法 分 析

词法分析是编译的第一个阶段，它的主要任务是从左到右扫描源程序，过滤掉程序的注释、空格、回车符、换行符和制表符等，并识别出基本的语法单元。词法分析程序（也称为扫描器）按照构词模式从源程序中识别出单词，输出它的词法记号和属性。语法分析可以把词法记号当作一个符号处理，并确定这些词法记号是否形成程序设计语言中一个语法正确的句子，即程序。一旦编译器确定输入序列是语法正确的，它的下一个工作就是分析程序的语义。虽然词法、语法、语义属于不同的任务，但在实践中，它们通常以交叉方式运行，语法分析器调用词法分析器生成词法记号，并且在它识别出程序的各个语法成分时，调用语义分析器进行分析。

词法分析任务是模式匹配的一种情况，所以需要研究扫描过程中串的模式定义和识别方法。用于描述模式的数学工具称为正规表达式（Regular Expression）。这一数学工具可以生成称为有限自动机（Finite Automata，FA）的识别器。

虽然词法分析器处理源程序的输入，而且并没有严格地规定哪些程序设计语言的规则应该放到词法规则中，但编译器把词法分析程序分离出来，主要有以下几个方面的理由。

(1) 简化语法分析。词法分析器将注释、空格、回车符、换行符和制表符等问题隐藏在内部，使语法分析可以忽略这些问题，着重关注单词之间的上下文无关约束。

(2) 自动实现。一个语言的词法规则往往比语法规则简单，可以采用正规表达式对构词规则进行定义，同时进一步实现自动的词法分析程序构造。

(3) 简化编译器的设计。将词法和语法分开，有助于实现编译器的前端模块化，得到一个更加清晰的语言设计方案。

(4) 提高编译器的效率。词法分析程序专注于词法分析，同时可以采用专门的字符缓冲技术来提高编译器效率。

(5) 提高编译器的可移植性。与输入设备相关的特殊性可以限制在词法分析中。

本章首先介绍正规表达式和有限自动机，再介绍如何手工实现词法分析程序。

3.1　正规表达式

一个正规表达式或称正则表达式，描述字母表 Σ 上的某个字符串集合或者 $\varnothing$，这个集合称为正规集。通过正规运算符闭包（*）、连接（•）、或（|），可以使用正规表达式定义一个正规集：

(1) $\varnothing$ 是一个正规表达式，该正规表达式描述的集合为 $\varnothing$；

(2) ε 是一个正规表达式，该正规表达式描述的集合为 $\{\varepsilon\}$；

(3) 如果任意 $a \in \Sigma$，那么 a 是一个正规表达式，该正规表达式描述的集合为 $\{a\}$；

(4) 如果 r 和 s 是正规表达式，且描述的集合分别是 $L(r)$ 和 $L(s)$，那么 (r)、$r|s$、$r•s$、r^* 也都是正规表达式，并且它们描述的集合分别为 $L(r)$、$L(r|s)=L(r) \cup L(s)$、$L(r•s)=L(r)L(s)$、$L(r^*)=(L(r))^*$。

其中，$r•s$ 可以简化表示为 rs；其次，在不引起混淆的情况下，括号可以省略，此时约定运算优先顺序是先 "$*$"，再连接 "$•$"，最后 "$|$"；此外，正规运算符都是左结合的。

例如，如果 alphabet 表示任意一个大小写字母，digit 表示任意 10 个基数之一，那么字母开头后面是数字或者字母的标识符集合可以表示为下面的正规表达式：

alphabet(alphabet|digit)*

表 3-1 给出一些简单的正规表达式以及它们的正规集。

表 3-1　一些正规表达式以及它们的正规集

正规表达式	正规集
a^*	$\{\varepsilon,a,aa,aaa,\cdots\}$
aa^*	$\{a,aa,aaa,\cdots\}$
$a|b$	$\{a,b\}$
$(a|b)^*$	a 和 b 组成的任意串的集合
$(aa|ab|bb|ba)^*$	a 和 b 组成长度为偶数的任意串的集合

如果不同的两个正规表达式定义的正规集相同，则称两个正规表达式是等价的。例如，下面的三个正规表达式都表示由交替的 0 和 1 构成的正规集：

$$(01)^*|(10)^*|0(10)^*|1(01)^*$$
$$(\varepsilon|1)(01)^*(\varepsilon|0)$$
$$(\varepsilon|0)(10)^*(\varepsilon|1)$$

若 r、s 和 t 是正规表达式，则可以使用下面的定律进行正规表达式的等价变换：

A1：$r|s=s|r$

A2：$r|r=r$

A3：$r|\varnothing=r=\varnothing|r$

A4：$(r|s)|t=r|(s|t)$

A5：$(rs)t=r(st)$

A6：$(r|s)t=rt|st$

A7：$t(r|s)=tr|ts$

A8：$r\varnothing=r=\varnothing r$

A9：$\varepsilon r=r=\varepsilon r$

A10：$r^*=(r|\varepsilon)^*=\varepsilon|rr^*$

3.2　有限自动机

有限自动机有助于从正则表达式出发构建词法分析器。有限自动机分为确定的有限自动机和非确定的有限自动机两大类。本节首先阐述确定的有限自动机和非确定的有限自动机的定义及其相关概念，再讨论非确定有限自动机的确定化和确定有限自动机的最小化。

3.2.1 确定的有限自动机

一个确定的有限自动机(Deterministic Finite Automata，DFA)是一个五元组 $M=(Q, \Sigma, f, q_0, Z)$，其中：

(1) Q 是有限状态的集合；

(2) Σ 是有限的符号集合，也称为输入字母表；

(3) f 是状态转换函数的集合，$Q \times \Sigma \rightarrow Q$；

(4) q_0 是初始状态，$q_0 \in Q$；

(5) Z 是终结状态或者接收状态的集合，$Z \subseteq Q$。

状态转换图可以直观地表示有限自动机，图 3-1 所示就是一个状态转换图。在状态转换图中，有一组称为状态的结点，一般用圆圈表示；某些状态称为接收状态或者终结状态，一般用双层圆圈表示；某个状态被指定为初始状态，该状态一般由一条没有射出结点的有向边表示；图的有向边从一个状态指向另一个状态，且每条边上还包含一个符号，表示在该符号条件下，有向边可以从一个状态转移到下一个状态。当处于某个状态 S，并且输入的符号是 a 时，会寻找一条从 S 射出且边上标注着 a 的有向边，并且转移到该有向边的射入结点 A。

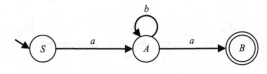

图 3-1 一个状态转换图

在图 3-1 所示的状态转换图中，初始状态 $q_0=S$，终结状态 $Z=\{B\}$，输入字母表 $\Sigma=\{a,b\}$，所有状态 $Q=\{S, A, B\}$；状态转移函数 $f=\{f(S,a)=A, f(A,a)=B, f(A,b)=A\}$。

从上面的讨论可以看到，有限自动机是状态转换图的形式化描述，所以在不严格区分的条件下可以认为有限自动机就是状态转换图。

在一个确定的有限自动机 $M=(Q,\Sigma,f,q_0,Z)$ 中，称 M 接收或识别了符号串 $\alpha \in \Sigma^*$，当且仅当存在一条从初始状态到一个终结状态的通路，且通路中所有有向边上的符号依次连接而成 α。为了定义有限自动机所接收的符号串，通过下面的定义将映射函数的定义域扩展到 $Q \times \Sigma^*$：

(1) $f(q,\varepsilon)=q$ $(q \in Q)$；

(2) $f(q,a\beta)=f(f(q,a),\beta)$ $(q \in Q; a \in \Sigma; \beta \in \Sigma^*)$。

一个确定的有限自动机 M 接收或识别的所有符号串集合称为 M 接收或识别的语言 $L(M)$，形式化定义如下：

$$L(M)=\{\alpha| f(q_0, \alpha) \in Z \text{ 且 } \alpha \in \Sigma^*\}$$

例如，图 3-1 的有限自动机可以识别符号串 $abba$，即 $f(S,abba)=B \in Z$；该有限自动机识别的语言可以表示为正规表达式 ab^*a。

从确定的有限自动机的定义可以看到，从每个结点射出的边上附着的符号都不相同。然而，有些自动机可能并不满足这个条件，这就是非确定的有限自动机。

3.2.2　非确定的有限自动机

一个非确定的有限自动机（Nondeterministic Finite Automata，NFA）是一个五元组 $M=(Q,$ $\Sigma, f, q_0, Z)$，其中：

(1) Q 是有限状态的集合；

(2) Σ 是有限的符号集合，也称为输入字母表；

(3) f 是状态转移函数的集合，$Q \times \Sigma \rightarrow 2^{\|Q\|}$；

(4) q_0 是初始状态，$q_0 \in Q$；

(5) Z 是终结状态的集合，$Z \subseteq Q$。

例如，图 3-2 所示的是一个非确定的有限自动机，因为 $f(S,a)=\{A,B\}$。和确定的有限自动机一样，称非确定的有限自动机 M 接收或识别了符号串 $\alpha \in \Sigma^*$，当且仅当存在一条从初始状态到一个终结状态的通路，且通路中所有有向边上的符号依次连接而成 α。

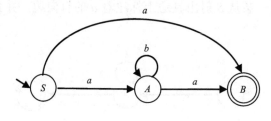

图 3-2　一个 NFA

为了定义非确定的有限自动机所接收的符号串，通过下面的定义将映射函数的定义域扩展到 $Q \times \Sigma^*$：

(1) $f(q,\varepsilon)=q\,(q \in Q)$；

(2) $f(q,a\beta)=f(f(q,a),\beta)\,(q \in Q; a \in \Sigma; \beta \in \Sigma^*)$。

一个非确定的有限自动机 M 接收或识别的所有符号串集合称为 M 接收或识别的语言，定义为

$$L(M)=\{\alpha | f(q_0,\alpha) \cap Z \neq \varnothing \text{且}\ \alpha \in \Sigma^*\}$$

例如，图 3-2 所示非确定的有限自动机识别的语言可以表示为正规表达式 $a|ab^*a$。

如果两个有限自动机 M_1 和 M_2 识别的语言分别是 $L(M_1)$ 和 $L(M_2)$，而且 $L(M_1)=L(M_2)$，那么称自动机 M_1 和 M_2 是等价的。

3.2.3　含 ε 的非确定的有限自动机

一个有限自动机 $M=(Q,\Sigma, f, q_0, Z)$ 中，如果将状态转移函数 f 扩展为 $Q \times (\Sigma \cup \{\varepsilon\}) \rightarrow 2^{\|Q\|}$，那么该有限自动机就是含 ε 的非确定的有限自动机。例如，图 3-3 所示的是一个含 ε 的非确定的有限自动机。

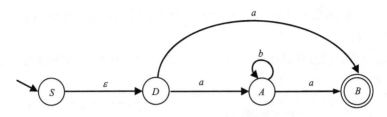

图 3-3 包含 ε 的非确定的有限自动机

含 ε 的非确定的有限自动机 M 接收或识别了符号串 $\alpha \in \Sigma^*$，当且仅当存在一条从初始状态到一个终结状态的通路，且通路中所有有向边上的符号依次连接而成 α。为了定义含 ε 的非确定的有限自动机所接收的符号串，首先定义状态的 ε 闭包 ε-closure(q)：

$$\varepsilon\text{-closure}(q)=f(q,\varepsilon)$$

ε 闭包表示从 q 出发经过若干条标记为 ε 边能够到达的状态集合。对于图 3-3 所示的有限自动机，每个结点的 ε 闭包如下：

ε-closure$(S)=\{S,D\}$

ε-closure$(D)=\{D\}$

ε-closure$(A)=\{A\}$

ε-closure$(B)=\{B\}$

利用 ε 闭包进一步给出含 ε 的非确定的有限自动机的扩展映射函数：

(1) $\hat{f}(q,\varepsilon) = \varepsilon\text{-closure}(q)$ $(q \in Q)$；

(2) $\hat{f}(q,\beta a) = \bigcup_{p} \varepsilon\text{-closure}(f(p,a))$ $(q, p \in Q; a \in \Sigma; \beta \in \Sigma^*; p \in \hat{f}(q,\beta))$。

例如，对于图 3-3 所示的有限自动机，可以得到如下一些扩展映射函数：

$\hat{f}(S,\varepsilon)=\varepsilon\text{-closure}(S)$

$\hat{f}(S,a)=\varepsilon\text{-closure}(f(\hat{f}(S,\varepsilon),a)) = \varepsilon\text{-closure}(f(\{S,D\},a)) = \varepsilon\text{-closure}(A,B)=\{A,B\}$

$\hat{f}(S,aa)=\varepsilon\text{-closure}\ (f(\hat{f}(S,a),a)) = \varepsilon\text{-closure}(f(\{A,B\},a)) = \varepsilon\text{-closure}(B)=\{B\}$

在含 ε 的非确定的有限自动机中，因为扩展映射函数 $\hat{f}(q,a)$ 不一定和 $f(q,a)$ 等价，所以有必要区分这两个函数。一个含 ε 的非确定的有限自动机 M 接收的语言定义为

$$L(M) = \{\alpha \mid \hat{f}(q_0,\alpha) \cap Z \neq \varnothing\}$$

例如，图 3-3 所示的是一个含 ε 的非确定有限自动机，且它识别的语言可以用正规表达式 $a|ab^*a$ 表示。

3.2.4 非确定有限自动机的确定化

对于非确定的有限自动机，因为映射函数值可能不唯一，所以在该 NFA 识别符号串时可能需要尝试。因此，相比较 DFA，NFA 识别符号串的效率比较低。幸运的是，任意的 NFA 都可以转换成等价的 DFA，即两个 FA 识别的符号串的集合相同。

可以采用子集法将一个 NFA $M_1=(N, \Sigma, f, n_0, K)$ 转换成 DFA $M_2=(Q, \Sigma, f_D, q_0, Z)$。子集法的基本过程如图 3-4 所示，其中使用如下两个定义：

(1)状态集合 I 的闭包 ε-closure (I) 是状态集合 I 中任意状态经过任意条标记为 ε 的边能够到达的状态集合；

(2)状态集合 I 的状态转移函数 $f'(I,a)$ 是状态集合 I 中任意状态经过一条标记为 a 的边到达的状态集合。

```
q₀=ε-closure(n₀);
Q={q₀};
setlist={q₀};
while (setlist≠∅) {
        从 setlist 中删除 q;
        for 每个 a∈Σ do{
                u=ε-closure(f'(q, a));
                if u∉Q then {
                        在 setlist 中增加 u;
                        在 Q 中增加 u;
                }
        }
}
```

图 3-4　子集法的基本过程

子集法的基本思想是在将 ε-closure (n_0) 作为新的初始状态的基础上，迭代地使用新状态以及 f 进行计算，如果还有新的子集出现，再把该子集作为新状态加到状态中，直到没有新状态产生为止；新状态如果包含终结状态，那么它也是终结状态。

对于图 3-2 所示的 NFA，确定化的过程可以描述如下。

(1)因为 $q_0=\varepsilon$-closure $(S)=\{S\}$，所以将 $\{S\}$ 作为初始状态且 $Q'=\{\{S\}\}$；

(2)因为 $f'(\{S\},a)=\{A,B\}$，ε-closure $(\{A,B\})=\{A,B\}$，所以 $Q'=\{\{S\},\{A,B\}\}$，即 $f_D(\{S\},a)=\{A,B\}$；

(3)因为 $f'(\{A,B\},a)=f(A,a)\cup f(B,a)=\{B\}$，$f'(\{A,B\},b)=f(A,b)\cup f(B,b)=\{A\}$，且 ε-closure $(\{A\})=\{A\}$，ε-closure $(\{B\})=\{B\}$，所以 $Q'=\{\{S\},\{A,B\},\{A\},\{B\}\}$，即 $f_D(\{A,B\},a)=\{B\}$，$f_D(\{A,B\},b)=\{A\}$；

(4)按照原来的 FA，$f(\{A\},a)=\{B\}$，$f(\{A\},b)=\{A\}$，$f(\{B\},a)=\{\}$，$f(\{B\},b)=\{\}$，即 $f_D(\{A\},a)=\{B\}$，$f_D(\{A\},b)=\{A\}$。

最终，与图 3-2 所示的 NFA 等价的 DFA 如图 3-5 所示，其中 $q_0=\{S\}$，$q_1=\{A,B\}$，$q_2=\{B\}$，$q_3=\{A\}$。

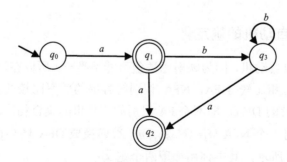

图 3-5　一个 DFA

对于图 3-3 所示的 NFA，确定化的过程描述如下：

(1) 因为 $q_0 = \varepsilon\text{-closure}(S) = \{S,D\}$，所以将 $\{S\}$ 作为初始状态且 $Q' = \{\{S,D\}\}$；

(2) 因为 $f'(\{S,D\},a) = \{A,B\}$，且 $\varepsilon\text{-closure}(\{A,B\}) = \{A,B\}$，所以 $Q' = \{\{S,D\},\{A,B\}\}$；

(3) 因为 $f'(\{A,B\},a) = f(A,a) \cup f(B,a) = \{B\}$，$f'(\{A,B\},b) = f(A,b) \cup f(B,b) = \{A\}$，且 $\varepsilon\text{-closure}(\{A\}) = \{A\}$，$\varepsilon\text{-closure}(\{B\}) = \{B\}$，所以 $Q' = \{\{S,D\},\{A,B\},\{A\},\{B\}\}$；

(4) 按照原来的 FA，$f(\{A\},a) = \{B\}$，$f(\{A\},b) = \{A\}$，$f(\{B\},a) = \{\}$，$f(\{B\},b) = \{\}$。

最终，与图 3-3 所示的 NFA 等价的 DFA 如图 3-5 所示。其中，$q_0 = \{S,D\}$，$q_1 = \{A,B\}$，$q_2 = \{B\}$，$q_3 = \{A\}$。

3.2.5 确定有限自动机的最小化

有限自动机的状态数对扫描程序的效率有直接的影响。将 NFA 确定化得到的 DFA，它的状态数可能并不一定最小。在自动机理论中有一个重要的结论：任何给定的 DFA 都有一个含有最小状态数的等价 DFA，而且最小状态数的 DFA 是唯一的。对于任意 DFA，构造状态数最小的等价 DFA 的过程称为确定有限自动机的最小化。本节简单描述 DFA 最小化的过程。

DFA 最小化本质上就是构建一个 DFA $M = (Q, \Sigma, f, q_0, Z)$ 状态 Q 的划分，即将状态 Q 划分为不相交的结点集，每一个子集是不可区分的、等价的。根据获得的划分，将每个子集合并为一个状态，得到的新 DFA 就是状态数最小的 DFA。

最小化过程首先根据状态是接收状态还是非接收状态对 Q 进行划分。如果划分的结果是两个子集，则重复以下步骤直到结果不再发生改变为止：

假设当前的划分为 $\Omega = \{D_1, D_2, \cdots, D_n\}$，对于任意两个属于同一子集 $D \in \Omega$ 的状态 p 和 q，即 $p,q \in D$，如果存在 $a \in \Sigma$ 使得 $f(p,a) = p'$ 和 $f(q,a) = q'$，且 p' 和 q' 不属于同一个子集，则 p 和 q 将继续划分并分别属于两个子集。注意，如果 $f(q,a) = \varnothing$，则 q 和任何有定义的状态之间都是可以区分的。

针对图 3-6(a) 所示的 DFA，首先划分得到两个子集 $\{\{S\},\{A,B,C\}\}$。只有一个子集 $\{A,B,C\}$ 包含两个以上的状态，进一步根据状态转移函数可以知道，对于 A、B、C 三个状态，识别了 a 进入的是子集 $\{A,B,C\}$，识别了 b 进入的也是子集 $\{A,B,C\}$。因此，$\{\{S\},\{A,B,C\}\}$ 就是不可再继续划分的结果，即图 3-6(a) 所示的 DFA 的最小化 DFA 如图 3-6(b) 所示。

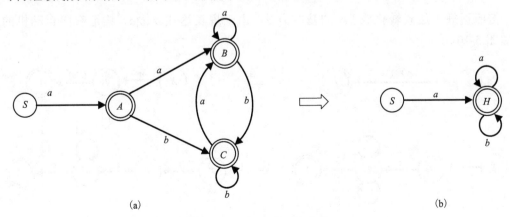

(a)　　　　　　　　　　　　　　　　　(b)

图 3-6　一个 DFA 及其最小化的 DFA

3.3　正规表达式和有限自动机

3.3.1　从正规表达式到有限自动机

由正规表达式 r 构造等价的有限自动机的基本思路是通过增加状态逐渐分解 r，直到每一条边上的标记都是 Σ 中的基本符号或者 ε。基本规则如下。

（1）构造两个状态 X 和 Y，其中 X 是初始状态，Y 是终结状态，从 X 到 Y 增加一条边，边上的标记为 r。

（2）反复利用下面的规则分解边上的正规表达式 r，直到每一条边上的标记都是 Σ 中的基本符号或者 ε。

规则 1：如果 $r = r_1^*$，则增加一个状态 q_1，并转换为图 3-7 所示的结构。

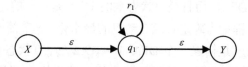

图 3-7　由正规表达式构造有限自动机的规则 1

规则 2：如果 $r = r_1 | r_2$，转换为图 3-8 所示的结构。

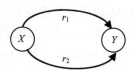

图 3-8　由正规表达式构造有限自动机的规则 2

规则 3：如果 $r = r_1 \cdot r_2$，则增加一个状态 q_1，并转换为图 3-9 所示的结构。

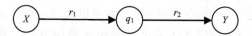

图 3-9　由正规表达式构造有限自动机的规则 3

按照正规表达式转化成 FA 的基本方法，由正规表达式 $a(b|a)^*$ 构造有限自动机的过程如图 3-10 所示。

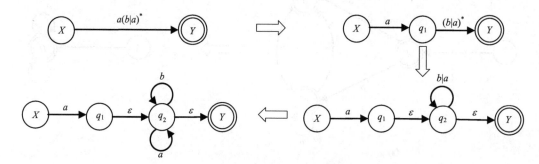

图 3-10　由正规表达式构造有限自动机过程示例

可以采用子集法对图 3-10 中最后得到的有限自动机进行确定化，最终获得确定化的有限自动机如图 3-11 所示。其中，$S=\{X\}$，$A=\{q_1,q_2,Y\}$，$B=\{q_2,Y\}$。进一步经过状态数最小化处理，得到的最小化 DFA 如图 3-6(b)所示。

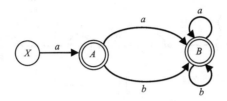

图 3-11　一个 DFA(确定化的有限自动机)

3.3.2　从有限自动机到正规表达式

从有限自动机 M 构造等价的正规表达式的基本思路是消去初始状态和终结状态以外的中间状态，基本规则如下。

(1)为 M 增加两个状态 X 和 Y，从 X 到 M 的初始状态增加有向边，且边上标记为 ε，从每一个终结状态到 Y 增加一条边，边上标记为 ε；在得到的 FA 中，X 是初始状态，Y 是唯一的终结状态。

(2)反复按照下面的规则消除 X 和 Y 之外的所有结点。

规则 1：对于图 3-12(a)所示的结构，消除状态 2，将其变换为图 3-12(b)所示的结构。

图 3-12　由 FA 构造正规表达式的规则 1

规则 2：对于图 3-13(a)所示的结构，将其变换为图 3-13(b)所示的结构。

图 3-13　由 FA 构造正规表达式的规则 2

规则 3：对于图 3-14(a)所示的结构，消除状态 2，将其变换为图 3-14(b)所示的结构。

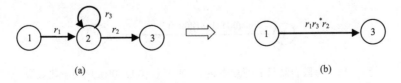

图 3-14　由 FA 构造正规表达式的规则 3

图 3-15 展示一个有限自动机依次消除 B、D、C、A 结点的过程，最后得到该有限自动机识别的正规表达式 $(0|1)^* (1(0|1)(0|1|\varepsilon))$。

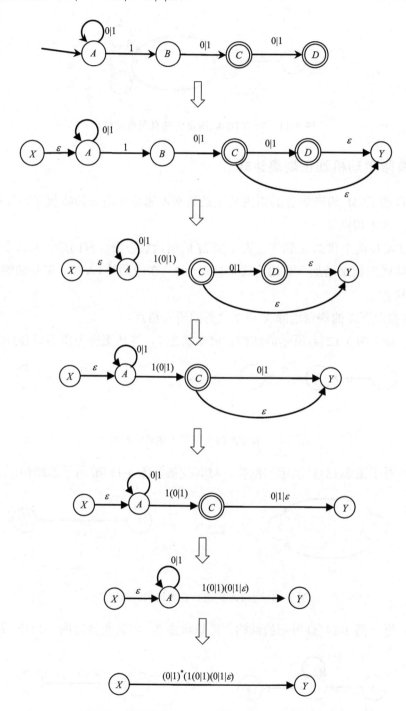

图 3-15　有限自动机到正规表达式 $(0|1)^* (1(0|1)(0|1|\varepsilon))$ 的变化过程

3.4 有限自动机和正规文法

从语言定义的角度看，正则文法和有限自动机是等价的。本节分别讨论从左线性文法、右线性文法到有限自动机的构造方法。

由右线性文法 $G=(V_N,V_T,P,S)$ 构造等价的有限自动机 M 主要包括以下几个要点：

(1) M 包含 $\|V_N\|$ 个状态，每个状态用一个非终结符标记；

(2) 初始状态用 S 来标记，引入接收状态 Z；

(3) 对于 $A{\rightarrow}a$ 或 $A{\rightarrow}\varepsilon$，从状态 A 到 Z 构造一条有向边，且边上标注 a 或 ε；

(4) 如果 $A{\rightarrow}bB$，则从状态 A 到 B 构造一条有向边，且边上标注 b。

对于图 3-16 所示的右线性文法，按照上面的基本构造规则可以得到图 3-2 所示的有限自动机。

$$S{\rightarrow}a\,|\,aA$$
$$A{\rightarrow}a\,|\,bA$$

图 3-16 一个右线性文法

按照右线性文法和有限自动机的构造规则，图 3-1 所示的有限自动机对应的右线性文法可以表示为如下的 $G_1[S]$：

$$S{\rightarrow}aA$$
$$A{\rightarrow}bA\,|\,a$$

进一步分析可知，上面的文法等价于如下的文法 $G_2[S]$：

$$S{\rightarrow}aA$$
$$A{\rightarrow}bA\,|\,aB$$
$$B{\rightarrow}\varepsilon$$

也就是说，由有限自动机构造正规文法时，可以按照下面的规则构造产生式：

(1) 若某个结点 Z 是接收状态，则定义一个产生式 $Z{\rightarrow}\varepsilon$；

(2) 对 FA 上任意一条从状态 A 到状态 B 的有向边，且边上的符号为 a，定义一个产生式 $A{\rightarrow}aB$。

由左线性文法 $G=(V_N, V_T, P, S)$ 构造等价的有限自动机 M 主要包括以下几个要点：

(1) 有限自动机 M 包含 $\|V_N\|+1$ 个状态，每个状态用一个非终结符标记；

(2) 终结状态用 S 来标记，引入初始状态 R；

(3) 对于 $A{\rightarrow}a$ 或 $A{\rightarrow}\varepsilon$，从状态 R 到 A 构造一条有向边，且边上标注 a 或 ε；

(4) 如果 $A{\rightarrow}Bb$，则从状态 B 到 A 构造一条有向边，且边上标注 b。

按照左线性文法和有限自动机的转换规则，图 3-1 所示的有限自动机对应的左线性文法可以表示为如下的 $G[B]$：

$$B{\rightarrow}Aa$$
$$A{\rightarrow}Ab\,|\,a$$

3.5　词法分析程序

词法分析程序的任务是从输入的源程序中识别出单词，并输出它的词法记号和属性。

词法分析程序可以单独组织为一遍进行实现，也就是说，词法分析程序读入整个源程序，识别并输出所有单词，这些单词作为语法分析程序的输入。词法分析程序和语法分析程序也可以采用交互的实现方式，也就是说，词法分析程序作为语法分析程序的一个子程序，当语法分析程序需要新单词时才调用词法分析程序识别出一个单词，并返回语法分析程序，如图 3-17 所示。词法分析程序通常还需要和符号表进行交互，将发现的标识符加到符号表中。

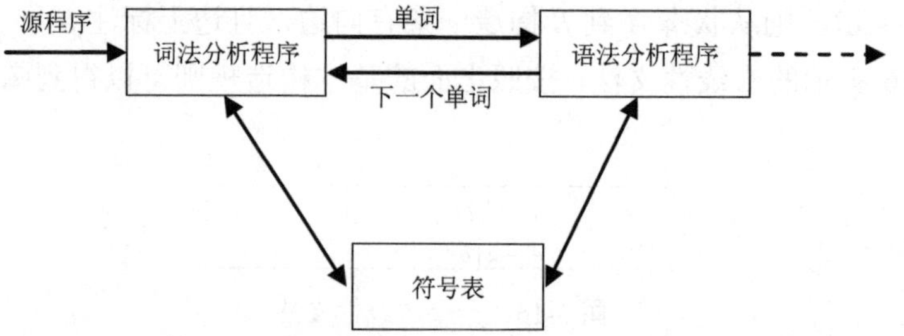

图 3-17　交互实现方式

实现词法分析程序一般可以分为自动实现和手工实现两种方法。自动实现就是利用工具完成词法分析程序的生成。Lex 就是 UNIX 环境下自动生成词法分析程序的工具，主要功能是根据正规表达式描述的规则，自动生成一个词法分析器的 C 源代码。手工实现方法利用识别程序设计语言中所有单词的 DFA 进行编码实现，有利于理解词法分析程序实现的基本方法。因此，本节介绍词法分析程序的手工实现方法。

3.5.1　DFA 的实现

实现 DFA 最直接的方式是表驱动的方法，也就是说，将 DFA 中的状态转换关系表示为一个表，扫描程序根据每个状态和转移条件决定下一步的动作。

状态转换表就是状态转换函数的一种表示形式，状态转换表的每一行表示一个 DFA 中的状态，每一列对应一个输入，第 i 行第 j 列表示从第 i 行状态出发识别第 j 列符号到达的状态。因为所有数字的状态转移函数相同，所有字母的状态转移函数也相同，所以识别标识符的 DFA 和它的状态转换表如图 3-18 所示。其中，digit 表示 0～9 的一个数字；alphabet 表示 a～z 或者 A～Z 的一个字母。

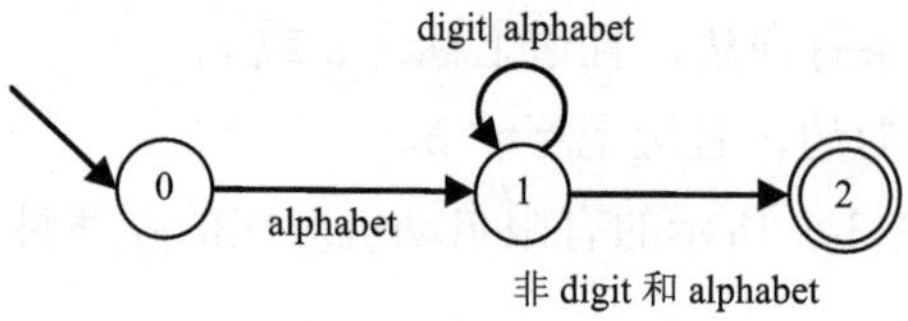

状态	输入		
	digit	alphabet	其他
0		1	
1	1	1	2
2			

图 3-18　识别标识符的 DFA 和它的状态转换表

表驱动实现 DFA 的伪代码如图 3-19 所示，next()表示读下一个符号，T 表示状态转换表。扫描过程描述了当某个输入调用词法分析器时，它依次地读入字符，如果读到输入序列的最后一个符号时处于接收状态，那么就接收这个字符串。

```
state=0;
ch= next();
while (ch≠EOF) {
        state= T[state, ch];
        ch= next();
        }
if (state∈Z) then accept else error;
```

图 3-19 表驱动实现 DFA 的伪代码

表驱动实现的词法分析器，代码简洁，但是存取状态转换表需要额外的空间。可以将状态转换的信息直接编码到代码中来避免产生这部分的开销。在这个模型中，每个状态根据下一个字符进入下一个状态，这样就生成一个带有复杂控制结构的程序。按照这个思路，实现图 3-18 所示 DFA 的伪代码可以表示为如图 3-20 所示。

```
ch= next();
if (ch∈alphabet) {
        while (ch∈alphabet|| ch∈digit) {
                ch= next();
        }
        if (ch==EOF) then accept else error;
}
```

图 3-20 直接编码实现的伪代码

3.5.2 词法分析程序实现应考虑的问题

程序设计语言都允许程序使用很多单词，但是上面的伪代码仅识别一个单词。因此，词法分析程序实现的时候还需要考虑很多具体问题，并且根据这些问题对上面的伪代码进行改造。

1. 简单程序设计语言单词的 DFA

既然一个程序可能使用很多单词，直接构建识别所有可能使用的单词的 DFA 并不容易。一般来说，可以按照单词的构词模式将其分为若干类别，并分别表示每一类单词的正则表达式。如果它们的正则表达式分别是 $r_1, r_2, \cdots, r_k$，那么构建词法分析器的本质就是构造识别 $(r_1|r_2|\cdots|r_k)$ 的 NFA。根据有限自动机的基本方法，进一步将 NFA 确定化。

例如，图 3-21 所示的 DFA 不仅识别出标识符 alphabet(alphabet|digit)*，还识别出整数 digit(digit)*，以及 ":="、":"、"+" 和 "−"。其中，初始状态为 0，接收状态为 {2,4,6,7,8,9}。

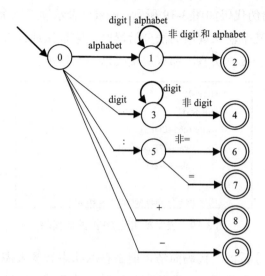

图 3-21　识别一个单词集的 DFA

2. 单词的接收条件

大多数程序中空格、回车符、换行符等符号作为特殊的符号，可以表示单词之间的分隔关系。当扫描器读到这些特殊符号时，扫描器需要跳过这些符号，意味着之前的单词识别结束。然而，大多数程序设计语言单词之间不一定存在分隔符。此时，扫描器识别应一直运行下去，直到当前状态 A 无法识别下一个字符。如果此时状态 A 是接收状态，那么报告该单词的信息。如果此时状态 A 不是接收状态，但是到达 A 的路径经过了接收状态，那么可以跟踪最近的接收状态，并输出对应的符号串。如果此时状态 A 不是接收状态，且到达 A 的路径也未经过接收状态，那么词法分析器向用户报告一个错误。图 3-21 所示的 DFA 中，如果 ":" 之后是 "="，那么进入的是 7 号接收状态；如果 ":" 之后不是 "="，那么进入的是 6 号接收状态。

为了实现这一目标，词法分析程序需要预读一些字符。例如，如果词法分析程序扫描到 ":"，那么程序再读一个字符，以判断接下来的字符是不是 "="。如果是 "="，则输出 ":="；如果不是 "="，那么程序此时多读了一个字符，需要回退一个字符，并且输出单词 ":"。此外，标识符和整数的识别都需要预读，因为只有读到非字母和数字才意味着单词识别结束。

词法分析程序只有在必要时才进行预读。例如，"+" 和 "−" 这样的一个字符组成的单词是不需要预读的。另外，一个字符组成的单词还可以充当分隔符的作用，如 "+" 和 "−" 这样的单词。

3. 关键字

大多数程序设计语言将 if、while 这样的固定字符串作为特殊的词法记号，用于标识某种语法构造，这样的字符串称为关键字。

关键字满足标识符的构词模式，因此需要某种机制区分关键字和标识符。大多数词法分析器允许指定优先级，通过这一机制可以简单地解决这一问题。另一机制是将关键字作为保留字，也就是说，只有一个字符串不是保留字，它才能是标识符。扫描器可以在初始化时，将保留字的字符串和词法记号储存下来。扫描器识别到一个可以组成标识符的字符串时，先将字符串和保留字表中的字符串进行比较，检查其是否是某个关键字，如果是，返回表中对应的词法记号，否则返回标识符的词法记号。这一机制适合手工实现词法分析器。

4. 错误处理

词法分析器有时会检测到词法错误。为了一个小错误停止编译是不合适的，因此词法分析器必须采取某种词法错误恢复方法。可以采取的方法包括：

(1)删除目前读入的字符并从下一个未读字符处开始扫描；

(2)删除目前读取字符串中的首字符并从其后开始扫描。

第(1)种方法比较容易实现，只需重置词法分析器并重新开始扫描即可。第(2)种方法删除的字符比较少，但是需要利用缓冲机制才能实现。除了简单的错误，词法分析器往往难于发现源程序中的错误。例如，对于如下的 C 程序片段：

```
ifp (a==b) x=5;
```

词法分析器很难判断 ifp 是个错误的关键字，因为 ifp 也是一个合法的标识符。因此，词法分析器往往给语法分析器返回标识符 ifp，再由语法分析器去处理该单词引起的错误。

词法分析器的另一个任务是进行错误信息的定位，例如，词法分析器可以记录遇到的换行符的个数，以便给每个出错信息赋予一个行号。

5. 缓冲

词法分析器主要处理的是源程序输入，同时因为编译大型的源程序需要处理大量的字符，所以加快源程序的读入对于提高词法分析器的效率是很重要的。在实践中，可以采用缓冲技术来减少处理单个字符所需的时间。另外，因为一个单词一般由若干个字符组成，很多情况下词法分析器需要向前查看一个字符才能确定上一个单词是否识别出来，如标识符。因此安全处理向前查看字符是缓冲技术的难点和关键。

习　　题

3.1 描述下面正规表达式定义的语言。

$a(a|b)*$

$a(\varepsilon|b)*$

$(a|b)*b(a|b)*$

3.2 在字母表 $\{a,b\}$ 上给出符合下面要求的正规表达式。

(1)以 a 开头字符串的集合。

(2)偶数个 a 和偶数个 b 组成的字符串的集合。

(3)不含两个相邻的 *a* 也不含两个相邻的 *b* 的字符串集合。

(4)以 *b* 开头且以 *aa* 结尾的字符串集合。

3.3 对于如图 3-22 所示的三个有限自动机，分别给出它们识别的正规表达式。

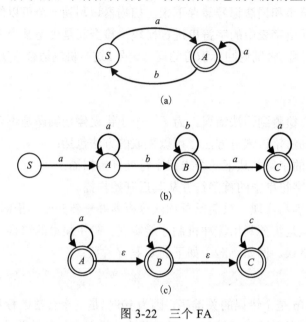

图 3-22 三个 FA

3.4 对于如图 3-23 所示的有限自动机，给出对应的 3 型文法。

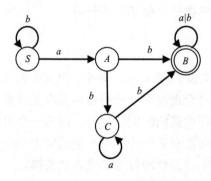

图 3-23 一个 FA

3.5 对于如图 3-24 所示的有限自动机，给出对应的 3 型文法以及识别的语言。

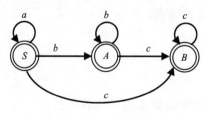

图 3-24 一个 DFA

3.6 对于下面的 3 型文法 $G[S]$，给出等价的有限自动机和它定义的语言。

$S \rightarrow aA \mid bS$

$A \rightarrow aA \mid bB$

$B \rightarrow aB \mid bB \mid \varepsilon$

3.7 对下面的正规表达式构造状态数最小的有限自动机。

$(a|b)b$

$a*b*$

$aa*bb*$

3.8 试用有限自动机理论证明下面的正规表达式是等价的。

$(a|b)*$

$(a*|b*)*$

$((\varepsilon|a)b*)*$

3.9 试用有限自动机理论证明下面的正规表达式是等价的。

$(a|b)*b$

$((a|b)*|aa)*b$

第 4 章　语 法 分 析

语法分析就是判定从词法分析器获得的词法记号序列是否符合语法的定义，并确定输入序列的语法结构。在词法分析的基础上，语法分析可以着重关注词法记号之间的上下文无关约束。因此，在进行语法分析时，词法记号就是描述这些约束的上下文无关文法中的终结符。

表示语法结构的数据结构是一种树型结构，称为语法树。语法分析本质上就是从词法分析输出的词法记号序列中显式或者隐式地构造语法树。从语法树的角度有两种语法分析实现方式：自顶向下语法分析和自底向上语法分析。自顶向下语法分析从语法树的根结点开始构造语法树，本质上实现的是推导；自底向上语法分析从语法树的叶子结点开始构造语法树，本质上实现的是归约。不论哪一种方法，语法分析器总是按照从左到右的方式扫描，每次扫描一个符号。

程序设计语言的语法规则使用上下文无关文法来描述。对于某些文法子类，可以设计出高效的语法分析器，如 LL 和 LR 文法。这些文法子类的表达能力足以描述现有程序设计语言的大部分语法结构。其中，LL 文法适合手工构造语法分析器，LR 文法适合自动构造语法分析器。

语法分析程序的一个重要任务是报告错误，并从常见的错误中恢复以继续进行语法分析。和词法分析相比，在语法分析中错误处理往往更为复杂。除了报告错误信息，语法分析器还需要进行错误修复以继续分析下去。错误修复的目的就是从目前的错误状态中推断一个可能正确的代码。

词法、语法以及对源程序的翻译动作可以以语法分析为中心交互完成，因此语法分析和前端的其他部分可以使用一个模块来实现。

4.1　自顶向下的语法分析

对于那些关键字引导的语句，语法分析相对容易。因此，本节先对自顶向下语法分析中的一般性问题进行阐述和分析，再讨论两种实现自顶向下语法分析的具体方法。

4.1.1　确定的自顶向下语法分析

语法分析是构造输入序列对应的语法树的过程。自顶向下的语法分析方法从根结点开始，按照前根序创建语法树的各个结点。本质上，自顶向下语法分析是寻找输入序列最左推导的过程。首先通过一个例子分析在实现推导的过程中面临的关键问题。

例 4.1　文法 $G[S]$ 如下：

$S \rightarrow AB$

$A \rightarrow aA \mid a$

$B \rightarrow bB \mid b$

如果待分析的输入序列为 $aaab$，那么推导的过程可以表示如下：

$$S \Rightarrow AB \Rightarrow aAB \Rightarrow aAb \Rightarrow aaAb \Rightarrow aaab$$

其对应的语法树构建过程如图 4-1 所示。

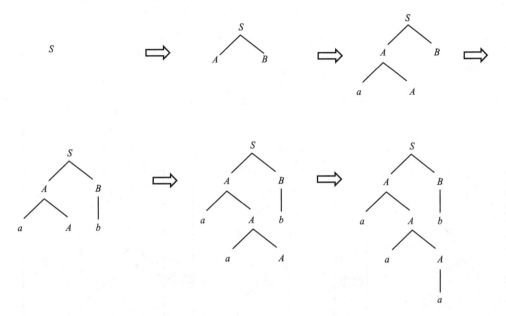

图 4-1　自顶向下构建语法树的过程

在分析过程中，每一步推导都需要将当前句型中的某个非终结符替换为对应产生式的一个候选式或者进行报错处理；从语法树角度，需要构建当前语法树中的某个叶子结点的儿子结点。如果考虑最左推导，则每一步推导都需要为当前最左边的非终结符选择一个对应的候选式或者进行报错处理。

最简单的选择就是依次尝试每一个产生式，但这将带来大量的回溯并耗费大量时间，更糟糕的是这个方法有时可能无法完成分析。因此，提高分析效率的关键就是在 $n+1$ 个选择里做出"明智"的决策，即在 $n+1$ 个选择中确定唯一的可行方案。把这样的分析称为**确定的自顶向下语法分析**。

确定的自顶向下语法分析避免了回溯和尝试，大大提高了分析的效率。下面就确定的自顶向下语法分析的一般方法和文法应具备的基本特征进行具体的讨论。

确定的自顶向下语法分析除了需要知道当前最左边的非终结符，还需要知道输入序列的一些信息。输入序列本身可能是一个比较长的序列，将输入序列全部放入缓存是不现实的，所以只是将目前分析的部分记号放入缓存，可以直观地理解为一个缓存窗口在输入序列上按照从左到右的顺序进行滑动，并根据产生式做出判断和选择。从语法树的角度，确定的自顶向下语法分析是按照从左到右深度优先的顺序构建每个结点的儿子结点。

如果缓存窗口大小为 1，则放入缓存窗口的是 1 个词法记号。考察例 4.1 以及输入序列 $aaab$。分析开始时的句型是 S，此时最左边待分析的符号为 S，缓存窗口的词法记号是 a。因为对于非终结符 S，只有候选式 AB 可以推导出以 a 开始的序列，所以使用候选式 AB 替换 S。推导得到的句型是 AB，对于当前最左边的非终结符 A，它的两个候选式都可以推导

出以 a 开始的序列，所以仅仅知道一个当前单词 a 是无法在两个候选式中确定唯一的选择的。也就是说，窗口大小为 1 时，"选择"之间存在冲突。

如果缓存窗口大小为 2，再次考察例 4.1 以及输入序列 $aaab$，基本的分析过程如图 4-2 所示。

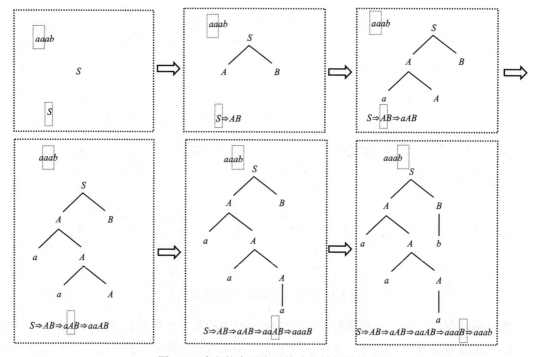

图 4-2　确定的自顶向下构建语法树的过程

（1）当前句型是 S，最左边待分析的符号为非终结符 S，缓存窗口放入 aa。因为只有候选式 AB 可以推导出以 aa 开始的序列，所以用候选式 AB 替换 S，得到句型 AB。

（2）对于句型 AB，当前最左边待分析的符号是非终结符 A，缓存窗口中的单词仍为 aa，只有候选式 aA 可以推导出以 aa 开始的序列，所以推导得到的句型是 aAB。对于句型 aAB，当前最左边待分析的符号是终结符 a，且和当前窗口的第一个单词一致，称为匹配成功，所以窗口在输入序列上往右移动，缓存窗口中的单词是 aa。

（3）缓存窗口中的单词是 aa，当前最左边待分析的符号是非终结符 A。按照前面的方法，分析并选择 A 的候选式 aA，推导得到句型 $aaAB$。在句型 $aaAB$ 中，当前最左边待分析的符号是第二个 a，且它和当前缓存窗口的第一个单词匹配成功。因此，窗口在输入序列上往右移动，即窗口中的单词是 ab。

（4）缓存窗口中的单词是 ab，当前最左边待分析的符号是非终结符 A。选择候选式 a 替换 A，推导得到的句型为 $aaaB$。在句型 $aaaB$ 中，当前最左边待分析的符号为第三个 a，它和当前缓存窗口中第一个单词匹配成功；窗口在输入序列上往右移动，即窗口中的单词是 b 且程序结束。

（5）缓存窗口中的单词是 b，最左边待分析的符号转移为 B。只有选择候选式 b 才可以推导出一个 b，所以用 b 替换 B 得到句型 $aaab$。句型 $aaab$ 最左边待分析的符号为 b，和当前窗口中第一个单词匹配成功。因为 b 是输入序列的最后一个单词，也是句型 $aaab$ 的最后一个符号，所以输入序列是正确的并且分析完毕。

在上面的分析过程中发现，例 4.1 的文法中只要缓存窗口大小为 2，就可以实现对 $aaab$ 的确定的自顶向下语法分析。相对应，窗口大小为 1 不能完成确定的自顶向下语法分析的原因是非终结符 A 存在两个候选式都可以推导出以 a 开头的序列，非终结符 B 也存在类似的情况。

自顶向下的语法分析过程中，除了在序列正确的时候选择正确的候选式，还需要在序列错误的时候给出错误的判定。因此，在分析过程中，对于每一个非终结符，它可能的选择是候选式个数加 1。另外，从上面的例子容易得出这样的推断：对于所有文法，都可以通过扩大缓存窗口实现确定的自顶向下语法分析。然而，下面的例子却给出一些不满足这个推断的情况。

例 4.2 假设 $G[S]$ 如下：

$S \rightarrow Sa \mid b$

上面文法定义的语言是 $\{ba^n \mid n \geq 0\}$。从文法可以知道，从开始符号 S 出发，使用产生式 $S \rightarrow Sa$ 进行推导，最先推导出的 a 本质上出现在序列的末尾。也就是说，只有看到输入串的最后一个符号，并且该符号是 a，才能在第一步推导时选择候选式 Sa。然而，n 可以无穷大，这就意味着缓存窗口也应该无穷大。很明显，这个条件在语法分析程序的实现中是不可行的。进一步分析可以知道，产生这个结果的原因是文法中包含了左递归。

下面的文法虽然不含左递归，但是自顶向下语法分析仍然面临和左递归相似的问题。

例 4.3 对于下面的 $G[S]$：

$S \rightarrow aAb \mid aAc$

$A \rightarrow a \mid aA$

假设当前待分析的非终结符为 S，而且输入序列的前缀中包含 n 个 a，那么至少需要已知 $n+1$ 个单词，才能为当前的非终结符 S 选择恰当的候选式。然而，对于前缀是 n 个以上 a 的输入序列还是一样无法完成确定的分析。同一个非终结符的候选式包含相同前缀的特征称为左公因子。可见，左公因子也是影响候选式有效选择的特征。

对例 4.1～例 4.3 中的文法分别进行等价变换（表 4-1），可以发现等价变换之后的文法只用读一个单词就可以帮助每一步最左推导做出唯一的选择。下面将符合这个条件的文法称为 LL(1) 文法，其中两个 L 分别表示最左推导和待分析串是从左到右输入的，1 表示每次输入或者读入的符号是一个，称它为当前符号，更准确地说是当前的词法记号。

表 4-1 三个示例文法的等价变换

例 4.1 的等价变换	例 4.2 的等价变换	例 4.3 的等价变换
$S \rightarrow AB$ $A \rightarrow aC$ $C \rightarrow \varepsilon \mid A$ $B \rightarrow bD$ $D \rightarrow \varepsilon \mid B$	$S \rightarrow bA$ $A \rightarrow aA \mid \varepsilon$	$S \rightarrow aAB$ $B \rightarrow b \mid c$ $A \rightarrow aC$ $C \rightarrow \varepsilon \mid A$

4.1.2　LL(1)文法

简单地说，LL(1)文法就是在实现最左推导的过程中，从左到右扫描输入序列并且读 1 个单词，就可以为每一步推导中的当前非终结符做唯一、确定的选择。下面分析 LL(1)文法需要满足的条件。

假设上下文无关文法 $G[S]=(V_T,V_N,P,S)$，$\eta A\sigma$ 是该文法的一个左句型，且 A 是该句型中最左边的非终结符，即

$$S \underset{lm}{\overset{*}{\Rightarrow}} \eta A\sigma$$

其中，$\eta\in V_T^*$，$A\in V_N$，$\sigma\in(V_T\cup V_N)^*$。

假设 $A\rightarrow\gamma_1|\gamma_2|\cdots|\gamma_n\in P$，输入序列为 $\omega=a_1a_2\cdots a_i\cdots a_m$，当前单词假设为 a_i，即 $\eta=a_1a_2\cdots a_{i-1}$ 时，分析的目标是根据 a_i 在 A 的 n 个候选式中进行唯一的选择或者报错。

很显然，如果 A 的 n 个候选式只有一个 γ_k 使得 $\gamma_k\sigma$ 可以推出以 a_i 开头的符号串，那么接下来的这一步推导就是使用 γ_k 替换 A，即

$$S \underset{lm}{\overset{*}{\Rightarrow}} \eta A\sigma \underset{lm}{\Rightarrow} \eta\gamma_k\sigma$$

如果 A 的任意候选式都不满足上面的条件，那么分析就需要进行错误处理。因此，分析的目标归结到 γ_k 推出的第一个单词。如果 $\gamma_k \overset{*}{\nRightarrow} \varepsilon$，则 $\gamma_k\sigma$ 推出的第一个单词就是 γ_k 推出的第一个单词。如果 $\gamma_k \overset{*}{\Rightarrow} \varepsilon$，则 $\gamma_k\sigma$ 推出的第一个单词还和 σ 有关，即和句型 $\eta A\sigma$ 中 A 之后的第一个单词有关。因此，下面引入首符号集和后继符号集的概念把这个问题定义得更清楚。

定义 4.1　对于上下文无关文法 $G[S]=(V_T,V_N,P,S)$，$\gamma\in(V_T\cup V_N)^*$，γ 的首符号集 $\mathrm{FIRST}(\gamma)$ 定义为

$$\mathrm{FIRST}(\gamma)=\{a|\gamma \overset{*}{\Rightarrow} a\theta，且 a\in V_T，\theta\in(V_T\cup V_N)^*\}$$

式中，如果 $\gamma \overset{*}{\Rightarrow} \varepsilon$，则规定 $\varepsilon\in\mathrm{FIRST}(\gamma)$。

按照定义 4.1，可以知道 FIRST 集具有以下性质：

(1)若 $X\in V_T$，则 $\mathrm{FIRST}(X)=\{X\}$；

(2)若有产生式 $X\rightarrow a\beta$，且 $a\in V_T$，$\beta\in(V_T\cup V_N)^*$，则 $a\in\mathrm{FIRST}(X)$；

(3)若有产生式 $X\rightarrow\varepsilon$，则 $\varepsilon\in\mathrm{FIRST}(X)$；

(4)若有产生式 $X\rightarrow Y_1Y_2\cdots Y_k$，对于某个 $i=1,2,\cdots,k$，且对任意 $j=1,2,\cdots,i-1$，$\mathrm{FIRST}(Y_j)$ 都含有 ε，则 $\mathrm{FIRST}(Y_i)-\{\varepsilon\}\subseteq\mathrm{FIRST}(X)$；若对任意 $i=1,2,\cdots,k$，$\varepsilon\in\mathrm{FIRST}(Y_i)$，则 $\varepsilon\in\mathrm{FIRST}(X)$。

在 $G[S]=(V_T,V_N,P,S)$ 中，对于 $\gamma\in(V_T\cup V_N)^*$，$\mathrm{FIRST}(\gamma)$ 可以通过求解任意 $A\in V_N$ 的 FIRST 集进行计算；其次，$\mathrm{FIRST}(A)$ 就是满足 $A \overset{*}{\Rightarrow} a\sigma$ 的所有终结符 a 或者满足 $A \overset{*}{\Rightarrow} \varepsilon$ 的 ε。因此，$\mathrm{FIRST}(A)$ 可以按照下面的步骤求解：

(1)初始化所有 V_N 的 FIRST 集为空；

(2)对于所有产生式，按照某个顺序依次运用 FIRST 集的性质进行检查并修改 FIRST 集，直到在一遍扫描中没有新元素被添加到任何 FIRST 集中。

例 4.4　下面是一个简单上下文无关文法 $G[S]$：

$S \rightarrow AB$

$A \rightarrow aCBA \mid \varepsilon$

$B \rightarrow bC \mid \varepsilon$

$C \rightarrow c$

下面解释 FIRST 集求解的基本过程。

(1)初始化所有非终结符的 FIRST 集为空：

FIRST$(S)=\{\}$

FIRST$(A)=\{\}$

FIRST$(B)=\{\}$

FIRST$(C)=\{\}$

(2)按照某个顺序依次检查每一个产生式。例如，先扫描 $S \rightarrow AB$，把 FIRST(A)加到 FIRST(S)中，但是目前 FIRST(A)为空，所以 FIRST(S)没有变化；再扫描 $A \rightarrow aCBA$，则 a 加入 FIRST(A)。同理先扫描产生式 $A \rightarrow \varepsilon$，则 ε 加到 FIRST(A)中；再扫描 $B \rightarrow bC$，b 加入 FIRST(B)；扫描 $B \rightarrow \varepsilon$，$\varepsilon$ 加到 FIRST(B)；最后扫描 $C \rightarrow c$，则 c 加到 FIRST(C)中。第二遍扫描结束，FIRST 集分别为

FIRST$(S)=\{\}$

FIRST$(A)=\{a,\varepsilon\}$

FIRST$(B)=\{b,\varepsilon\}$

FIRST$(C)=\{c\}$

(3)假设按照和第(2)步相同的顺序扫描产生式，扫描结束时 FIRST 集分别为

FIRST$(S)=\{a,b,\varepsilon\}$

FIRST$(A)=\{a,\varepsilon\}$

FIRST$(B)=\{b,\varepsilon\}$

FIRST$(C)=\{c\}$

(4)假设按照和第(2)步相同的顺序扫描产生式，扫描结束时 FIRST 集与第(3)步相比没有任何变化，所以扫描结束。

由于 FIRST 集是 $V_T \cup \{\varepsilon\}$ 的子集，而且 V_T 是有穷的集合，求解的过程是通过迭代不断扩大集合直到任意 FIRST 集不再发生改变，因此上面的求解过程可以在有穷的时间内停止，另外，迭代的过程可以看成一步推导到多步推导的叠加。

接下来讨论后继符号集的概念。为了方便后面的分析，把句型 S 扩展成 $S\#$，即"#"表示输入序列的结束标志。

定义 4.2　对于上下文无关文法 $G[S]=(V_T,V_N,P,S)$，$A \in V_N$，那么 A 的后继符号集定义为

$$\text{FOLLOW}(A)=\{a|S\# \overset{*}{\Rightarrow} \zeta A\sigma\#，且~a\in\text{FIRST}(\sigma\#)，\sigma,\zeta\in(V_T \cup V_N)^*\}$$

按照 FOLLOW 集的定义，可以知道 $\# \in \text{FOLLOW}(S)$。假设 $A \rightarrow \gamma_1|\gamma_2|\cdots|\gamma_n$，对某个 $\gamma_k=\alpha B\beta(k=1,2,\cdots,n)$，如果有推导序列：

$$S\# \overset{*}{\Rightarrow} \zeta A\sigma\#$$

那么，就可以得到如下的推导序列：

$$S\# \overset{*}{\Rightarrow} \zeta A\sigma\# \Rightarrow \zeta\gamma_k\sigma\# = \zeta\alpha B\beta\sigma\#$$

即 $S\# \overset{*}{\Rightarrow} \zeta\alpha B\beta\sigma\#$。按照 FOLLOW 集的定义，FIRST$(\beta\sigma\#) \subseteq$ FOLLOW(B)。因为产生式 $A \to \alpha B\beta$，所以 FIRST$(\beta) - \{\varepsilon\} \subseteq$ FOLLOW(B)。如果 $\varepsilon \in$ FIRST(β) 或者 $\beta = \varepsilon$，那么进一步有下面的推导序列：

$$S\# \overset{*}{\Rightarrow} \zeta A\sigma\# \overset{*}{\Rightarrow} \zeta\alpha B\beta\sigma\# \overset{*}{\Rightarrow} \zeta\alpha B\sigma\#$$

可以看到，任意一个出现在 A 之后的符号，都可以在某个句型中出现在 B 之后，因此，FOLLOW$(A) \subseteq$ FOLLOW(B)。

根据 FOLLOW 集的定义和上面的推导分析，可以得到求解 FOLLOW 集的步骤如下。

(1) 初始化文法的所有非终结符，其中开始符号 S 的 FOLLOW$(S) = \{\#\}$，其他任意非终结符 A 的 FOLLOW$(A) = \{\}$。

(2) 运用下面的规则检查每一个包含非终结符的产生式右部，并修改 FOLLOW 集，直到每一个集合都不再发生改变为止。

R1：若存在形如 $A \to \alpha B\beta$ 的产生式，则 FIRST$(\beta) - \{\varepsilon\} \subseteq$ FOLLOW(B)。

R2：若存在形如 $A \to \alpha B$ 的产生式，或形如 $A \to \alpha B\beta$ 的产生式且 $\beta \overset{*}{\Rightarrow} \varepsilon$（即 $\varepsilon \in$ FIRST(β)），则 FOLLOW$(A) \subseteq$ FOLLOW(B)。

对于例 4.4 中的文法 $G[S]$，按照上面的步骤首先初始化得到下面的结果：

FOLLOW$(S) = \{\#\}$

FOLLOW$(A) = \{\}$

FOLLOW$(B) = \{\}$

FOLLOW$(C) = \{\}$

按照文法中非终结符的定义顺序扫描包含非终结符的产生式右部。例如，扫描 $S \to AB$，按照规则 R1，把 FIRST$(B) - \{\varepsilon\}$ 加入 FOLLOW(A)，所以 FOLLOW$(A) = \{b\}$；按照规则 R2，把 FOLLOW(S) 加到 FOLLOW(A) 和 FOLLOW(B) 中，所以 FOLLOW$(A) = \{b,\#\}$，FOLLOW$(B) = \{\#\}$。同理，扫描产生式 $A \to aCBA$；按照规则 R1，把 FIRST$(BA) - \{\varepsilon\}$ 加入 FOLLOW(C)，所以 FOLLOW$(C) = \{a,b\}$，把 FIRST$(A) - \{\varepsilon\}$ 加入 FOLLOW(B)，所以 FOLLOW$(B) = \{a,\#\}$；按照规则 R2，把 FOLLOW(A) 加到 FOLLOW(C) 中，所以 FOLLOW$(C) = \{a,b,\#\}$，把 FOLLOW(A) 加到 FOLLOW(B) 中，所以 FOLLOW$(B) = \{a,b,\#\}$。扫描 $B \to bC$，按照规则 R2 没有变化。第一遍结束得到的 FOLLOW 集如下：

FOLLOW$(S) = \{\#\}$

FOLLOW$(A) = \{b,\#\}$

FOLLOW$(B) = \{a,b,\#\}$

FOLLOW$(C) = \{a,b,\#\}$

再进行一遍，可以发现每个 FOLLOW 集都没有发生改变，所以计算结束并得到最后结果。

上下文无关文法 $G[S]=(V_T,V_N,P,S)$ 中，$S \overset{*}{\underset{lm}{\Rightarrow}} \eta A\sigma$，$\eta \in V_T^*$，$A \in V_N$，$\sigma \in (V_T \cup V_N)^*$，假设 $A \rightarrow \gamma_1 | \gamma_2 | \cdots | \gamma_n \in P$，输入序列为 $\omega = a_1 a_2 \cdots a_i \cdots a_m$。如果 A 的 n 个候选式中任意两个候选式的 FIRST 集没有交集，且如果有某个候选式的 FIRST 集包含了 ε，那么 FOLLOW(A) 和其他候选式的 FIRST 集之间也没有交集，则当前单词为 a_i 时，可以在 n 个候选式或者错误处理之间进行唯一、确定的选择。下面的定义把这个概念描述得更清楚。

定义 4.3　一个上下文无关文法 $G[S]=(V_T,V_N,P,S)$ 称为 LL(1) 文法，当且仅当对于每个非终结符 A，且 $A \rightarrow \gamma_1 | \gamma_2 | \cdots | \gamma_n$，下面的条件成立：

(1) 对于任意两个不同的候选式 γ_i 和 γ_j，FIRST$(\gamma_i) \cap$ FIRST$(\gamma_j) = \varnothing$，即 γ_i 和 γ_j 不能推导出以相同的终结符为首的符号串，也不会同时推导出 ε；

(2) 假若 $\gamma_i \Rightarrow \varepsilon$，那么对于任意 $j=1,2,\cdots,n$，且 $j \neq i$，FIRST$(\gamma_j) \cap$ FOLLOW$(A) = \varnothing$，即不同于 γ_i 的任意 γ_j 所能推出的首符号不在 FOLLOW(A) 中。

为了判断例 4.4 中的文法 $G[S]$ 是不是 LL(1) 文法，首先计算该文法中的每个候选式的 FIRST 集：

$$FIRST(AB) = \{a,b,\varepsilon\}$$
$$FIRST(aCBA) = \{a\}$$
$$FIRST(bC) = \{b\}$$
$$FIRST(\varepsilon) = \{\varepsilon\}$$
$$FIRST(c) = \{c\}$$

按照定义 4.3，因为对于非终结符 A，FIRST$(bC)=\{b\}$ 和 FOLLOW$(B)=\{a,b,\#\}$ 有交集，所以该文法不是 LL(1) 文法。再检查例 4.1～例 4.3 中的文法，发现它们都不是 LL(1) 文法。而表 4-1 等价变换得到的文法都是 LL(1) 文法。从这些例子和定义 4.3，不加证明地给出下面的结论：包含左递归和左公因子的文法一定不是 LL(1) 文法，但不包含左递归和左公因子的文法不一定是 LL(1) 文法。

4.1.3　左递归和左公因子的消除

从前面的分析可以知道包含左递归和左公因子的文法一定不是 LL(1) 文法，所以进行 LL(1) 分析时必须消除文法的左递归和左公因子。左递归和左公因子的消除指的是在文法等价的前提下将文法变换成不含左递归和左公因子的文法。

1. 左递归的消除

例 4.2 中的文法 $S \rightarrow Sa | b$ 的语言 $L(G[S]) = \{ba^*\}$。从表 4-1 的变换结果可以看出，变换后的文法和原来的文法等价，且不再包含左递归。从这个例子的方法可以找到下面的通用方法。

一般来说，对于形如 $A \rightarrow A\alpha_1 | A\alpha_2 | \cdots | A\alpha_n | \beta_1 | \cdots | \beta_m$ 的产生式，如果任意 $\alpha_i \in (V_T \cup V_N)^+ (i=1,2,\cdots n)$，任意 $\beta_j \in (V_T \cup V_N)^* (j=1,2,\cdots,m)$ 且不以 A 开头，则可改写为

$$A \rightarrow \beta_1 B \mid \beta_2 B \mid \cdots \mid \beta_m B$$
$$B \rightarrow \alpha_1 B \mid \cdots \mid \alpha_n B \mid \varepsilon$$

其中，B 为新增加的非终结符。例如，已知表达式文法 $G[E]$ 如下：

$$E \rightarrow E+T \mid T$$
$$T \rightarrow T*F \mid F$$
$$F \rightarrow (E) \mid a$$

消除该文法的左递归后可以得到下面的文法 $G'[E]$：

$$E \rightarrow TR$$
$$R \rightarrow +TR \mid \varepsilon$$
$$T \rightarrow FP$$
$$T' \rightarrow *FP \mid \varepsilon$$
$$F \rightarrow (E) \mid a$$

其中，R 和 P 为新增加的非终结符。上面的例子展示了直接左递归的消除方法。如果文法包含间接左递归，则基本的思想是将间接左递归转换成直接左递归，再按照上面的方法消除。通过一个例子直观地展示将间接左递归转换成直接左递归的方法。

例 4.5 对于下面的文法 $G[S]$：

$$S \rightarrow AB \mid a$$
$$A \rightarrow BS \mid b$$
$$B \rightarrow SA \mid c$$

因为 $S \Rightarrow AB \Rightarrow BSB \Rightarrow SASB$，所以文法中包含间接左递归。如果可以将三步推导压缩成一步推导，也就是直接定义产生式 $S \rightarrow SASB$，那么就将间接左递归改为直接左递归。推导可以看作替换的过程，所以在产生式 $S \rightarrow AB$ 中，右部最左边的 A 用它的两个候选式分别进行替换，并且得到 $S \rightarrow BSB \mid bB$。同理，$S \rightarrow BSB$ 右部最左边的 B 用它的两个候选式分别进行替换，得到产生式 $S \rightarrow SASB \mid cSB$。因此，对于非终结符 S，将原文法经过一步推导、二步推导、三步推导变换一步推导，得到如下的产生式：

$$S \rightarrow SASB \mid cSB \mid bB \mid a$$

按照直接左递归的方法消除左递归，再合并其他两个产生式，最后得到消除左递归之后的等价文法如下：

$$S \rightarrow cSBP \mid bBP \mid aP$$
$$P \rightarrow ASBP \mid \varepsilon$$
$$A \rightarrow BS \mid b$$
$$B \rightarrow SA \mid c$$

显然，也可以选择非终结符 A 或者 B 进行替换，可以分别获得如下产生式：

$$A \rightarrow ABAS \mid aAS \mid cS \mid b$$
$$B \rightarrow BSBA \mid bBA \mid aA \mid c$$

按照同样的方法，可以获得消除直接左递归之后的等价文法。如果一个文法不包括 ε 产生式，也不存在 $A \overset{+}{\Rightarrow} A$，那么消除左递归的一般方法可以使用图 4-3 所示的伪代码描述。

为非终结符强加一个任意顺序：$A_1,A_2,\cdots,A_n$
for i=1 to n do
    for j=1 to i-1 do
        if $(A_i \rightarrow A_j \gamma \in P$ and $A_j \rightarrow \delta_1 \mid \delta_2 \mid \cdots \mid \delta_k)$
            $A_i \rightarrow \delta_1 \gamma \mid \delta_2 \gamma \mid \cdots \mid \delta_k \gamma$
消除 A_i 产生式上的直接左递归

图 4-3 消除左递归的一般方法

2. 左公因子的消除

表 4-1 中展示了例 4.1 和例 4.3 消除左公因子的结果，下面给出一般的变换方法。

对于形如 $A \rightarrow \alpha \gamma_1 \mid \alpha \gamma_2 \mid \cdots \mid \alpha \gamma_n \mid \beta_1 \mid \cdots \mid \beta_m$ 的产生式，其中 $\alpha \in (V_T \cup V_N)^+$，如果任意 $\gamma_i, \beta_j \in (V_T \cup V_N)^*$，则可变换为

$A \rightarrow \alpha B \mid \beta_1 \mid \cdots \mid \beta_m$

$B \rightarrow \gamma_1 \mid \gamma_2 \mid \cdots \mid \gamma_n$

其中，B 为新增加的未出现过的非终结符。对于下面的文法 $G[S]$：

$S \rightarrow aAS \mid aAB \mid Cc \mid Cb \mid d$

$A \rightarrow bS \mid \varepsilon$

$B \rightarrow cA \mid \varepsilon$

$C \rightarrow cC \mid \varepsilon$

消除左公因子可以得到下面等价的文法 $G'[S]$：

$S \rightarrow aAD \mid CF \mid d$

$D \rightarrow S \mid B$

$F \rightarrow c \mid b$

$A \rightarrow bS \mid \varepsilon$

$B \rightarrow cA \mid \varepsilon$

$C \rightarrow cC \mid \varepsilon$

4.1.4 递归下降的语法分析

给定一个 LL(1) 文法，可以使用递归子程序或者表驱动的方法来实现语法分析程序。递归下降分析是一种适合手工构造的语法分析技术。递归下降分析的基本方法是根据每个非终结符及其候选式，对选择、替换候选式以及报错直接进行编码，并将其封装在一个无参数的过程中。

由 LL(1) 文法定义和前面的分析可以知道，对于非终结符 A，如果该非终结符有 n 个候选式，那么实现该非终结符的子程序需要 n+1 个分支。针对 A 的候选式 α，如果 FIRST(α) 不包括 ε，那么选择该候选式的条件就是当前词法记号属于 FIRST(α)；如果 FIRST(α) 包括 ε，选择该候选式的条件就是当前词法记号属于 FIRST(α) - {ε} 或者 FOLLOW(A) 集合。另外，如果非终结符 A 的一个候选式为 $X_1 X_2 \cdots X_k$，那么它对应的分支按照该候选式的 k 个符号进行编码。对于任意 $X_i(i$=1,2,$\cdots,k)$ 的具体编码方法如下：

(1)如果 X_i 是终结符，则判断当前读入的单词是否与该终结符 X_i 匹配；若匹配，再读下一个单词，若不匹配，则进行错误处理；

(2)如果 X_i 是非终结符，则调用 X_i 相应的子程序进一步进行递归分析。

此外，除了对应 n 个候选式的分支，最后一个分支进行错误报告，表示当前单词不能被任何一个候选式推导得到。

例 4.6 对于下面的文法 $G[S]$：

$$S \rightarrow aAS \mid bB \mid d$$

$$A \rightarrow BbS \mid \varepsilon$$

$$B \rightarrow c$$

首先，考察该文法是不是 LL(1) 文法。通过计算 FIRST 和 FOLLOW 集分别得到表 4-2 的结果。按照 LL(1) 文法的定义，可以检验该文法是 LL(1) 的。

表 4-2　例 4.6 的 $G[S]$ 的 FIRST 和 FOLLOW 集

非终结符	FIRST	FOLLOW
S	a,b,d	$\#,a,b,d$
A	c,ε	a,b,d
B	c	$b,\#,a,d$

按照递归下降分析的实现技术，该文法递归下降分析的伪代码如图 4-4 所示。其中，过程 gettoken() 是词法分析器，读一个待分析的单词到 token 中，error() 是错误处理程序。

```
void ParseS() {                  void ParseA() {                  void ParseB() {
    if (token==a) {                  if (token==c) {                  if (token==c) {
        gettoken();                      ParseB();                        gettoken();
        ParseA();                        if (token==b)                }
        ParseS();                            gettoken();              else error();
    }                                    else                     }
    else if (token==b) {                     error()
        gettoken();                      ParseS();
        ParseB();                    }
    }                                else if (token ==a|| token ==b|| token ==d) {
    else if (token==d) {             }
        gettoken();                  else error();
    else error();                }
}
```

图 4-4　文法(例 4.6)的递归下降分析的伪代码

从图 4-4 可以看出，因为 S 有三个候选式，所以对应非终结符 S 的子程序有 4 个分支，前面 3 个分支分别对应 3 个候选式 aAS、bB、d。因为 FIRST$(aAS)=\{a\}$，FIRST$(bB)=\{b\}$，FIRST$(d)=\{d\}$，所以前 3 个分支的选择条件分别是匹配 a、b、d；最后一个分支就是错误处理。因为 A 有两个候选式，所以对应非终结符 A 的子程序有 3 个分支。因为 FIRST$(BbS)=\{c\}$，FIRST$(\varepsilon)=\{\varepsilon\}$，所以前两个分支的选择条件分别是匹配 c 和 FOLLOW$(A)=\{a,b,d\}$。因为 B 有 1 个候选式，所以对应非终结符 B 的子程序有 2 个分支。伪代码中，每一个子程序的最后一个分支用来进行错误处理。如果需要进行错误的恢复和校正，还需要在此基础上进一步修改。

程序开始执行时，首先从输入序列中读一个单词到 token 中，然后调用开始符号对应的子程序，最后程序就按照子程序的结构以及输入序列执行。整个执行过程本质上是一个模拟推导的过程。从语法树的角度，递归下降分析可以认为是一个按照从左到右深度优先顺序构造语法树的过程。对于语法正确的输入序列，语法树是客观存在的。因此，递归下降分析也可以认为是一个按照从左到右深度优先顺序遍历语法树的过程。例如，如果输入序列是 *acbdd*，执行的过程可以采用图 4-5 直观地表示出来，其中虚线表示程序在语法树上扫描和遍历的顺序。

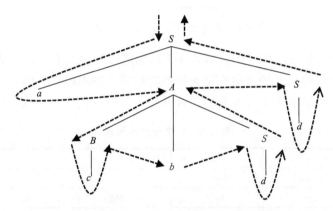

图 4-5 递归下降分析的深度优先遍历顺序

在实现递归下降分析的时候，如果一个非终结符的候选式是 ε，那么可以将 ε 作为默认分支。例如，对于 A 这样的非终结符，它的子程序只保留第一个分支，既省略对应 ε 的分支，也没有对应错误报告的分支。和前面的方法相比，这样的处理方法可能延缓错误的检测，但不会遗漏错误。

4.1.5　表驱动的语法分析

在自顶向下语法分析中，最关键的问题是根据当前最左边的非终结符和输入，选择某一个候选式或者进行报错。如果把这些选择存储在一个表中，并且用栈来存储当前句型，那么递归下降分析程序可以改为一个非递归的循环程序，基本分析模型如图 4-6 所示。

在表驱动的语法分析中，有一个存储输入序列的缓冲区、一个存储文法符号的分析栈和一个预测分析表。

预测分析表可以用一个二维数组表示，它的每一行与一个非终结符相关联，每一列与一个终结符或者结束标志 "#" 关联。对于 $A \in V_N$ 和 $a \in V_T \cup \{\#\}$，分析表中元素 $M[A,a]$ 表示对于当前推导要使用的产生式，或者指出输入序列存在的语法错误。对于文法中每个产生式 $A \rightarrow \gamma_1 | \gamma_2 | \cdots | \gamma_n \in P$，按照下面的规则进行确定：

(1) 如果 $a \in \mathrm{FIRST}(\gamma_i)$，则将 $M[A,a]$ 置为 $A \rightarrow \gamma_i$；

(2) 如果 $\varepsilon \in \mathrm{FIRST}(\gamma_i)$，且 $a \in \mathrm{FOLLOW}(A)$，则将 $M[A,a]$ 置为 $A \rightarrow \gamma_i$；

(3) 所有上述两种情况之外的表元素都置为 error。

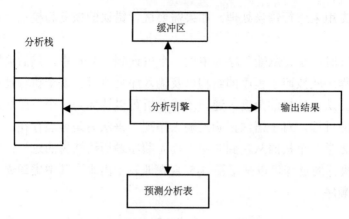

图 4-6　表驱动自顶向下语法分析模型

对于例 4.6 中的文法，可以构建如表 4-3 所示的预测分析表。因为该文法有 3 个非终结符 S、A、B，正确的输入序列由文法的终结符和结束标志组成，即 a、b、c、d 和"#"，所以预测分析表可以表示为 3 行 5 列的二维表格。其中，表格中空缺的单元表示 error。

表 4-3　一个预测分析表

非终结符	a	b	c	d	#
S	$S{\to}aAS$	$S{\to}bB$		$S{\to}d$	
A	$A{\to}\varepsilon$	$A{\to}\varepsilon$	$A{\to}BbS$	$A{\to}\varepsilon$	
B			$B{\to}c$		

预测分析由一个驱动程序驱动,该程序考虑栈顶符号 X 和当前输入单词为 a 的条件下,根据文法 $G[S]$ 的预测分析表,对缓冲区、分析栈和输出结果进行控制。图 4-7 所示的伪代码描述了表驱动的预测分析过程。

```
a=gettoken();
push #;
push S;
X 是栈顶符号;
while(X≠#) {
    if (X∉V_N and X==a) {
        pop;
        a=gettoken();
    }
    else if (X∉V_N and X≠a) error()
    else if (M[X, a]==error) error();
    else if (M[X, a]==X→Y₁Y₂···Yₙ) {
        pop;
        for i==n to 1 do push Yᵢ;
    }
}
if (X==# and a==#) success;
```

图 4-7　表驱动的预测分析过程

在图 4-7 所示的预测分析过程中，gettoken()是词法分析器，读一个待分析的单词到 token 中，error()是错误处理程序。另外，因为实现的是最左推导，所以当需要按照某个产生式 $X{\rightarrow}Y_1Y_2{\cdots}Y_n$ 进行下一步推导时，按照逆序将候选式中的符号依次入栈，以确保最左边待分析的符号在分析栈顶。分析开始时先进行初始化，包括从输入序列读一个单词到变量 a，以及结束标志 "#" 和开始符号 S 入栈。

对于例 4.6 中的文法，以及如表 4-3 所示的预测分析表，句型 abc 的表驱动预测分析过程如图 4-8 所示。其中，余留符号是包含一个结束标志的输入符号串。预测分析程序根据图 4-7 所示的流程执行。表驱动预测分析开始时，先进行初始化处理，即余留符号为 abc#，结束标志 "#" 入栈，开始符号 S 入栈，并且读取第一个输入符号串中的符号 a 作为当前符号。接下来，预测分析程序迭代地根据栈顶符号和当前符号进行处理。

步骤	分析栈	余留符号	使用的产生式
0	#	abc#	
1	#S	abc#	$S{\rightarrow}aAS$
2	#SAa	abc#	
3	#SA	bc#	$A{\rightarrow}\varepsilon$
4	#S	bc#	
5	#Bb	bc#	$S{\rightarrow}bB$
6	#B	c#	
7	#c	c#	$B{\rightarrow}c$
8	#	#	success

图 4-8　句型 abc 的表驱动预测分析过程

4.2　自底向上的语法分析

自底向上的语法分析是一个从叶子结点到根结点的构造语法树的过程，本质上就是实现归约。移进-归约的语法分析是自底向上语法分析的一个具体形式。LR 文法是一类可以构造出移进-归约语法分析器的文法。虽然手工构造 LR 语法分析器的工作量比较大，但是借助语法分析器的自动生成可以容易地构造出高效的 LR 语法分析器。本节首先介绍移进-归约的语法分析技术，再讨论 LR 文法以及 LR 语法分析器的手工构造方法。

4.2.1　移进-归约的语法分析

为了更清楚地解释移进-归约的语法分析技术，先通过一个简单的例子回顾归约。

对于例 4.1 中的文法 G[S]，句型 aaab 的最左归约过程如下：

$$aaab{\Leftarrow}aaAb{\Leftarrow}aAb{\Leftarrow}Ab{\Leftarrow}AB{\Leftarrow}S$$

该归约对应的语法树构建过程如图 4-9 所示。从归约过程可以看出，aaab 是文法 G[S] 的一个句子，即 aaab 是没有语法错误的。另外，归约的关键是确定直接短语，如果是最左归约，那么就是确定当前句型的句柄。例如，aaab 的句柄是第三个 a。如果将第一个或者第二个 a 归约为 A，那么 aaab 最终将无法归约成 S，但这并不意味着 aaab 是有语法错误的。

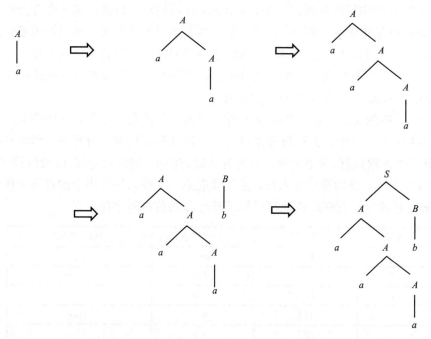

图 4-9　句型 *aaab* 最左归约语法树的构建过程

移进-归约语法分析是一种具体的自底向上语法分析方法。该方法用一个缓冲区存储待分析的输入符号，使用"#"标记分析栈的栈底和输入符号的右端；从左到右扫描余留符号，将 0 个或者多个符号依次移入栈，并且句柄一旦出现在分析栈的栈顶就进行归约。语法分析程序重复这个过程，直到检测到语法错误或者栈中包含的是开始符号且输入符号串结束。对于例 4.1 中的文法和句子 *aaab*，它的移进-归约语法分析过程可以表示为图 4-10。

分析栈	余留符号	动作
#	aaab#	移进
#a	aab#	移进
#aa	ab#	移进
#aaa	b#	用 A→a 产生式归约
#aaA	b#	用 A→aA 产生式归约
#aA	b#	用 A→aA 产生式归约
#A	b#	移进
#Ab	#	用 B→b 产生式归约
#AB	#	用 S→AB 产生式归约
#S	#	接收

图 4-10　句型 *aaab*#的移进-归约语法分析过程

虽然语法分析的主要操作是移进和归约，但实际上移进-归约语法分析程序可能采用四种动作：移进、归约、接收和报错。

(1)移进(Shift)：从左到右扫描余留符号，将 0 个或者多个符号移到栈顶。

(2)归约(Reduce)：按照某个产生式，将它的右部出栈并且左部入栈。

(3)接收(Accept)：语法分析器判定输入符号串语法正确。

(4)报错(Error)：对于输入符号串，在某个分析环节发现一个语法错误，进行错误报告和处理。

从移进-归约语法分析方法还可以看到，分析栈和余留符号中的符号组成完整的右句型，即移进-归约语法分析建立一个最左归约，也是最右推导的逆过程。换句话说，每一个分析栈中的序列就是一个右句型的前缀。另外，如果栈中已经出现完整的句柄，那么接下来的动作就是用某个产生式进行归约。因此，分析栈中永远不会出现句柄以右的符号。为了讨论和描述方便，把满足这两个条件的符号串称为活前缀。下面的定义形式化地描述活前缀的特征。首先对于任意文法 $G[S]$，增加产生式 $S' \rightarrow S$ 到文法中，将得到的新文法记为 $G[S']$ 并称为 $G[S]$ 的扩展文法。

定义 4.4 对于任意文法 $G[S]$，如果 $S' \overset{*}{\underset{rm}{\Rightarrow}} \alpha A \delta \underset{rm}{\Rightarrow} \alpha \beta \delta$ 是扩展文法 $G[S']$ 的最右推导，且 ω 是 $\alpha\beta$ 的前缀，则称 ω 是文法 $G[S]$ 的活前缀。

如果有 $S \overset{*}{\underset{rm}{\Rightarrow}} \alpha A \delta \underset{rm}{\Rightarrow} \alpha \beta \delta$，且 $\delta \in V_T^*$，那么 β 就是句型 $\alpha\beta\delta$ 的句柄。因此，移进-归约语法分析方法的分析栈中不会出现句柄 β 以右的符号。

移进-归约语法分析的关键就是根据目前分析栈中的信息以及余留符号做出移进、归约、接收或报错的决策。实现移进-归约语法分析的方法有简单优先方法、算符优先方法和 LR 方法。简单优先方法和算符优先方法的思想是建立一种优先关系，两者的不同点在于前者在终结符和非终结符中建立优先关系，后者只在终结符中建立优先关系。LR 方法是这三类方法中最典型的方法，因此，本章仅以 LR 方法为例阐述移进-归约语法分析的实现方法。

4.2.2 LR 语法分析

LR 语法分析方法是一种移进-归约语法分析的具体实现方法，其中 L 表示对输入符号串进行从左到右的扫描，R 表示语法分析本质上构建的是一个最右推导的逆过程。

LR 语法分析方法是最通用的无回溯、移进-归约语法分析方法；而且几乎所有的程序设计语言，只要能够构造出上下文无关文法，就能够构造出 LR 语法分析器。另外，可以使用 LL 方法进行分析的文法一定可以使用 LR 语法分析，也就是说 LR 语法分析方法的语法分析能力比 LL 语法分析方法强。因此，目前最流行的自底向上语法分析器都是基于 LR 语法分析技术进行设计的。

LR 语法分析试图根据当前活前缀以及余留符号，在移进、归约、接收和报错四个动作中做出唯一的选择。如果可以罗列出所有活前缀，那么就可能找到做出唯一选择应该满足的条件。然而，大多数文法，如包含递归的文法，其活前缀往往是无穷集合，所以根据每个活前缀进行具体判断明显是不可行的。如果按照分析栈中符号移进的条件以及移进之后的得到活前缀，归约的条件、归约使用的产生式以及归约之后得到的活前缀，报错的条

件和接收的条件，进一步对例 4.1 文法的所有活前缀进行详细的分析，可以将它们分为 8
类（表 4-4）。

表 4-4　文法（例 4.1）的活前缀及其分类

类	活前缀	类	活前缀
0	ε	4	$Ab,Abb,Abbb,Abbbb,\cdots$
1	$a,aa,aaa,aaaa,\cdots$	5	AB
2	A	6	$AbB,AbbB,AbbbB,\cdots$
3	$aA,aaA,aaaA,aaaaA,\cdots$	7	S

进一步分析表 4-4 所示的 8 类活前缀可以发现，它们之间还存在相互关系。例如，对
于第 0 类，如果当前待分析符号是 a，则移进 a 之后活前缀变为 a，即变为第 1 类；如果待
分析符号是 a 以外的任何符号，则报错；如果把所有 a 都归约为一个 A，那么进栈的是 A，
活前缀变为 A，即变为第 2 类。又如，对于第 1 类，如果待分析符号是 a，移进 a 则活前
缀仍然是第 1 类；如果待分析符号是 b，则将栈顶的 a 或者 aA 归约为 A，并且转移到第 3
类；如果待分析符号是 a、b 以外的任何符号，则报错。再如，第 6 类表明栈顶已经出现
bB，可以按照产生式 $B \rightarrow bB$ 进行归约，即 bB 出栈且 B 进栈。如果归约之前的次次栈顶为
b，则归约之后仍然进入第 6 类；如果归约之前的次次栈顶为 A，则归约之后将进入第 5 类。
最后，所有类之间的关系使用图和表分别进行表示，得到如图 4-11 所示的结果。

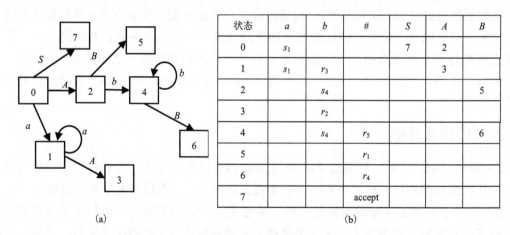

图 4-11　文法（例 4.1）的活前缀之间的相互关系

图 4-11（a）本质上是一个状态转换图。其中，0 是初始状态，同时所有的状态都是接收
状态，输入符号是文法（例 4.1）的终结符和非终结符组成的集合。观察图 4-11（a）可以发现，
从 0 状态到每一个状态的路径上识别的符号串都是一类活前缀的集合，也就是说，图 4-11（a）
所示的有限自动机识别的语言就是文法（例 4.1）的活前缀集合。

图 4-11（b）是一个分析表，涉及移进-归约语法分析技术的四个动作：移进、归约、接
收和报错。分析表中的每一行对应状态转换图中的一个状态，每一列对应一个终结符或者
非终结符。例如，状态 4 表示当前的活前缀为 Ab^+。在状态 4 下，如果识别的符号是 b，
则状态转换图仍然进入状态 4，所以 4 行 b 列的表项内容为 s_4，表示移进 b 之后栈中序列

为 Ab^+；在状态 4 下，如果识别的符号是 B，则状态转换图进入状态 6，所以 4 行 B 列的表项内容为 6，表示移进 B 之后栈中序列为 Ab^+B；在状态 4 下，如果已经看到分析串中最后一个符号 b，也就是待分析符号为结束标志"#"，则当前的分析应该使用产生式 $B{\to}b$ 进行归约，所以 4 行"#"列的表项内容为 r_5，其中 r_5 表示产生式 $B{\to}b$ 的编号。另外，产生式 $S{\to}AB$，$A{\to}aA$，$A{\to}a$，$B{\to}bB$，$B{\to}b$ 的编号分别是 1、2、3、4 和 5。此外，状态 7 下，如果待分析的符号为结束标志，则语法分析确定输入符号串语法正确，所以 7 行"#"列的表项内容为 accept。分析表中所有空的单元表示语法错误。

利用图 4-11(b)所示的分析表对 $aaab$ 进行移进-归约语法分析的过程如图 4-12 所示。

状态栈	符号栈	余留符号	动作
0	#	aaab#	s_1
01	#a	aab#	s_1
011	#aa	ab#	s_1
0111	#aaa	b#	r_3；$(1,A)=3$
0113	#aaA	b#	r_2；$(1,A)=3$
013	#aA	b#	r_2；$(0,A)=2$
02	#A	b#	s_4
024	#Ab	#	r_5；$(2,B)=5$
025	#AB	#	r_1；$(0,S)=7$
07	#S	#	accept

图 4-12　表驱动的移进-归约语法分析过程

在图 4-12 所示的移进-归约语法分析过程中，为了直观，把分析过程中的分析栈分为两个部分：状态栈和符号栈。符号栈存储分析过程中的活前缀；状态栈保存一个状态序列，每个状态识别符号栈对应位置以下的活前缀。分析开始时，对状态栈、符号栈和余留符号进行初始化，具体包括 0 压入状态栈，"#"压入符号栈，余留符号为当前待分析的序列 $aaab$#。接下来移进-归约语法分析就进入一个循环，根据栈顶的状态和待分析符号查阅分析表，并决定下一步的动作。例如，栈顶状态是 0，余留符号的第一个符号为 a，查分析表得到 s_1，即将 a 移进栈，所以符号栈中的活前缀为 a，该活前缀是状态 1 所识别的，所以 1 压入状态栈。如此迭代，直到最后查阅分析表的 7 行"#"列，显示 accpet，表示分析序列的语法是正确的。

从上面的分析过程可以看到，移进-归约语法分析需要表示出每一步分析得到的右句型，但是一旦得到了分析表，可以不需要保存分析过程中具体的右句型的符号序列，仅需要保存分析过程中活前缀序列的状态和余留符号。也就是说，移进-归约语法分析的实现可以变得更简洁。

假设将 LR 分析表分为两个部分：一个是描述状态转换图输入符号是终结符的 ACTION 表；另一个是描述状态转换图输入符号是非终结符的 GOTO 表。LR 语法分析的基本过程可以使用如图 4-13 所示的伪代码进行描述。

```
a=gettoken();
s 指向栈顶的指针;
PUSH 0;
while (true) {
    if (ACTION[s, a]==s_j ) {
        PUSH j;
        a=gettoken();
    }else if (ACTION[s, a]==r_j 且 r_j=='A→β') {
        POP ‖β‖ 项;
        PUSH GOTO[s, A];
    }else if(ACTION[s, a]==accept) return;
    else error();
}
```

图 4-13　LR 语法分析过程

在图 4-13 所示的伪代码中，先进行初始化处理，包括在当前输入符号串中读一个单词并存入变量 a，以及初始状态 0 入栈。其次，$\|\beta\|$ 表示候选式 β 包含的符号数量，即 POP $\|\beta\|$ 项表示从分析栈的栈顶弹出 $\|\beta\|$ 项。

从上面的分析可以看出，LR 语法分析的核心就是构建分析表。为了更加简单、直接地获得分析表，首先分析产生式和分析栈中活前缀之间的关系，引入项目和项目集的概念，并通过这两个概念构建识别活前缀的有限自动机，再基于有限自动机构建分析表。

4.2.3　项目和项目集

活前缀用来刻画目前语法分析所处的位置，以便选出恰当的动作，因此明确一个上下文无关文法的所有活前缀对 LR 语法分析是非常重要的。然而，一个上下文无关文法的活前缀往往是不可罗列的，所以建立有效的获取和分析一个文法所有活前缀的方法成为 LR 语法分析中的关键问题。从活前缀的定义可以知道，活前缀是右句型的前缀，而且句型通过产生式推导得到。因此，通过分析并建立产生式和活前缀之间联系成为获得一个上下文无关文法所有活前缀的途径。

图 4-11(a)所示的状态转换图中，状态 0 表示分析栈中仅仅有标志性符号 "#"，即如果待分析的输入符号串是正确的，那么最后应该使用产生式 $S \to AB$ 进行归约。状态 2 识别的活前缀是 A，表示分析栈中已经出现了 A，移进-归约语法分析接下来期待出现 B。当然，B 不能直接从输入符号串压进栈，所以只能通过产生式 $B \to bB$ 或者 $B \to b$ 归约得到。因此，状态 2 和产生式 $\{S \to AB, B \to bB, B \to b\}$ 有关。另外，为了把分析栈中的情况也描述清楚，引入 "•" 来刻画此时栈顶对应的位置。例如，状态 2 使用 $\{S \to A \cdot B, B \to \cdot bB, B \to \cdot b\}$ 刻画栈顶已经出现了 A，同时期待出现使用 b 或者 bB 归约得到的 B。每一个通过 "•" 进行扩展的产生式称为项目。应当注意的是，ε 产生式对应的项目只有一个，例如，$A \to \cdot$ 是产生式 $A \to \varepsilon$ 的项目。

为了刻画任意文法分析结束时将输入符号串都归约成一个开始符号 S，对任意上下文法进行扩展，增加新的开始符号 S' 和产生式 $S' \to S$。扩展的目的是告诉语法分析器，当且仅当使用 $S' \to S$ 进行归约时，语法分析结束且输入符号串正确。文法(例 4.1)经过扩展得到的产生式集合如下：

(0) $S' \rightarrow S$

(1) $S \rightarrow AB$

(2) $A \rightarrow aA$

(3) $A \rightarrow a$

(4) $B \rightarrow bB$

(5) $B \rightarrow b$

按照项目的定义，该扩展文法的所有项目如下：

$S' \rightarrow \bullet S$	$A \rightarrow \bullet aA$	$B \rightarrow \bullet bB$
$S' \rightarrow S \bullet$	$A \rightarrow a \bullet A$	$B \rightarrow b \bullet B$
$S \rightarrow \bullet AB$	$A \rightarrow aA \bullet$	$B \rightarrow bB \bullet$
$S \rightarrow A \bullet B$	$A \rightarrow a \bullet$	$B \rightarrow \bullet b$
$S \rightarrow AB \bullet$	$A \rightarrow \bullet a$	$B \rightarrow b \bullet$

在图 4-11(a)的基础上，把每一个状态对应的项目具体化，得到图 4-14 所示的结果。从图 4-14 可以看到，每一个状态和一个项目集有关，两个不同状态的项目集之间没有交集。

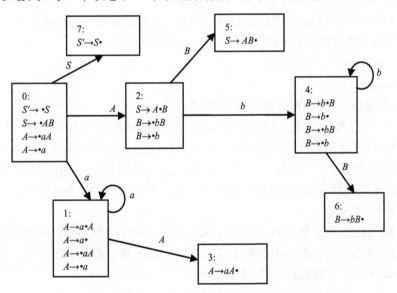

图 4-14 文法(例 4.1)的状态和项目集之间的关系

不同的项目意味着操作不相同。例如，图 4-14 中和状态 6 相关的 {$B \rightarrow bB \bullet$} 意味着状态 6 识别的活前缀已经完整地出现 bB，可以按照产生式 $B \rightarrow bB$ 进行归约。因此，圆点 "$\bullet$" 在产生式右部最右边的项目称为**归约项目**，例如，$B \rightarrow bB \bullet$ 和 $B \rightarrow \bullet$ 都是归约项目。同理，和状态 7 相关的 {$S' \rightarrow S \bullet$} 意味着只要输入序列已经分析完毕就可以输出正确的结论，否则需要进行错误处理。因此，习惯把 $S' \rightarrow S \bullet$ 称为**接收项目**。和状态 2 相关的 {$S \rightarrow A \bullet B, B \rightarrow \bullet bB, B \rightarrow \bullet b$} 意味着期待句柄 AB 在将来的某个时刻出现，但此时仅仅出现了一个 A，B 还需要将来通过 b 或者 bB 的归约得到。因此，首先圆点 "$\bullet$" 在非终结符之前的项目称为**待约项目**，例如，$S \rightarrow A \bullet B$ 是一个待约项目。其次，状态 2 下 $B \rightarrow \bullet bB$ 表明下一个符号是 b 则进栈，所以圆点

"·"在终结符之前的项目称为**移进项目**，例如，$B \rightarrow \cdot bB$ 是一个移进项目。此外，状态 2 下如果当前输入符号不是期待的 b，则说明输入符号串有语法错误，需要进行错误处理。

很显然，根据每个状态的项目集特点，可以构建出移进-归约语法分析表。

4.2.4　LR(0)分析表构造

根据向前扫描的符号个数 k，LR 语法分析方法可以具体表示为 LR(k) 分析方法。其中，$k = 0$ 或者 $k = 1$ 是两种具有实践意义的分析方法。对不同的 LR 语法分析方法，它们构造项目集和分析表的方法略有不同。针对任意的上下文无关文法 $G[S] = (V_\mathrm{T}, V_\mathrm{N}, P, S)$，下面给出得到所有的 LR(0) 项目集(称为**项目集族**)的一般方法。

(1)通过增加产生式 $S' \rightarrow S$ 扩展文法 $G[S] = (V_\mathrm{T}, V_\mathrm{N}, P, S)$。

(2)通过计算闭包 closure($\{S' \rightarrow \cdot S\}$) 得到初始项目集。

计算闭包 closure(I) 的过程是：

① I 中的每一个项目都属于 closure(I)；

② 如果 $A \rightarrow \alpha \cdot B\beta \in$ closure(I)，且 $B \rightarrow \gamma \in P$，则 $B \rightarrow \cdot \gamma \in$ closure(I)；

③ 重复步骤②直到 closure(I) 不再增大为止。

(3) 对于每一个项目集 I 和任意 $X \in V_\mathrm{T} \cup V_\mathrm{N}$，计算后继项目 GO($I,X$)；

计算项目集 I 的后继项目 GO(I,X) = closure(J) 的过程是：

① $J = \{A \rightarrow \alpha X \cdot \beta | A \rightarrow \alpha \cdot X\beta \in I\}$；

② 计算 closure(J)。

(4)重复步骤(3)直到不再有新项目集出现为止。

本质上，项目集族构造过程也是构建识别活前缀有限自动机的过程。首先，closure($S' \rightarrow \cdot S$) 对应有限自动机的初始状态，从初始状态开始迭代计算得到的每一个后继项目都对应有限自动机的一个状态；其次，如果 I 是一个项目集，且 $I_X =$ GO(I,X)，则识别活前缀的有限自动机上存在状态转移函数 $f(I,X) = I_X$，即在状态转换图上存在一条从项目集 I 到 I_X 对应状态的有向边。

针对例 4.1 中的文法，初始项目集为 closure($\{S' \rightarrow \cdot S\}$) = $\{S' \rightarrow \cdot S, S \rightarrow \cdot AB, A \rightarrow \cdot aA, A \rightarrow \cdot a\}$，也就是图 4-14 中的初始状态 0 中的项目集。按照 LR(0) 项目集族构造方法，求出的所有项目集就是图 4-14 中所有状态对应的项目集。

例 4.7　对于文法 $G[S]$：

　　$S \rightarrow (L) \,|\, a \,|\, \wedge$

　　$L \rightarrow L,S \,|\, S$

下面展示该文法构建识别其活前缀的 DFA 和分析表的基本过程。

首先，扩展 $G[S]$ 文法得到下面的产生式集合：

　　(0) $S' \rightarrow S$

　　(1) $S \rightarrow (L)$

　　(2) $S \rightarrow a$

　　(3) $S \rightarrow \wedge$

　　(4) $L \rightarrow L,S$

　　(5) $L \rightarrow S$

其次，计算初始项目集 I_0=closure $(\{S'\rightarrow\bullet S\})$=$\{S'\rightarrow\bullet S, S\rightarrow\bullet(L), S\rightarrow\bullet a, S\rightarrow\bullet\wedge\}$。

最后，在 I_0 的基础上迭代地计算所有后继项目集，所有的项目集和它们的相互关系如图4-15所示。

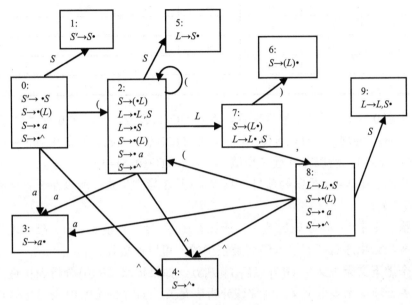

图 4-15　LR(0) 的项目集及其相互关系

有了识别活前缀的有限自动机，就可以直接根据有限自动机上的所有项目集 $C=\{I_0,I_1,I_2,\cdots,I_n\}$ 及其相互关系，构造 n 行和 $\|V_N\cup V_T\cup\{\#\}\|$ 列的 LR(0) 分析表。其中，分析表包括两个部分：一个是表示语法分析动作函数的 ACTION 表；另一个是表示转换函数的 GOTO 表。对于任意一个 $I_k\in C$，考察 I_k 中的任意一个项目并按照下面的规则填写分析表：

(1) 如果 $A\rightarrow\alpha\bullet a\beta\in I_k$，$a\in V_T$，且 GO$(I_k,a)-I_j$，则 ACTION$(k,a)$=$s_j$；

(2) 如果 $A\rightarrow\alpha\bullet B\beta\in I_k$，$B\in V_N$，且 GO$(I_k,B)$=$I_j$，则 GOTO$(k,B)$=$j$；

(3) 如果 $A\rightarrow\alpha\bullet\in I_k$，且 $A\rightarrow\alpha$ 的产生式编号为 m，则对于任意 $a\in V_T\cup\{\#\}$，ACTION(k,a)=r_m；

(4) 如果 $S'\rightarrow S\bullet\in I_k$，则 ACTION$(k,\#)$=accept；

(5) 其他报错。

按照 LR(0) 分析表构造方法以及图 4-15 的状态转换图，可以得到如表 4-5 所示的分析表。

表 4-5　LR(0) 分析表

状态	ACTION						GOTO	
	(	)	a	,	∧	#	S	L
0	s_2		s_3		s_4		1	
1						accept		
2	s_2		s_3		s_4		5	7
3	r_2	r_2	r_2	r_2	r_2	r_2		
4	r_3	r_3	r_3	r_3	r_3	r_3		

续表

状态	ACTION						GOTO	
	(	)	a	,	^	#	S	L
5	r_5	r_5	r_5	r_5	r_5	r_5		
6	r_1	r_1	r_1	r_1	r_1	r_1		
7		s_6		s_8				
8	s_2		s_3		s_4		9	
9	r_4	r_4	r_4	r_4	r_4	r_4		

例如，状态 0 中 $S→•(L)$ 是移进项目，而且 GO$(0,()=2$，所以在 0 行 "(" 列填 s_2，即 ACTION$(0,()=s_2$。同理，ACTION$(0,a)=s_3$，ACTION$(0,^)=s_4$。状态 0 中 $S'→•S$ 是待约项目，而且 GO$(0,S)=1$，所以在 0 行 S 列填 1，即 GOTO$(0,S)=1$。

又如，状态 3 中 $S→a•$ 是归约项目，且 $S→a$ 是 3 号产生式，所以在 3 行所有终结符以及 "#" 列都填 r_3。

再如，状态 1 中 $S'→S•$ 是归约项目，所以在 1 行 "#" 列填 accept。准确地说，只有此时输入序列分析结束才意味着输入序列是正确的，可以被接收。

对于一个上下文无关文法 $G[S]=(V_T,V_N,P,S)$，如果按照 LR(0) 分析表构造方法获得的分析表中，各表项均无多重定义，则称该分析表是文法 $G[S]$ 的 LR(0) 表，并称 $G[S]$ 为一个 **LR(0)文法**。例如，例 4.7 所示的文法就是 LR(0) 文法。LR(0) 意味着只要考察分析栈中的内容就可以判断分析栈是否出现完整的句柄，即不需要查看待分析的后续符号串。

反之，如果得到的分析表中各表项存在多重定义，那么原因是某个项目集中同时存在归约项目和移进项目，或者同时存在两个以上的归约项目，前者称为**移进-归约冲突**，后者则称为**归约-归约冲突**。例 4.1 文法就不是 LR(0) 文法，因为图 4-14 中状态 1 和 4 都同时存在移进项目和归约项目，也就是说在语法分析过程处于状态 1 和 4 时，如果只观察分析栈中的活前缀是无法确定接下来应该进行的正确动作是移进还是归约的。

出现冲突的时候，根据处理冲突的方法不一样，LR 语法分析有几个变种，分别是 SLR(1)、LR(1) 以及 LALR(1)。简单地说，SLR(1) 是用 FOLLOW 集来解决冲突的，LALR(1) 和 LR(1) 是用向前搜索符来解决冲突的。

4.2.5　SLR(1)分析表构造

很多文法可能并不满足 LR(0) 文法的条件，如果冲突可以使用 FOLLOW 集来解决，那么这一类文法就称为 SLR(1) 文法。

SLR(1) 文法的分析表构造方法和 LR(0) 类似，两者采用相同方法构造识别活前缀的 DFA。在构造识别活前缀的 DFA 之后，SLR(1) 分析利用 FOLLOW 集处理 LR(0) 中存在的冲突。针对任意的上下文无关文法 $G[S]=(V_T,V_N,P,S)$，根据识别活前缀的 DFA 上的所有项目集 $C=\{I_0,I_1,I_2,\cdots,I_n\}$ 及其相互关系，可以直接构造 n 行和 $\|V_N∪V_T∪\{#\}\|$ 列的 SLR(1) 分析表，对于任意一个 $I_k∈C$，考察 I_k 中的任意一个项目并按照下面的规则填写分析表：

(1) 如果 $A→α•aβ∈I_k$，$a∈V_T$，且 GO$(I_k,a)=I_j$，则 ACTION$(k,a)=s_j$；

(2) 如果 $A→α•Bβ∈I_k$，$B∈V_N$，且 GO$(I_k,B)=I_j$，则 GOTO$(k,B)=j$；

(3) 如果 $A \rightarrow \alpha \cdot \in I_k$，且 $A \rightarrow \alpha$ 的产生式编号为 m，对于任意 $a \in V_T \cup \{\#\}$ 且 $a \in$ FOLLOW(A)，则 ACTION$(k,a)=r_m$；

(4) 如果 $S' \rightarrow S \cdot \in I_k$，则 ACTION$(k,\#)=$accept；

(5) 其他报错。

按照 SLR(0) 分析表构造方法，如果上下文无关文法 $G[S]=(V_T,V_N,P,S)$ 构造的各表项均无多重定义，则称它为文法 $G[S]$ 的一张 SLR(1) 表，并称 $G[S]$ 为一个 **SLR(1)文法**。很显然，LR(0) 文法一定是 SLR(1) 文法，但反之却不一定成立。

针对例 4.1 中的文法，FOLLOW$(A)=\{b\}$，FOLLOW$(B)=\{\#\}$，FOLLOW$(S)=\{\#\}$。在该文法对应的 DFA (图 4-14) 中，状态 1 存在移进项目 $A \rightarrow \cdot aA$、$A \rightarrow \cdot a$ 和归约项目 $A \rightarrow a \cdot$，即存在移进-归约冲突；从 FOLLOW$(A)=\{b\}$ 可知只有当前输入符号是 b 时才应该将 a 归约为 A，即只有 ACTION$(1,b)=r_3$。按照同样的方法可以处理状态 4 的冲突。最后，得到的分析表就是图 4-11(b)，所以该文法是 SLR(1) 文法。

利用 FOLLOW 集来解决冲突的能力有限，因为 FOLLOW 集指的是在所有可能的句型中出现在某个非终结符后面的终结符集合。然而，SLR(1) 只要输入符号属于所归约非终结符的 FOLLOW 集，就可进行归约。

例 4.8 考察下面的文法 $G[S]$：

$S \rightarrow aSbBb \mid Bd$

$B \rightarrow S \mid \varepsilon$

构建识别其活前缀的 DFA，如图 4-16 所示。

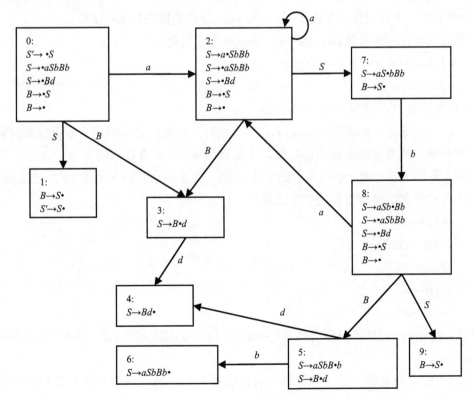

图 4-16 识别活前缀的 DFA

从图 4-16 可以看到，状态 0、1、2、7、8 都存在冲突，而且 FOLLOW 集无法解决这些冲突。例如，状态 7 中存在移进-归约冲突，且 $b \in \text{FOLLOW}(B)$，所以如果当前输入符号是 b，仍然无法确定该移进 b 还是将 S 归约为 B。

4.2.6　LR(1)分析表构造

如果使用 FOLLOW 集不能解决 LR 语法分析中存在的冲突，那么就需要采取比 FOLLOW 集更具体的条件。向前搜索符是句型句柄的后跟集合，是句柄归约得到的非终结符的 FOLLOW 集的子集。因此，向前搜索符处理冲突的能力比 FOLLOW 集更强。

LR(1)的项目集的构造方法和 LR(0)项目集的构造方法类似，但两者也存在不同。针对任意的上下文无关文法 $G[S] = (V_T, V_N, P, S)$，下面给出得到所有的 LR(1)项目集(称为项目集族)的一般方法。

(1)通过增加产生式 $S' \rightarrow S$ 扩展文法 $G[S] = (V_T, V_N, P, S)$。

(2)计算闭包 $\text{closure}(\{[S' \rightarrow \bullet S, \#]\})$ 得到初始项目集。

计算闭包 $\text{closure}(I)$ 的过程是：

① I 中的每一个项目都属于 $\text{closure}(I)$；

② 如果 $[A \rightarrow \alpha \bullet B\beta, a] \in \text{closure}(I)$，且 $B \rightarrow \gamma \in P$，对于每一个 $b \in \text{FIRST}(\beta a)$，则 $[B \rightarrow \bullet \gamma, b] \in \text{closure}(I)$；

③ 重复步骤②直到 $\text{closure}(I)$ 不再增大为止。

(3)对于每一个项目集 I 和任意 $X \in V_T \cup V_N$，计算后继项目 $\text{GO}(I, X)$。

计算闭包 I 的后继项目 $\text{GO}(I, X) = \text{closure}(J)$ 的过程是：

① $J = \{[A \rightarrow \alpha X \bullet \beta, a] \in I \mid A \rightarrow [\alpha \bullet X\beta, a] \in I\}$；

② 计算 $\text{closure}(J)$。

(4)重复步骤(3)直到不再有新项目集出现为止。

初始项目集通过计算闭包 $\text{closure}(\{[S' \rightarrow \bullet S, \#]\})$ 确定，这表明只有分析完所有输入符号，即看到输入符号是结束标志的时候，才能使用 $S' \rightarrow \bullet S$ 进行归约。

根据上面的方法，对于例 4.8 中的文法 $G[S]$，构建识别其活前缀的 DFA 过程如下。

首先，扩展文法得到下面的产生式集合：

(0) $S' \rightarrow S$

(1) $S \rightarrow aSbBb$

(2) $S \rightarrow Bd$

(3) $B \rightarrow S$

(4) $B \rightarrow \varepsilon$

其次，$I_0 = \text{closure}(\{[S' \rightarrow \bullet S, \#]\}) = \{[S' \rightarrow \bullet S, \#]; [S \rightarrow \bullet aSbBb, \#/d]; [S \rightarrow \bullet Bd, \#/d]; [B \rightarrow \bullet S, d]; [B \rightarrow \bullet, d]\}$。

最后，在 I_0 的基础上迭代地计算所有后继项目集，所有的项目集和它们的相互关系如图 4-17 所示。

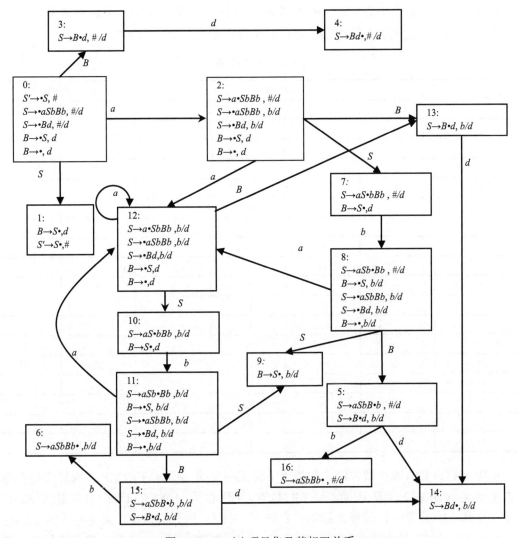

图 4-17　LR(1)项目集及其相互关系

　　在图 4-17 所示的有限自动机中，状态 7 和 SLR(1)构建结果一样存在冲突，但是项目集已经明确指明只有向前搜索符号是 d 的时候才应该将 S 归约为 B。同理，对于状态 1，只有向前搜索符号是 d 时才能将 S 归约为 B，而向前搜索符号是 "#" 时将 S 归约为 S'。这个例子进一步验证了向前搜索符号处理冲突的能力比 FOLLOW 集强。

　　针对任意的上下文无关文法 $G[S]=(V_T, V_N, P, S)$，根据识别活前缀的 DFA 上的所有项目集 $C=\{I_0, I_1, I_2, \cdots, I_n\}$ 及其相互关系，可以直接构造 n 行和 $\|V_N \cup V_T \cup \{\#\}\|$ 列的 LR(1)分析表，对于任意一个 $I_k \in C$，考察 I_k 中的任意一个项目并按照下面的规则填分析表：

　　(1) 如果 $[A \to \alpha \cdot a\beta, a] \in I_k$，且 $GO(I_k, a) = I_j$，则 $ACTION(k, a) = s_j$；

　　(2) 如果 $[A \to \alpha \cdot B\beta, a] \in I_k$，$B \in V_N$，且 $GO(I_k, B) = I_j$，则 $GOTO(k, B) = j$；

　　(3) 如果 $[A \to \alpha \cdot, a] \in I_k$，且 $A \to \alpha$ 的产生式编号为 m，则 $ACTION(k, a) = r_m$；

　　(4) 如果 $[S' \to S \cdot, \#] \in I_k$，则 $ACTION(k, \#) = accept$；

　　(5) 其他报错。

　　按照 LR(1) 分析表构造方法，图 4-17 所示的 DFA 对应的 LR(1) 分析表如表 4-6 所示。可以看到，LR(1) 分析方法有效地解决了 SLR 分析中可能存在的冲突。

表 4-6　LR(1)分析表

状态	ACTION				GOTO	
	a	b	d	#	S	B
0	s_2		r_4		1	3
1			r_3	accept		
2	s_{12}		r_4		7	13
3			s_4			
4			r_2	r_2		
5		s_{16}	s_{14}			
6	r_1		r_1			
7		s_8	r_3			
8	s_{12}	r_4	r_4		9	5
9		r_3	r_3			
10		s_{11}	r_3			
11	s_{12}	r_4	r_4		9	15
12	s_{12}		r_4		10	13
13			s_{14}			
14		r_2	r_2			
15		s_6	s_{14}			
16			r_1	r_1		

　　按照 LR(1) 分析表构造方法，如果上下文无关文法 $G[S]=(V_\mathrm{T},V_\mathrm{N},P,S)$ 构造的各表项均无多重定义，则称它为文法 G 的一张 LR(1) 表，并称 G 为一个 LR(1) 文法。很显然，SLR(1) 文法一定是 LR(1) 文法，但反之却不一定成立。LR(1) 的分析可推广到更强大的 LR(k) 分析。LR(k) 项目可扩展为形如 $[A{\rightarrow}\alpha{\bullet}\beta,a_1a_2{\cdots}a_k]$，其中 $a_1a_2{\cdots}a_k$ 为向前搜索符号串，移进项目形如 $[A{\rightarrow}\alpha{\bullet}a\beta,a_1a_2{\cdots}a_k]$，待约项目形如 $[A{\rightarrow}\alpha{\bullet}B\beta,a_1a_2{\cdots}a_k]$，归约项目形如 $[A{\rightarrow}\alpha{\bullet},a_1a_2{\cdots}a_k]$。然而，因为状态数太多，所以 LR($k$) 只有理论意义。

4.2.7　LALR(1)分析表构造

　　从例 4.8 的 SLR(1) 和 LR(1) 活前缀的 DFA 可以看到，LR(1) 分析比 SLR(1) 分析能力更强，可以采用 SLR(1) 分析的文法一定可以采用 LR(1)，反之却不一定成立。然而，SLR(1) 分析的优点是它的分析表状态数要比 LR(1) 的分析表状态数少得多。为了减少状态数，对 LR(1) 和 SLR(1) 分析技术进行折中，合并 LR(1) 项目集的相似状态，得到与 SLR(1) 相同数目的项目集，但保留了 LR(1) 的部分向前搜索能力，这样的分析方法称为 LALR(1) 分析。其中 LA 表示 LookAhead，即向前查看的含义。

　　在一个 LR(1) 项目 $[A{\rightarrow}\alpha{\bullet}\beta,a]$ 中，$A{\rightarrow}\alpha{\bullet}\beta$ 部分称为该项目的"心"。对于 LR(1) 项目集族中的集合，如果两个不同的状态的项目集有完全相同的"心"，那么这两个集合就是同心集。分别合并 LR(1) 项目集族中的同心集，就得到 LALR(1) 项目集族。对于一个 LR(1)

文法，如果将其 LR(1) 项目集族的同心集合并后所得到的项目集都无归约-归约冲突，则该文法是一个 LALR(1) 文法。

例如，图 4-17 所示的有限自动机中的状态 5 和 15、状态 6 和 16、状态 2 和 12、状态 7 和 10、状态 8 和 11 分别合并为 LR(1) 项目集族中的同心集，得到如图 4-18 所示有限自动机及项目集族，对应的 LALR(1) 分析表如表 4-7 所示。从表 4-7 可以看到，该分析表不存在冲突，所以例 4.8 中的文法是一个 LALR(1) 文法。

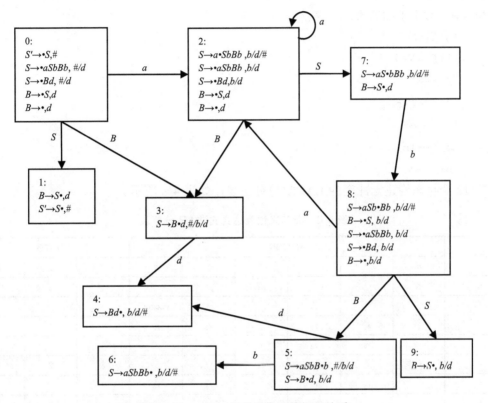

图 4-18　LALR(1) 项目集及其相互关系

表 4-7　LALR(1)分析表

状态	ACTION				GOTO	
	a	b	d	#	S	B
0	s_2		r_4		1	3
1			r_3	accept		
2	s_2		r_4		7	3
3			s_4			
4		r_2	r_2	r_2		
5		s_6	s_3			
6		r_1	r_1	r_1		
7		s_8	r_3			
8	s_2	r_4	r_4		9	5
9		r_3	r_3			

虽然 LR(1) 分析方法的分析能力很强，但还是存在不是 LR(1) 的文法。例如，任何二义性文法都不是 LR(1) 文法。文法的等价变换可以得到等价 LR(1) 的文法，但是往往增加很多状态。另外，变换可能产生大量的 ε 产生式。从图 4-17 所示的有限自动机中的状态 0、11、12 等可以看到，ε 产生式会大大增加冲突的概率。因此，对于非 LR(1) 的文法，不一定进行文法等价变换，而是通过规定优先级、结合规则或者语义解释来处理冲突，从而得到无冲突的 LR 分析表。

例 4.9 对于下面的表达式文法：

(0) $S \rightarrow E$

(1) $E \rightarrow E+T$

(2) $E \rightarrow T$

(3) $T \rightarrow T*F$

(4) $T \rightarrow F$

(5) $F \rightarrow (E)$

(6) $F \rightarrow d$

可以用 12 个状态构建无冲突的 LALR(1) 分析表，如表 4-8 所示。

表 4-8   无二义性表达式文法 LR 分析表

状态	ACTION						GOTO		
	d	*	+	(	)	#	E	T	F
0	s_5			s_4			1	2	3
1			s_6			accept			
2		s_7	r_2		r_2	r_2			
3		r_4	r_4		r_4	r_4			
4	s_5			s_4			8	2	3
5		r_6	r_6		r_6	r_6			
6	s_5			s_4				9	3
7	s_5			s_4					10
8			s_6		s_{11}				
9		s_7	r_1		r_1	r_1			
10		r_3	r_3		r_3	r_3			
11		r_5	r_5		r_5	r_5			

然而，对于下面等价的表达式文法 $G[S]$：

(0) $S \rightarrow E$

(1) $E \rightarrow E+E$

(2) $E \rightarrow E*E$

(3) $E \rightarrow (E)$

(4) $E \rightarrow d$

虽然该 $G[S]$ 有二义性，如果采用左结合和优先级的方式处理存在的冲突，那么可以得到表 4-9 所示的分析表。另外，比较表 4-8 和表 4-9 可以知道，后者具有更少的状态。

表 4-9 二义性表达式文法 LR 分析表

状态	ACTION						GOTO
	d	$*$	$+$	$($	$)$	#	E
0	s_3			s_2			1
1		s_6	s_5			accept	
2	s_3			s_2			7
3		r_4	r_4		r_4	r_4	
4		r_2	r_2		r_2	r_2	
5	s_3			s_2			9
6	s_3			s_2			4
7		s_6	s_5		s_8		
8		r_3	r_3		r_3	r_3	
9		s_6	r_1		r_1	r_1	

4.3 语法错误的恢复

如果编译器只处理正确的程序，那么它的设计和实现将大大简化。然而，程序员提交的程序是很难避免错误发生的。因此，语法分析的一个重要任务是错误处理。错误处理的目的是在一次语法分析中尽可能多地发现源程序中的语法错误。这就要求语法分析器在发现语法错误的时候要进行错误恢复以便继续分析。错误修复的目的就是从目前错误的状态中推断出一个可能正确的代码。

错误恢复的典型策略有应急恢复、短语层恢复和错误产生式几种。应急恢复是当语法分析程序发现错误时，不断地丢掉输入的符号，直到找到期待的词法记号，这个词法记号称为同步符号。短语层恢复是在发现语法错误时，在余下的输入序列上进行矫正，例如，替换、删除、增加一个词法记号。错误产生式是预测常见的错误，并在当前语言的文法中加入特殊的产生式。语法分析器可以根据某个识别错误的产生式，检测到预期的错误。应急恢复的优点是保证不会进入无限循环，但是可能会用完所有剩余的符号。短语层恢复可以纠正任意输入序列，但是可能会进入无限循环。很显然，错误产生式无法在文法设计的时候考虑所有可能发生的语法错误。

4.3.1 递归下降分析中的语法错误的恢复

递归下降分析中错误恢复可以采用应急恢复策略，也就是为每个递归过程提供一个额外的同步符号。在分析处理时，作为同步符号的单词在每次调用时被添加到同步符号集合中。如果语法分析程序遇到错误，就向前扫描并一直丢弃词法记号，直到看到同步符号集合中的一个词法记号的位置，并从这里恢复。

错误校正的关键是考虑每一步分析中需要添加哪些词法记号。一般来说，FOLLOW 集是同步符号中重要的一员，可以作为跳过当前正在分析语法结构的重要标记。FIRST 集也很有用，可以让编译器早些时候检测出错误。

递归下降分析可以采取如下的方法进行错误处理。

(1)进入某个语法结构时,检查当前的词法记号是否属于进入该语法结构需要满足的首符号集合。如果不属于,那么语法分析器就报错并试图过滤掉错误部分。

(2)某个语法结构分析结束时,检查当前的词法记号是否属于该语法结构需要满足的后续符号集合。如果不属于,那么语法分析器就报错并试图过滤掉错误部分。

除了保持递归下降分析的基本结构之外,递归下降分析还需要两个过程完成错误的处理(图 4-19)。其中,gettoken()读一个待分析的单词到 token 中；error()是错误处理程序；scan 函数用来完成不断往前扫描,直到在输入序列中发现同步符号集合 synset 中的某个词法记号；check 函数用于完成进入和离开一个语法结构时同步符号的检查。

```
void scan (synset) {                    void check (s1,s2) {
    while (not (token in synset∪{#})) {     if not (token in s1) {
        gettoken();                         error();
    }                                       scan (s1∪s2);
}                                           }
                                        }
```

图 4-19　递归下降分析中错误处理调用的子程序

文法(例 4.6)加入错误处理的递归下降分析伪代码如图 4-20 所示。进入一个语法结构时,使用 check 函数核实 FIRST 集是当前输入的词法记号；退出语法结构时,核实 synset 中的符号是退出的下一个词法记号。

```
void ParseS (synset) {              void ParseA (synset) {         void ParseB (synset) {
    check({a,b,d},synset);              check({c},synset);            check({c},synset);
    if (token==a) {                     if (token==c) {               if (token==c) {
        gettoken();                         ParseB(synset∪{b});          gettoken();
        ParseA(synset∪{a,b,d});             gettoken();               }
        ParseS(synset);                     ParseS(synset);           check(synset,{c});
    }                                  }                          }
    else if (token==b) {               check(synset,{c});
        gettoken();                }
        ParseB(synset);
    }
    else if (token==d)
        gettoken();
    check(synset,{a,b,d});
}
```

图 4-20　加入错误处理的递归下降分析伪代码

进入语法结构时,check(s1,s2)中的两个参数刚好和退出语法结构时的参数相反。check(s1,s2)中的 s1 就是不包含 ε 的 FIRST 集,s2 以 FOLLOW 集为基础,但是在复杂的文法中可以随着上下文改变 s2,以提高错误处理的质量。例如,子程序 ParseA 中调用的 ParseB 的参数为 synset∪{b}。

4.3.2　LL 分析中的语法错误的恢复

当栈顶的终结符和待分析符号不匹配，或者栈顶是非终结符时，a 是待分析的符号，而且 $M[A,a]$=error，那么预测语法分析程序可以检测出语法错误。

在应急恢复中，语法分析器忽略一些符号，直到输入中找到预先设计的同步符号集合中的某个词法记号。应急恢复的有效性依赖于同步符号的选取，选取的原则就是可以让语法分析器从可能遇到的错误中尽快恢复。一般来说可以采用下面启发式的思路构建同步符号集合。

（1）FOLLOW(A) 中的所有符号都放到非终结符 A 的同步符号集合中。当发现语法错误时，语法分析器不断地忽略词法记号，直到在输入序列中发现 FOLLOW(A) 中的元素，然后从栈中将 A 弹出，那么语法分析器就可能继续往下分析。

（2）只使用 FOLLOW 集还不能达到错误恢复的目的。例如，C 语言的分号表示一个表达式结束，但是分号之后的关键字不会出现在表达式的 FOLLOW 集中，也就是说，一个赋值语句之后遗漏了分号可能会使语法分析器忽略下一条语句开头的关键字。一个语言的各个语法成分往往存在层次定义结构。例如，表达式出现在语句内部，语句出现在块结构内部，等等。因此，可以将较高层语法成分的首符号添加到较低层语法成分的同步符号集合中。例如，将语句开头的关键字加入表达式的非终结符的同步符号中。

（3）如果把 FIRST(A) 加到非终结符 A 的同步符号集合中，当某个 FIRST(A) 中的符号出现在输入序列中时，就可以根据 A 继续往下分析。

（4）栈顶的终结符不能和输入匹配，那么可以将栈顶的终结符弹出并继续分析，本质上将所有的其他词法记号当作一个词法记号的同步符号。

（5）如果一个非终结符的候选式是 ε，那么可以将 ε 作为默认候选式使用，这样的方法可能延缓错误的检测，但不会遗漏错误。这样的优点可以减少错误处理应该考虑的非终结符。

一般来说，采用 FIRST 和 FOLLOW 作为同步符号可以比较好地完成错误恢复。当栈顶是非终结符 A，且输入符号属于 FOLLOW(A) 时，将栈顶非终结符弹出；当栈顶是非终结符 A，且输入符号不在 FIRST(A) 或者 FOLLOW(A) 中时，就忽略当前输入的词法记号，读下一个词法记号；当栈顶是终结符但不是"#"，并且与输入的词法记号不匹配时，从栈弹出终结符；当栈顶是终结符"#"，并且与输入的词法记号不匹配时，就忽略当前输入的词法记号，读下一个词法记号。

按照这个方法，对于例 4.6 中的文法，加入错误恢复的预测分析表如表 4-10 所示。其中，POP 表示栈顶非终结符弹出；另外，因为 c 既不属于 FIRST(S)，也不属于 FOLLOW(S)，所以 S 行 c 列中的条目为读下一个词法记号 gettoken()。

表 4-10　加入错误恢复的预测分析表

非终结符	a	b	c	d	#
S	$S{\to}aAS$	$S{\to}bB$	gettoken()	$S{\to}d$	POP
A	$A{\to}\varepsilon$	$A{\to}\varepsilon$	$A{\to}BbS$	$A{\to}\varepsilon$	gettoken()
B	POP	POP	$B{\to}c$	POP	POP

利用表 4-10 所示的分析表，如果输入序列是 *bd*，即余留符号为 *bd#*，那么加入错误恢复的自顶向下语法分析过程如图 4-21 所示。

步骤	分析栈	余留符号	具体处理
0	#	bd#	
1	#S	bd#	S→bB
2	#Bb	bd#	匹配
3	#B	d#	错误，POP，B 出栈
4	#	d#	错误，gettoken()
5	#	#	接收

图 4-21　加入错误恢复的自顶向下语法分析过程

4.3.3　LR 语法分析中的语法错误的恢复

当 LR 语法分析器在查询 ACTION 分析表时，如果得到一个报错条目，说明发现一个语法错误。当 LR 语法分析器发现错误之后，可以采用如下的应急方式进行错误恢复：

(1) 从栈顶往下扫描并弹出状态，直到发现某个状态 *s*，它有一个对应于某个非终结符 *A* 的 GOTO 目标；

(2) 丢弃一些输入符号，直到发现一个可以合法出现在 *A* 之后的符号 *a* 为止；

(3) 将 GOTO(*s*,*A*) 压进栈。

这样处理的目的是跳过包含错误的语法结构。当 LR 语法分析器发现错误时，也就是确定了一个能从 *A* 推导出的串中包含了错误时，因为这个串的一部分已经被处理，并形成了栈顶的一些状态序列，同时这个串的剩余部分还在输入串中，所以，语法分析器需要找到 *A* 的可能 FOLLOW 集，从而达到跳过剩余串的目的。然后，从栈中删除已经形成的这些状态序列。最后，将 GOTO(*s*,*A*) 压进栈，最终实现跳过语法结构 *A* 的目的。

在实际的语法分析中，可以选择多个代表了主要语法成分的非终结符，如表达式、语句或者块结构等。

利用图 4-11(b) 的分析表对 *bab* 进行移进-归约语法分析的过程如图 4-22 所示。

分析栈	余留符号	具体处理
0	bab#	错误，GOTO(0,A)=2；压入 2；丢掉零个符号
02	bab#	S_4
024	ab#	错误，GOTO(4,B)=6；压入 6；丢掉 a、b
0246	#	r_4；GOTO(2,B)=5
025	#	r_1；GOTO(0,S)=7
07	#	accept

图 4-22　加入错误恢复的自底向上语法分析过程

习　题

4.1 下面的文法 $G[S]$ 含左递归吗？如果有，请给出消除左递归的文法。

$S \rightarrow AaS \mid BbS \mid d$

$A \rightarrow Sa$

$B \rightarrow \varepsilon \mid c$

4.2 对于下面的文法 $G[S]$：

$S \rightarrow a \mid (T)$

$T \rightarrow T,S \mid S$

(1)计算 FIRST 集和 FOLLOW 集。

(2)判断其是不是 LL(1)文法？不是则先改写。

(3)写出预测分析表，以及 (a,a) 的预测分析过程。

(4)对于改写之后的文法，写出递归下降的分析程序。

4.3 对于下面的文法 $G[S]$：

$S \rightarrow AaS \mid BbS \mid d$

$A \rightarrow a$

$B \rightarrow \varepsilon \mid c$

(1)计算 FIRST 集和 FOLLOW 集。

(2)判断其是不是 LL(1)文法？不是则先改写。

(3)写出该文法的递归下降分析程序。

4.4 对于下面的文法 $G[S]$，判断是不是 LL(1)文法。

$S \rightarrow AB$

$A \rightarrow aACS \mid \varepsilon$

$B \rightarrow CbS$

$C \rightarrow \varepsilon \mid c$

4.5 对于下面的文法 $G[S]$，判断是不是 LL(1)文法。

$S \rightarrow aSbS \mid bSaS \mid \varepsilon$

4.6 分别利用表 4-8 和表 4-9 所示的分析表，完成对符号串 2+5*3 的移进-归约语法分析。

4.7 对于下面的文法 $G[S]$，构造识别该文法活前缀的 DFA。

$S \rightarrow A$

$A \rightarrow Ab$

$A \rightarrow a$

4.8 对于下面的文法 $G[D]$，构造识别该文法活前缀的 DFA。

$D \rightarrow$ **integer id**

$D \rightarrow$ **real id**

$D \rightarrow D,$**id**

4.9 对于下面的 $G[S']$文法，构造 LR(0)分析表。

$S' \rightarrow S$

$S \rightarrow (L)$

$S \rightarrow a$

$L \rightarrow L,S$

$L \rightarrow S$

4.10 对于下面的 $G[S]$ 文法，构造 LR(0) 分析表。

$S \rightarrow SS+ \mid SS^* \mid a$

4.11 对于下面的文法 $G[S]$，构建它的 SLR(1) 分析表。

$S \rightarrow aSb$

$S \rightarrow \varepsilon$

4.12 对于下面的文法 $G[E]$，构建它的 SLR(1) 分析表。

$E \rightarrow E + \mathbf{id} \mid \mathbf{id}$

4.13 对于下面的文法 $G[S]$，判断它是不是 LR(1) 文法，如果是，请构造 LR(1) 分析表。

$S \rightarrow aAb$

$A \rightarrow cAc \mid c$

4.14 判断下面的文法 $G[S]$ 是不是 LALR(1) 文法。

$S \rightarrow aAd \mid bBd \mid aBe \mid bAe$

$A \rightarrow c$

$B \rightarrow c$

第 5 章　语 义 分 析

上下文无关文法可以描述程序设计语言的大部分规则，但是还是存在一些规则不能使用上下文无关文法进行定义。例如，程序中的标识符必须先声明后使用。因此，语法分析接收的词法记号序列构成了程序设计语言的超集，编译器的后续步骤必须对语法分析的输出进行分析，以确保程序员提交的源程序遵守那些没有被语法分析器检查的规则。

语义分析的主要任务就是在语法分析的基础上，计算程序的辅助信息。因为这些辅助信息包括上下文无关文法和标准算法之外的信息，所以语义分析可以认为是一种上下文相关分析。

为了在上下文无关文法的基础上实现相关分析，提出了属性文法。在属性文法中，通过将语言的约束抽象为语言实体的属性和语义规则，并将它们和上下文无关文法关联起来。

基于属性文法实现语义分析的具体方法与编译器组织方式相关。一种是多遍的组织方式，即语义分析在语法分析结束之后进行。另一种是将语法分析和语义分析组织为一遍，这种分析方法称为语法制导翻译。

语义分析需要收集一系列与程序名字相关的信息，并将这些信息传递到名字使用的地方。符号表采用一种中央存储机制存储编译过程中收集到的相关信息。另外，类型约束是程序设计语言中最典型的相关性约束。因此，本章在概述语义分析之后，集中讨论属性文法、基于属性文法的语义分析实现方法，再介绍符号表、声明和类型检查。

5.1　语义分析概述

语义分析也称为静态语义分析，主要分析程序设计语言中典型的相关性约束，包括作用域约束、类型约束、唯一性约束、控制流约束等。其中，作用域约束是建立名字的定义和使用之间联系；类型约束是建立在程序设计语言上的一个类型系统的定义；唯一性约束用于检查只能被定义一次的对象，如枚举类型的元素；控制流约束检查完成（如 C 语言）中，break 语句必须出现在 while、for、switch 语句中。

语义分析和程序中各种名字及其附加信息密切相关。为了简化编译器早期代码的设计和实现，高效地使用这些信息，这些名字及其相关特征往往集中存储在符号表中。符号表可以实现名字及信息的有效存储和高效的访问，也是语义分析和代码生成的基础与不可缺少的部分。

程序设计语言中的名字，主要包括变量、常量、函数、记录等。这些不同的名字拥有不同的特征。例如，对于变量，编译器需要知道它的数据类型、存储类型、在内存中的基地址和偏移量；对于数组，编译器需要知道它的上下界和维数；对于函数，编译器需要知道它的参数及其数据类型，以及返回的数据类型。编译器需要分析出现的各个名字及其属性，为静态语义检查和代码生成提供依据。

　　作用域规则下名字的合法性判定主要是重复声明和强制声明的检查。重复声明和强制声明的检查不属于语法范畴，因为在语法分析中为了简化分析，处理的基本单元是词法记号，而不是具体的单词。也就是说，上下文无关文法定义的是词法记号的位置。例如，上下文无关文法可以检查出某个位置上出现了变量，但是无法确认该位置上的具体名字是否在声明中出现过，或者已经重复声明过。

　　类型检查计算所有语言实体的类型属性，并验证它们在上下文中是否符合语言的类型约束。类型检查是静态语义分析的一个重要内容，它不仅可以尽量避免程序运行时的错误，还可以提高程序的表达能力。类型检查主要针对表达式和语句，例如，检查条件表达式的类型是不是布尔类型，运算符的分量类型是否相容，形参和实参类型是否相容，函数说明和函数返回类型是不是一致，数组单元引用中变量名是不是数组型、下标是不是整型等。

　　语义分析是编译器前端的最后一个环节，是编译程序中不可缺少的逻辑过程。单遍编译器由源程序直接生成目标代码，因此没有独立的语义分析。多遍编译器也未必存在独立的语义分析，语义分析可能分散到编译过程的几个阶段完成，因此语义分析算法不像语法分析算法那么清晰。一部分原因是没有标准的方法来说明语义，另一部分原因是坚持语言有清晰的语法规则，这些都使得属性文法的构造产生了不必要的复杂性。如果语义分析可以推迟到语法分析完成之后进行，那么实现语义分析的本质就是在获得的语法树上进行遍历，并且在遍历的同时计算每个结点的附加信息。如果要求一遍完成编译，那么语义分析就变成寻找计算附加信息的正确顺序的方法和过程。几乎所有的现代编译器都是语法制导的，即语义分析实现与语法分析相结合。

　　语义分析的一般方法和技术也适用于中间代码或者目标代码的生成。这个内容将在第6章进行详细的介绍。

5.2　属　性　文　法

　　属性文法是一种在上下文无关文法的基础上增加相关约束的方法，使用文法符号的属性和它们之间的计算规则实现对相关约束的抽象。对于每个规则，如果不仅仅局限于使用其他属性值或者常量来定义一个属性，那么这样的属性文法就称为语法制导定义。

5.2.1　属性文法及相关概念

　　属性文法是一个上下文无关文法、属性和规则的结合。属性和文法符号相关联，每个规则与一个产生式关联，并且规则描述该产生式中一个符号的属性是如何通过产生式中其他符号的属性或者常量进行定义的。每一个属性是文法符号的一个特征，每一个规则描述对应产生式上的一个语义约束，也称语义规则。文法符号 X 的属性 a 用 $X.a$ 表示。典型的属性包括名字、数据类型、值、存储器中的位置、程序的目标代码、数的有效位数等。有些属性可以在编译之前确定，如一个数的有效位数；也有一些属性在程序编译或者运行时才能确定，如表达式的值。

　　图 5-1 所示为一个表达式求值的属性文法，该属性文法中每个非终结符都有一个 val 属性，每个产生式和一个规则相关。为了消除规则中对文法符号引用的歧义，在一个产生式中重复出现的语法符号通过下标进行区分。

产生式	语义规则
$S \to E$	$S.val = E.val$
$E \to E_1 + T$	$E.val = E_1.val + T.val$
$E \to T$	$E.val = T.val$
$T \to T_1 * F$	$T.val = T_1.val \times F.val$
$T \to F$	$T.val = F.val$
$F \to (E)$	$F.val = E.val$
$F \to d$	$F.val = d.lexval$

图 5-1 表达式求值的属性文法

属性文法在上下文无关文法的基础上，将要实现的语义抽象为文法符号的属性以及与产生式相关的语义规则，实现对任意合法输入的语义分析。图 5-1 所示的属性文法的目的就是计算合法表达式的结果。每一个语义规则是其对应产生式上的一个静态约束。例如，产生式 $E \to E_1 + T$ 关联的 $E.val = E_1.val + T.val$，表示产生式左边符号 E 的 val 值是通过产生式右边 E 和 T 的属性 val 加法计算获得的。从语法树的角度，父结点 E 的属性 val 依赖于其儿子结点 E 的属性 val 和儿子结点 T 的属性 val，也就是说只有儿子属性 val 的值求解之后才可以求解父亲属性 val 的值。

对于文法定义的每一个合法的输入，其语法树上所有文法符号的属性之间可能存在关联，每个属性值的计算可能与其他符号的属性值相关。表示出每个符号属性值的语法树称为**注释语法树**。

在图 5-1 所示的文法中，d 表示任意整数，那么输入串 3+4*5 是一个合法输入串，它的注释语法树如图 5-2 所示。从图 5-2 的属性值可以看到，要计算根结点 S 的 val 属性需要先从叶子结点往上计算，直到求出它儿子结点 E 的 val 值。图 5-2 中的属性值的计算符合典型的"下到上"的传播方式，把具有这种求值特征的属性称为综合属性。此外，还有按照"上到下"传播的继承属性。下面的定义可以更准确地描述综合属性和继承属性。

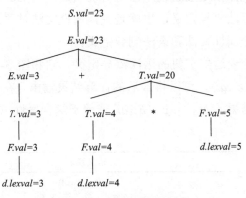

图 5-2 一棵注释语法树

设产生式 $A \to \alpha$，与该产生式相关的属性规则表示为 $b = f(c_1, c_2, \cdots, c_k)$。其中，$f$ 是某种函数，b 和 $c_1, c_2, \cdots, c_k$ 是该产生式中文法符号的属性。如果 b 是 A 的一个属性，$c_1, c_2, \cdots, c_k$ 是产生式右部文法符号的属性或者 A 的其他属性，则 b 是 A 的**综合属性**；如果 b 是产生式右部某个文法符号 X 的属性，并且 $c_1, c_2, \cdots, c_k$ 是 A 或者产生式右部的文法符号的属性，则 b 是文法符号 X 的**继承属性**。

直观地说，综合属性是通过语法树中该结点或者后继结点的属性值计算出来的，继承属性是由该结点及其父结点、兄弟结点的属性值计算得到的。

按照定义，属性文法(图 5-1)中 E、T 和 F 的 val 属性的求值都依赖对应产生式右部的属性，所以它们都是综合属性。d 是一个词法记号，它的 $lexval$ 属性由词法分析程序提供，对于语法分析器来说 $lexval$ 相当于已知量，也可以认为是综合属性。

在图 5-3 所示的属性文法中，和产生式 $L{\rightarrow}SR$ 相关联的语义规则是 $R.i=S.num$ 和 $L.num=R.num$。第一个规则表明 $R.i$ 是产生式右部文法符号的属性，通过其左兄弟的属性进行定义，所以 $R.i$ 是继承属性；第二个规则表明 $L.num$ 是产生式左部文法符号的属性，所以 $L.num$ 是综合属性。另外，从产生式 $R{\rightarrow},SR_1$ 相关的语义规则 $R_1.i=R.i+S.num$，可以进一步确定 $R.i$ 是继承属性。因此，$S.num$、$L.num$、$R.num$ 是综合属性，$R.i$ 是继承属性。

产生式	语义规则
$S{\rightarrow}(L)$	$S.num=L.num+1$
$S{\rightarrow}a$	$S.num=0$
$L{\rightarrow}SR$	$R.i=S.num;L.num=R.num$
$R{\rightarrow},SR_1$	$R_1.i=R.i+S.num;R.num=R_1.num$
$R{\rightarrow}\varepsilon$	$R.num=R.i$

图 5-3　统计括号的属性文法示例

5.2.2　语法制导定义

属性文法中所有语义规则的形式都是通过其他属性值或者常量来定义一个属性，但是在实践中，翻译过程可能需要一些其他的结果。例如，输出表达式的计算结果。虽然这样不再符合属性文法的定义，但是描述程序语义时仍然是有用的。允许使用程序片段作为语义规则的属性文法称为语法制导定义，也就是说，属性文法是语法制导定义的特例。有时为了方便，并不严格区分属性文法和语法制导定义。

图 5-4 所示的是一个表达式求值的语法制导定义，它和图 5-1 所示的属性文法区别在于使用了程序片段 print($E.val$)，可以将最后的计算结果输出。在这个例子中，不论什么求值顺序，都产生相同的结果，而且 print($E.val$)依赖于综合属性 $E.val$ 的值，所以可以将其看作哑综合属性。

产生式	语义规则
$S{\rightarrow}E$	print($E.val$)
$E{\rightarrow}E_1+T$	$E.val=E_1.val + T.val$
$E{\rightarrow}T$	$E.val=T.val$
$T{\rightarrow}T_1*F$	$T.val=T_1.val \times F.val$
$T{\rightarrow}F$	$T.val=F.val$
$F{\rightarrow}(E)$	$F.val=E.val$
$F{\rightarrow}d$	$F.val=d.lexval$

图 5-4　表达式求值的语法制导定义

声明语句需要根据声明的类型处理标识符，将所有相关的属性存储到语法树结点中的方法有时并不方便。此时，将需要的信息存储到一个符号表中是更恰当的处理方法。Pascal风格的声明语句处理可以使用图 5-5 所示的语法制导定义完成。函数 entertype($\textbf{id}.name,L.in$)将属性 $\textbf{id}.name$ 和 $L.in$ 登记到符号表中。其中，$\textbf{id}.name$ 由词法分析程序提供，对于语法分析器来说相当于已知量，也可以认为是综合属性。

产生式	语义规则
$D{\rightarrow}L{:}T$	$L.in=T.type$
$T{\rightarrow}\textbf{integer}$	$T.type=$integer
$T{\rightarrow}\textbf{real}$	$T.type=$real
$L{\rightarrow}\textbf{id},L_1$	entertype($\textbf{id}.name,L.in$)；$L_1.in=L.in$
$L{\rightarrow}\textbf{id}$	entertype($\textbf{id}.name,L.in$)

图 5-5　Pascal 风格声明语句的语法制导定义

5.3　属 性 计 算

基于属性文法实现语义分析，本质上是对任意给的合法输入，找到一个属性计算顺序并计算每个属性值。虽然继承属性和综合属性的信息传播特征为属性计算提供了依据，但是复杂的文法还是难以直接根据属性类型得到每棵语法树上属性的计算顺序。如果语义分析在语法分析之后进行，那么语义分析的本质就是在语法树上寻找一个能计算所有属性的顺序。如果语义分析和语法分析同时进行，那么语义分析就是寻找一个和语法分析遍历顺序一致的属性计算顺序。本节讨论基于语法树的属性计算方法，5.4 节再讨论语法和语义相结合的实现方法。

为了更清楚地分析属性的计算顺序，本节首先引入依赖图的定义，并讨论根据依赖图找到计算属性顺序的方法。其次，为了让属性计算与语法分析相结合，引入两种特殊的语法制导定义，即 S 属性的定义和 L 属性的定义。

5.3.1　依赖图

语义规则定义了属性之间的依赖关系，这种依赖关系将影响属性的计算顺序。为了确定属性的计算顺序，可以用图来表示属性之间的依赖关系，这样的图就称为**依赖图**。

依赖图就是一个有向图，用于描述语法树中结点的属性和属性间的相互依赖关系。下面的过程简单描述了依赖图的构造方法：

(1)对语法树中每一个结点 V，为 V 的每个属性在依赖图中建立一个结点；

(2)对语法树中每一个结点 V 及其儿子结点 $X_1,X_2,\cdots,X_n$，以及产生式 $V{\rightarrow}X_1X_2\cdots X_n$ 关联的每个语义规则 $b=\text{f}(c_1,c_2,\cdots,c_k)$，为任意属性 $c\in\{c_1,c_2,\cdots,c_k\}$ 对应的结点到属性 b 对应的结点添加一条有向边；

(3)对语法树中每一个结点 V 及其儿子结点 $X_1,X_2,\cdots,X_n$，以及产生式 $V{\rightarrow}X_1X_2{\cdots}X_n$ 关联的每个语义规则 f$(c_1,c_2,\cdots,c_k)$，建立一个结点，并且为任意属性 $c{\in}\{c_1,c_2,\cdots,c_k\}$ 对应的结点到该结点添加一条有向边。

根据图 5-5 所示的语法制导定义，Pascal 风格的声明语句 **id,id:integer**，在它语法树的基础上添加了属性或程序片段对应的结点，结果如图 5-6 所示。其中，文法符号 L 有属性 in，而且语法树上有两个 L 结点，因此增加两个 $L.in$ 对应的结点到语法树中；同理，增加两个 **id**.$name$、一个 $T.type$ 对应的结点到语法树中；其次，产生式 $L{\rightarrow}L_1$,**id** 和 $L{\rightarrow}$**id** 都与一个语义规则 entertype(**id**.$name,L.in$) 相关联，所以在语法树上添加两个对应的结点。

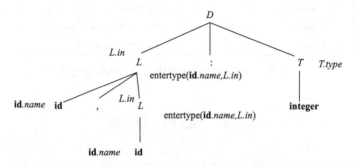

图 5-6　句型 **id,id:integer** 的语法树以及属性结点

在图 5-6 所示的语法树中，依次扫描每个内部结点，考察该结点和它儿子结点对应的产生式和语义规则，根据语义规则添加有向边。依赖关系用加粗有向边表示，得到 Pascal 风格的声明语句 **id,id:integer** 的依赖图如图 5-7 所示。

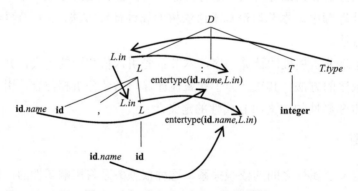

图 5-7　句型 **id,id:integer** 的依赖图

在图 5-7 所示的依赖图中，因为产生式 $D{\rightarrow}L{:}T$ 关联的规则为 $L.in{=}T.type$，所以添加从 T 的属性结点 $T.type$ 到 L 的属性结点 $L.in$ 的有向边。

因为产生式 $L{\rightarrow}L_1$,**id** 有语义规则 $L_1.in{=}L.in$，所以添加从父结点 L 的属性结点 $L.in$ 到它儿子结点 L 的属性结点 $L.in$ 的有向边。$L{\rightarrow}L_1$,**id** 还和语义规则 entertype(**id**.$name,L.in$) 相关，所以构建从 L 的属性结点 $L.in$ 到结点 entertype(**id**.$name,L.in$) 的有向边；另外，构建从 L 的儿子结点 **id** 的属性结点 **id**.$name$ 到结点 entertype(**id**.$name,L.in$) 的有向边。

因为产生式 $L \rightarrow$ **id** 有语义规则 entertype(**id**.*name*,*L.in*)，所以再构建从 L 的属性结点 *L.in* 到结点 entertype(**id**.*name*,*L.in*) 的有向边；另外，构建从 L 的儿子结点 **id** 的属性结点 **id**.*name* 到结点 entertype(**id**.*name*,*L.in*) 的有向边。

5.3.2 属性的计算顺序

依赖图通过有向图直观地表示了属性之间的依赖关系。对于特定的属性文法和合法输入，可以构造属性之间的依赖图。若依赖图无环，则可以通过拓扑排序得到属性的一个计算顺序；若依赖图有环，则说明属性文法中的属性之间存在循环依赖。循环依赖导致的结果就是语法树中的属性集可能无法确定唯一的值集。

图 5-8 中属性的编号直观地反映了依赖图中属性结点的一个计算顺序，按照这个顺序可以依次计算各结点对应的属性值，或者执行相应的语义程序片断。另外，依赖图的构建给出了一种在语法分析之后进行语义分析的方法，也就是说，基于依赖图的语义分析是一种多遍组织的分析方法。

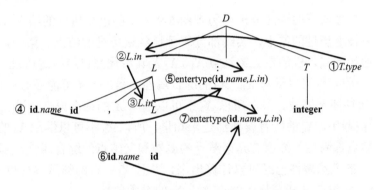

图 5-8 句型 **id,id:integer** 的一个拓扑序

理论上说，只要属性文法确保每棵语法树上的属性不存在循环依赖，那么就可以采取先进行语法分析，再进行语义分析的多遍组织方式实现分析。然而，对于任意的语法制导定义，很难确定是否存在某棵语法树的依赖图，它的属性之间存在循环依赖，但是存在一个语法制导定义的子类可以保证它的每一棵语法树的依赖图都存在一个求值顺序。

5.3.3 S 属性和 L 属性的语法制导定义

L 属性的语法制导定义可以确保它每一棵语法树的依赖图都不存在循环依赖。这一类语法制导定义不仅确保每一棵语法树的依赖图一定存在求值顺序，同时属性计算可以和语法分析一起高效地执行。S 属性的语法制导定义是一种特殊的 L 属性的语法制导定义，它要求每个属性都是综合属性。

图 5-1 所示属性文法就是一个 S 属性的。从图 5-2 可以知道，如果只有综合属性，那么属性的计算顺序就是后根遍历顺序。也就是说，在一个 S 属性的定义中，语法树中每个结点的每一个属性都可以按照从叶子结点到根结点的顺序计算。因此，S 属性的语法制导定义可以很容易地和自底向上的语法分析进行结合。

　　L 属性的语法制导定义可以既包含综合属性，也包含继承属性，但是它存在一个从左到右的计算顺序，所以 L 是 Left 的意思。

　　定义 5.1　　一个语法制导定义称为 L 属性定义，如果 $A{\rightarrow}X_1X_2{\cdots}X_n$ 是语法制导定义中的任意一个产生式，且它的每个属性满足下面条件之一：

　　(1) 是某个 $X_i(i=1,2,\cdots,n)$ 的继承属性，而且该属性只依赖于 A 的继承属性或 $X_1,X_2,\cdots,X_{i-1}$ 的属性；

　　(2) 是综合属性。

　　根据定义 5.1 可以判断，图 5-3 所示的属性文法就是一个 L 属性定义。可以简单地理解，引入 L 属性的语法制导定义是为了将属性计算和自顶向下的语法分析相结合，而且在遍历语法树的时候，每一个属性只能依赖那些在它之前遍历并且计算出来的属性。因为自顶向下的语法分析是从左到右的深度优先遍历，按照遍历的顺序，在所有的儿子结点遍历完成之前，父亲结点的综合属性可能没有计算出来，所以继承属性不能继承父结点的综合属性。另外，遍历左兄结点时右兄弟结点还没有被遍历，所以继承属性也不能继承右兄弟结点的任意属性。

　　例如，假设自顶向下的语法分析遍历到图 5-9 所示的语法树中的结点 X_3，那么虚线的部分表示还没有被遍历过的结点，实线部分表示已经遍历过的结点。第一，按照自顶向下的语法分析的遍历特点，X_3 的左兄弟结点 X_1、X_2 及其后代都已经被遍历过，X_1、X_2 的综合属性已经求出，所以 X_3 可以继承 X_1、X_2 的综合属性。第二，A 可能还有后代没有被遍历，所以 A 的综合属性还不能被计算，所以 X_3 不可以继承 A 的综合属性。第三，X_3 的右兄弟结点 X_4 还没有被遍历，X_4 的所有属性都是未知量，所以 X_3 不可以继承 X_4 的所有属性。第四，如果每个结点都满足不继承右兄弟结点的属性和父结点的综合属性，那么当遍历进行到 X_3 的时候，A 的继承属性已经可以计算出来，并且 X_1、X_2 的继承属性也可以计算出来，所以 X_3 可以继承父结点 A 和左兄弟结点 X_1、X_2 的继承属性。

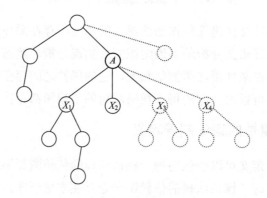

图 5-9　L 属性定义的特点

　　根据 L 属性定义，图 5-5 所示的语法制导定义中因为产生式 $D{\rightarrow}L{:}T$ 有语义规则 $L.in=T.type$，即继承属性 $L.in$ 依赖右兄弟结点的综合属性 $T.type$，所以该语法制导定义并不是 L 属性的。同理，在图 5-10 所示的语法制导定义中，可以判定 $A.i$ 是继承属性，$B.s$ 是综合属性。因为语义规则 $A.i=B.s$ 中继承属性 $A.i$ 继承右兄弟结点 $B.s$ 属性，所以该属性文法不是 L 属性的。

产生式	语义规则
$S{\rightarrow}AB$	$A.i=B.s$
$A{\rightarrow}A_1a$	$A_1.i=A.i;\ A.s=A_1.s-1$
$A{\rightarrow}a$	$A.s=A.i-1$
$B{\rightarrow}B_1b$	$B.s=B_1.s+1$
$B{\rightarrow}b$	$B.s=1$

图 5-10 非 L 属性定义示例

5.4 语法制导翻译

将语义分析结合到语法分析中进行的技术称为语法制导翻译。语法制导翻译避免多遍扫描，因此只能处理一个语法制导定义的子类。这一类语法制导定义存在一个属性计算和语法分析遍历相一致的顺序。L 属性的语法制导定义可以确保它的每一棵语法树的依赖图都存在一个从左到右的深度优先遍历的属性计算顺序，因此它可以将属性计算结合到语法分析中。语法制导翻译不仅仅可以实现静态语义检查，也将应用于中间代码的生成。

5.4.1 自顶向下语法分析中属性计算

自顶向下语法分析的本质就是按照左到右的深度优先遍历顺序构建语法树。为了直观地表示语义规则在从左到右的深度优先遍历中的执行特点，首先针对 L 属性的语法制导定义，引入翻译模式的概念。

1. 翻译模式

翻译模式是语法制导定义的一种补充，允许将由"{""}"括起来的程序片段嵌入产生式中，以此来表示这些程序片段的执行顺序。这些程序片段称为语义动作。相比较而言，语法制导定义是一种基本的语义计算模型，容易阅读和理解；翻译模式是一种面向实现的语义计算模型，有助于转换为语义分析程序。

例 5.1 对于图 5-3 所示的属性文法，对应的翻译模式表示如下：

$S{\rightarrow}(L)\ \{S.num=L.num+1\}$

$S{\rightarrow}a\ \{S.num=0\}$

$L{\rightarrow}S\ \{R.i=S.num\}\ R\ \{L.num=R.num\}$

$R{\rightarrow},S\ \{R_1.i=R.i+S.num\}\ R_1\ \{R.num=R_1.num\}$

$R{\rightarrow}\varepsilon\ \{R.num=R.i\ \}$

其中，对于产生式 $L{\rightarrow}SR$，上面的翻译模式表示语义动作 $\{R.i=S.num\}$ 需要在 $\{L.num=R.num\}$ 之前执行。同理，对于产生式 $R{\rightarrow},SR_1$，语义动作 $\{R_1.i=R.i+S.num\}$ 需要在 $\{R.num=R_1.num\}$ 之前执行。

在设计翻译模式时，必须确保每个属性在被访问到的时候存在并且已经求值。在 S 属性的语法制导定义中，因为只有综合属性，所以翻译模式非常简单，只需将语义动作放置于产生式尾部就可以转换成翻译模式。对于 L 属性的语法制导定义，由于同时存在综合属性和继承属性，所以翻译模式需要具体考虑每一个产生式中的属性。一般来说，L 属性的定义可以按照下面的规则转换成翻译模式：

(1)计算产生式左部非终结符的综合属性的语义规则放在产生式的末尾；

(2)计算产生式右部非终结符的继承属性的语义规则放在该非终结符的前面，如果非终结符 A 存在多个继承属性，那么按照求值先后进行排序。

考虑图 5-3 所示属性文法中的产生式 $L \to SR$，因为 $L.num$ 是综合属性，所以 $L.num=R.num$ 放在产生式的末尾，$R.i$ 是继承属性，所以 $R.i=S.num$ 放在产生式右部 R 的前面。

对于一个 L 属性的语法制导定义，假设基础文法是以自顶向下的方式进行分析的，那么可以在语法树上嵌入语义动作，并在嵌入语义动作的语法树上进行深度优先遍历，就可以直观地反映出，语法分析过程中每一个语义动作的执行时机。对于产生式 $A \to \alpha$，将每一个语义动作看作结点 A 的一个虚儿子结点，并且 A 的儿子结点和 α 中符号以及语义动作完全一致。例如，针对例 5.1 所示的翻译模式，在句型 $(a,(a))$ 的语法树上嵌入语义动作的结果如图 5-11 所示。其中，为了直观，重复的非终结符都使用下标进行区分。

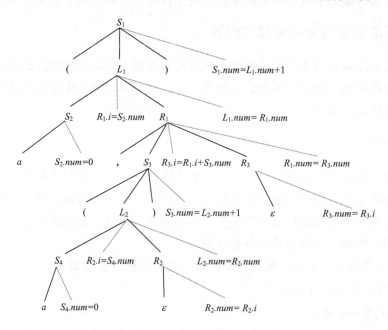

图 5-11　嵌入语义动作到句型 $(a,(a))$ 的语法树

在图 5-11 所示的树上，进行从左到右的深度优先遍历，可以得到树上所有语义规则的执行顺序。换句话说，既然语法分析本质上是在语法树上进行的深度优先遍历，那么如果语法分析和语义分析组织为一遍，在嵌入语义动作的语法树上进行遍历，实际上就可以确定在自顶向下语法分析程序中每一个语义规则应该插入的位置。例如，树中的 L_1 结点有两个虚儿子结点，分别对应语义规则 $R_1.i=S_2.num$ 和 $L_1.num=R_1.num$。因为 $R_1.i=S_2.num$ 是 L_1 的第二个儿子结点，所以这个语义规则应该在调用了 S 对应的子程序之后执行；同理，$L_1.num=R_1.num$ 应该在调用了 R 对应的子程序之后执行。

2. 递归下降分析实现 L 属性的语法制导定义

在自顶向下的语法制导翻译中，因为需要同时完成语法分析和属性计算，所以除了需要明确每一个语义规则的处理时机，还需要明确每个属性的存储方式。

1) 作为参数和返回值的属性

在进行属性计算时，一般采用参数和函数进行通信，而不是将属性设计为结点的字段进行存储，因为大多数属性仅仅是计算其他属性的临时值，因此可以节省每个语法符号存储属性的空间。

自顶向下的语法分析本质上是一个前序遍历和后序遍历的结合。根据综合属性和继承属性的特点，将属性计算结合到自顶向下的语法分析中，就是在前序遍历中计算继承属性，在后序遍历中计算综合属性。因此，继承属性采用参数实现，综合属性采用函数返回值实现。如果综合属性不止一个，那么此时的返回值可以采用结构体或者记录结构实现。

对于一个 L 属性的翻译模式，在递归下降的语法分析程序中实现语义处理，可以按照下面的方法将语法分析器扩展为语法语义处理程序。

(1) 每个非终结符 A 定义为一个函数，并且以 A 的继承属性为形参，以 A 的综合属性为返回值。

(2) 每个非终结符 A 如果有 n 个候选式，则 A 定义的函数有 $n+1$ 个分支，前 n 个分支的条件由对应候选式的 FIRST 集或者 FOLLOW 集决定，最后一个分支进行错误处理。

(3) 每一个分支的代码由候选式以及语义动作的执行时机决定，候选式中符号的属性定义为局部变量或者形参，并且按照从左到右的次序完成下列工作：

① 对于终结符 X，将其综合属性 $X.x$ 的值赋给为 $X.x$ 而声明的变量；然后调用匹配终结符和取下一输入符号的函数；

② 对于非终结符 B，调用 B 对应的函数并产生赋值语句 $c=B(b_1,b_2,\cdots,b_k)$，其中变量 $b_1,b_2,\cdots,b_k$ 对应 B 的各继承属性，变量 c 对应 B 的综合属性；

③ 对于语义动作，直接由每一语义动作来产生代码，只是将对属性的访问替换为对相应变量的访问。

对于例 5.1 所示的翻译模式，经过计算得到文法的 FIRST 集和 FOLLOW 集，如表 5-1 所示，可以进一步确定该文法是 LL(1) 文法。另外，非终结符 S 和 L 没有继承属性，只有综合属性，所以 S 和 L 分别定义为无参的函数。非终结符 R 有一个继承属性 $R.i$，也有一个综合属性 $R.num$，所以 R 设计为有一个参数的函数，参数和返回值的数据类型由具体问题决定。因为 $R.i$，$S.num$、$L.num$ 和 $R.num$ 取值是大于等于 0 的整数，所以 S、R 和 L 的返回值数据类型可以选择为整型，而 R 的参数也定义为整型。

表 5-1 例 5.1 所示文法的 FIRST 集和 FOLLOW 集

非终结符	FIRST 集	FOLLOW 集
S	$($, a	#, ",", $)$
L	$($, a	$)$
R	",", ε	$)$

下面根据例 5.1 中的翻译模式，阐述自顶向下语法语义分析程序的具体构造。

首先，非终结符 S 的定义如下：

$S \rightarrow (L)$ $\{S.num = L.num + 1\}$

$S \rightarrow a$ $\{S.num = 0\}$

按照 L 属性定义的递归下降分析实现的基本方法，将非终结符 S 的语法语义分析定义为函数 ParseS()，伪代码如下：

```
int ParseS() {
    if (token=='(') {
        gettoken();
        Lnum=ParseL();
        if (sym==')' ) gettoken();
        else error();
        Snum=Lnum+1;
    }
    else if (token=='a'){
        gettoken();
        Snum=0;
    }
    else error();
    return Snum;
}
```

上面伪代码中，error() 是错误处理子程序；ParseL() 是对一个非终结符 L 的处理程序；局部变量 Lnum 表示属性 $L.num$，存储函数 ParseL() 的调用结果；Snum 表示属性 $S.num$，通过函数 ParseS() 的返回值传播，并且语句 Snum=Lnum+1 对应语义动作 $S.num = L.num + 1$。

同理，例 5.1 中非终结符 L 的定义如下：

$L \rightarrow S$ $\{R.i = S.num\}$ R $\{L.num = R.num\}$

因此，将非终结符 L 的语法语义分析定义为函数 ParseL()，伪代码如下：

```
int ParseL() {
    if (token=='('|| token=='a') {
        Snum=parseS();
        Ri=Snum
        Rnum=ParseR(Ri);
        Lnum=Rnum;
    }
    else error();
    return Lnum;
}
```

然后，例 5.1 中非终结符 R 的定义如下：

$R \rightarrow ,S$ $\{R_1.i = R.i + S.num\}$ R_1 $\{R.num = R_1.num\}$

$R \rightarrow \varepsilon$ $\{R.num = R.i\}$

因此，将非终结符 R 的语法语义分析定义为函数 ParseR()，伪代码如下：

```
int ParseR(int Ri) {
    if (token==',') {
        gettoken();
        Snum=parseS();
        R1i=Ri+Snum;
        R1num=ParseR(R1i);
        Rnum=R1num;
    }
    else if (token==')')  Rnum=Ri;
    else error();
    return Rnum;
}
```

上面伪代码中，Ri 表示继承属性，通过函数中的参数实现；语句 R1i=Ri+Snum 表示了语义动作 $R_1.i=R.i+S.num$。

2) 使用扩展数据结构存储的属性

在翻译过程中，通常使用参数和返回值传播属性，因为许多属性的属性值相同或者仅仅是计算其他属性的临时值。然而，可能存在一些属性不方便使用参数或者返回值进行传播，如属性值是很长的字符串。一种可行的方式是提供中央存储机制，采用图、表等数据结构为属性计算提供便利，而维护存储这些属性值的数据结构的操作或者程序片段将替换掉属性赋值。

例如，符号的类型需要在程序声明的时候进行收集，但是这些信息在表达式和语句中才使用。如果采用属性进行传递，那么每个结点都需要开辟相应的空间来保存将来可能使用的类型信息。然而，声明的变量可能很多，待收集的信息可能也不局限于类型特征。因此，引入符号表作为中央存储单元，存储声明过程中待收集的符号信息，可以避免属性的直接赋值以及语法结点属性之间的显式传播，使程序结构变得更简单。例如，图 5-5 中的语义规则 entertype(id.*name*,L.*in*)，它的工作就是将获得的符号及其类型信息登记到符号表中，为进一步的类型检查等提供支持。然而，中央存储机制本质上是创建了一种全局数据，这导致它可以被任意的语义规则进行修改，这将使得一些依赖关系从依赖图上消失，进一步使得属性计算变得复杂。

语法制导翻译技术还可以应用到代码生成。如果使用属性来表示代码并构造很长的串，那么复制和移动这些串将需要很长的时间。因此，在中间代码或者目标代码生成中可以通过执行相应的语义动作，采用增量方式逐步将生成的代码添加到一个数组或者文件中。关于翻译技术在中间代码生成中的运用将在第 6 章进行具体介绍。

3. 删除 L 属性定义的左递归

在自顶向下的语法分析中，包含左递归的文法一定不是 LL(1) 文法，所以左递归文法无法完成有效的自顶向下语法分析。如果删除翻译模式中基础文法的左递归，翻译模式也必须随之改变。

　　对于图 5-4 所示语法制导定义，因为其仅包含综合属性，所以该定义是 S 属性的。另外，定义中的基础文法含有左递归，因而不能直接在自顶向下的语法分析中实现属性计算。对于图 5-4 所示语法制导定义中的基础文法，删除左递归得到如下的等价文法：

$$S \rightarrow E$$
$$E \rightarrow TR$$
$$R \rightarrow +TR \mid \varepsilon$$
$$T \rightarrow FP$$
$$P \rightarrow *FP \mid \varepsilon$$
$$F \rightarrow (E) \mid d$$

　　考虑句型 $T+T+T$，构建嵌入语义动作的语法树（图 5-12(a)），它可以简单地理解为句型 $T+T+T$ 的语义处理是求解 $E.val$。为了方便解释，将句型表示为 $T_1+T_2+T_3$，语义处理就是实现 $E.val=T_1.val+T_2.val+T_3.val$。因此，删除左递归之后的语义也应该是 $T_1.val+T_2.val+T_3.val$。

　　为了直观地表示语义规则的变换规律，首先对删除了左递归得到的文法构建句型 $T+T+T$ 的语法树。从语法树可以看到，"+"的两个运算对象并不同为一个结点的儿子结点。然而，在语法制导定义中，属性规则只能使用同一个产生式中的文法符号的相关属性。因此，为了完成计算 $T_1.val+T_2.val$，需要把属性值 $T_1.val$ 复制到合适的语法树结点上，所以引入继承属性 $R.i$ 来完成把 $T_1.val$ 的值复制到 R_1 上，即由 R_1 来继承左兄弟结点 T_1 的属性 val。同理，为了完成计算接下来的 $T_1.val+T_2.val+T_3.val$，继续把 $T_1.val+T_2.val$ 的值通过 R_2 的继承属性复制到 R_2 对应的结点上。当所有的计算结束时，即看到 R 的儿子结点是 ε 时，为了让 $E.val$ 得到这个结果，把最终计算的结果从下到上进行传播，所以引入 R 的综合属性 $R.s$ 来完成这个工作。图 5-12(b)直观地展示以上变换特点。

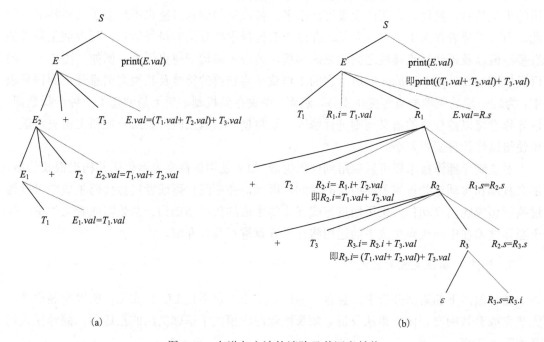

(a)　　　　　　　　　　　　　　　　　　　　　　(b)

图 5-12　左递归文法的消除及其语义转换

按照语法树和产生式的对应关系，把图 5-12(b)中的语义规则写下来，就可以得到产生式 $E{\rightarrow}TR$ 和 $R{\rightarrow}+TR\,|\,\varepsilon$ 的语义规则，也就是说产生式 $E{\rightarrow}E_1+T\,|\,T$ 删除左递归之后得到的翻译模式如下：

$E{\rightarrow}T\ \{R.i=T.val\}\ R\ \{E.val=R.s\}$

$R{\rightarrow}+T\ \{R_1.i=R.i+T.val\}\ R_1\ \{R.s=R_1.s\}$

$R{\rightarrow}\varepsilon\ \{R.s=R.i\}$

同理，可以分析产生式 $T{\rightarrow}T*F\,|\,F$，并得到消除左递归之后的等价的语义规则。最后，可以得到常量表达式求值的属性文法(图 5-4)删除左递归之后的翻译模式：

$S{\rightarrow}E\ \{\text{print}(E.val)\}$

$E{\rightarrow}T\ \{R.i=T.val\}\ R\ \{E.val=R.s\}$

$R{\rightarrow}+T\ \{R_1.i=R.i+T.val\}\ R_1\ \{R.s=R_1.s\}$

$R{\rightarrow}\varepsilon\ \{R.s=R.i\}$

$T{\rightarrow}F\ \{P.i=F.val\}\ P\ \{T.val=P.s\}$

$P{\rightarrow}*F\ \{P_1.i=P.i{\times}F.val\}\ P_1\ \{P.s=P_1.s\}$

$P{\rightarrow}\varepsilon\ \{P.s=P.i\}$

$F{\rightarrow}(E)\ \{F.val=E.val\}$

$F{\rightarrow}d\ \{F.val=d.lexval\}$

一般来说，假设一个语法制导定义包含左递归，并且有如下的属性规则：

$A{\rightarrow}A_1Y\ \{A.a=g(A_1.a,Y.y)\}$

$A{\rightarrow}X\ \{A.a=f(X.x)\}$

那么，首先消去直接左递归，再考虑语义规则，将翻译模式变换为：

$A{\rightarrow}X\ \{R.i=f(X.x)\}\ R\ \{A.a=R.s\}$

$R{\rightarrow}Y\ \{R_1.i=g(R.i,Y.y)\}\ R_1\ \{R.s=R_1.s\}$

$R{\rightarrow}\varepsilon\ \{R.s=R.i\}$

4. 非 L 属性定义的实现

图 5-5 所示的语法制导定义不是 L 属性的，因为在该定义中属性继承了右兄弟结点的属性。因此，该语法制导定义不可能直接和从左到右的语法分析进行结合。对于这样的语义规则，有时直接修改基础文法，可能更容易设计出 L 属性的语法制导定义。例如，图 5-5 所示的语法制导定义中，可以对基础文法进行改写，进一步获得等价的 L 属性的语法制导定义，如图 5-13 所示。

产生式	语义规则
$D{\rightarrow}\text{id}\ L$	entertype(**id**.name,L.type)
$L{\rightarrow},\text{id}\ L$	L.type=L.type；entertype(**id**.name,L.type)
$L{\rightarrow}:T$	L.type=T.type
$T{\rightarrow}\text{integer}$	T.type=**integer**
$T{\rightarrow}\text{real}$	T.type=**real**

图 5-13 Pascal 风格声明语句的 L 属性定义

根据图 5-13 所示的语法制导定义，得到翻译模式如下：

$D{\rightarrow}\mathbf{id}\ L\ \{entertype\,(\mathbf{id}.name,L.type)\,\}$

$L{\rightarrow},\mathbf{id}\ L_1\ \{L.type{=}L_1.type;\ entertype\,(\mathbf{id}.name,L_1.type)\,\}$

$L{\rightarrow}:T\ \{L.type{=}T.type\}$

$T{\rightarrow}\mathbf{integer}\ \{T.type{=}\mathbf{integer}\}$

$T{\rightarrow}\mathbf{real}\ \{T.type{=}\mathbf{real}\}$

经过变换，类型可以通过综合属性 $L.type$ 进行传递。L 定义的每个标识符可以在获得 $L.type$ 之后利用 entertype 将它的类型填入到符号表中。很显然，变换之后的语法制导定义是一个 L 属性的。根据翻译模式，实现非终结符 L 的语法语义分析的伪代码如下：

```
void ParseL( ) {
    if (token==',') {
        gettoken();
        if (token==id ) gettoken();
        else error();
        Ltype=ParseL( );
        entertype(idname,Ltype);
    }
    esle if (token==':') {
        Ltype=ParseT( );
    }
    esle error();
    return Ltype;
}
```

因为符号表是一种全局数据，所以不需要使用参数或者返回值进行传播，某种程度上使得程序的结构变得简单。

5.4.2　自底向上语法分析中综合属性计算

S 属性的语法制导定义中只有综合属性，是属性计算按照后根遍历的顺序进行计算的特例。自底向上语法分析也是按照后根顺序分析文法符号。因此，S 属性的语法制导定义可以很容易地和自底向上语法分析进行结合，并且在归约发生时执行相应的语义动作。

如果语法分析采用 LR 语法分析技术，可以通过扩充分析栈中的域，形成语义栈来存放综合属性的值(图 5-14)。因为综合属性依赖儿子结点的属性，所以当全部儿子结点已知的时候，综合属性就可以计算。例如，假设相应于产生式 $A{\rightarrow}XYZ$ 的语义规则为 $A.a{=}f(X.x,Y.y,Z.z)$。因为在 XYZ 归约为 A 之前，A 的儿子结点及其属性值 $X.x$、$Y.y$ 和 $Z.z$ 分别存放于分析栈 top，$top{-}1$ 和 $top{-}2$ 的语义域中，所以 $A.a$ 可以顺利求出。归约后，$X.x$、$Y.y$、$Z.z$ 被弹出，而在此时语义栈顶 top 位置的语义域上存放 $A.a$。一般来说，这种方法也可以扩展到多个属性，只要将分析栈的记录扩大就可以实现。然而，如果一个或者多个属性的大小没有限制，如字符串，那么最好将属性的值存储到分析栈之外某个比较大的存储空间，而在分析栈中仅仅存储属性值的指针。

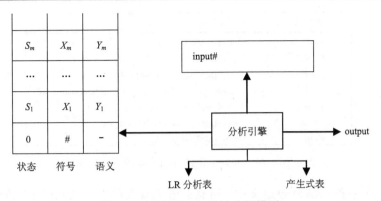

图 5-14 扩展的 LR 语法分析模型

对于图 5-4 所示表达式求值的语法制导定义,文法对应的 LR 分析表如表 4-8 所示,输入序列 3+2*5 的语法语义分析过程如图 5-15 所示。其中,为了使分析过程更加直观,分析栈包括三个域:状态、符号和语义,而且分析栈中的语义依次表示分析栈中符号对应的语义值,没有语义值的符号使用 "–" 对应。

分析栈(状态)	分析栈(符号)	分析栈(语义)	余留输入串	动作	语义规则
0	#	-	3+2*5 #	s_5	
05	#2	-3	+2*5 #	r_6	$F.val=d.lexval$
03	#F	-3	+2*5 #	r_4	$T.val=F.val$
02	#T	-3	+2*5 #	r_2	$E.val=T.val$
01	#E	-3	+2*5 #	s_6	
016	#E+	-3-	2*5 #	s_5	
0165	#E+3	-3-2	*5 #	r_6	$F.val=d.lexval$
0163	#E+F	-3-2	*5 #	r_4	$T.val=F.val$
0169	#E+T	-3-2	*5 #	s_7	
01697	#E+T*	-3-2-	5#	s_5	
016975	#E+T*5	-3-2-5	#	r_6	$F.val=d.lexval$
0169710	#E+T*F	-3-2-5	#	r_3	$T.val=T_1.val×F.val$
0169	#E+T	-3-10	#	r_1	$E.val=E_1.val+T.val$
01	#E	-13	#	accept	$print(E.val)$

图 5-15 S 属性定义的求值过程

从 LR 语法分析可知,分析栈中的符号是不需要存储的,也就是说,在基于 LR 的属性计算中,分析栈仅仅需要状态和语义两个部分。

假设语法分析栈存放在一个 *stack* 的记录数组中,而 *top* 是指向栈顶的指针,那么可以使用 *stack*[*top*] 访问栈顶单元,使用 *stack*[*top*].*val* 访问栈顶单元的语义值。以此类推,使用 *stack*[*top*–1].*val* 访问次栈顶单元的语义值,使用 *stack*[*top*–2].*val* 访问栈中次次栈顶单元的语义值,等等。按照这个访问方式,可以将图 5-4 所示的语法制导定义改为图 5-16 所示的形式。

产生式	语义规则
$S{\rightarrow}E$	$\text{print}(stack[top].val)$
$E{\rightarrow}E_1+T$	$stack[top-2].val=stack[top-2].val+stack[top].val$
$E{\rightarrow}T$	$stack[top].val=stack[top].val$
$T{\rightarrow}T_1*F$	$stack[top-2].val=stack[top-2].val*stack[top].val$
$T{\rightarrow}F$	$stack[top].val=stack[top].val$
$F{\rightarrow}(E)$	$stack[top-2].val=stack[top-1].val$
$F{\rightarrow}d$	$stack[top].val=d.lexval$

图 5-16　在自底向上语法分析中实现表达式求值

在图 5-16 所示的语法制导定义中，所有的语义规则都可以放到产生式的末尾，相当于综合属性，所以改造之后的语法制导定义是 S 属性的。

5.4.3　自底向上语法分析中继承属性计算

使用自底向上的语法分析方法可以完成 L 属性的语法制导定义，但是自底向上语法分析的特点是从叶子结点到根结点进行分析，所以只有综合属性最方便计算。然而，L 属性定义的特点是其既包含继承属性，又包含综合属性，所以 L 属性定义的自底向上语义处理的关键就是将嵌在产生式中的语义规则等价地移到末尾，以便自底向上语法分析过程中可以顺利地实现这些语义规则。

1. 删除产生式中内嵌的语义规则

在翻译模式里，嵌入在产生式中的语义动作的位置不同，则翻译模式的语义可能也不同。图 5-17 所示的两个翻译模式可以直观地说明这一点。

翻译模式 1	翻译模式 2
$E{\rightarrow}T\,R$	$E{\rightarrow}T\,R$
$R{\rightarrow}+T\,\{\text{print}('+')\}\,R_1$	$R{\rightarrow}+T\,R_1\,\{\text{print}('+')\}$
$R{\rightarrow}-T\,\{\text{print}('-')\}\,R_1$	$R{\rightarrow}-T\,R_1\,\{\text{print}('-')\}$
$R{\rightarrow}\varepsilon$	$R{\rightarrow}\varepsilon$
$T{\rightarrow}d\,\{\text{print}(d.val)\}$	$T{\rightarrow}d\,\{\text{print}(d.val)\}$

图 5-17　两个不同的翻译模式

为了直观地说明图 5-17 所示的两个翻译模式的差异，以句型 5+3−1 为例分别针对两个翻译模式，将语义动作嵌入到语法树中，结果如图 5-18 所示。

对图 5-18(a) 和 (b) 所示的语法树分别进行从左到右的深度优先遍历，遍历到语义动作的时候执行相应的语义规则，可以看到它们输出的序列分别是 53+1− 和 531−+。从输出的结果来看两者并不等价。从这个结果可以看到，嵌入的语义规则并不一定可以直接移到产生式的末尾。

若语义规则未关联任何属性，引入新的非终结符标记每个嵌入规则的位置，并使用 ε 产生式定义这些非终结符，可以将嵌入规则等价地移到产生式的末尾。图 5-17 中的翻译模式 1 按照这个方法变换可以得到下面的翻译模式：

$E{\rightarrow}TR$

$R \rightarrow +TMR_1$

$R \rightarrow -TNR_1$

$R \rightarrow \varepsilon$

$T \rightarrow d\ \{\text{print}(d.val)\}$

$M \rightarrow \varepsilon\ \{\text{print}('+')\}$

$N \rightarrow \varepsilon\ \{\text{print}('-')\}$

其中，非终结符 M 标记翻译模式 1 中 $R \rightarrow +T\{\text{print}('+')\}R_1$ 的 $\{\text{print}('+')\}$，从而将其改写为 $R \rightarrow +TMR_1$；并将 $\{\text{print}('+')\}$ 替换到 $M \rightarrow \varepsilon$ 后面。同理，通过非终结符 N 标记 $R \rightarrow -T$ $\{\text{print}('-')\}R_1$ 中的 $\{\text{print}('-')\}$，从而将其改写为 $R \rightarrow -TNR_1$；并将 $\{\text{print}('-')\}$ 替换到 $N \rightarrow \varepsilon$ 后面。

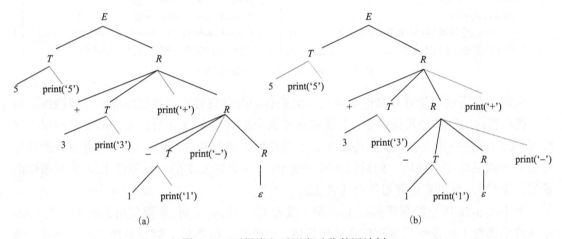

图 5-18　两棵嵌入了语义动作的语法树

基于这个翻译模式为句型 5+3−1 构建语法树，嵌入语义动作的结果如图 5-19 所示。可以看出句型 5+3−1 在该图上进行从左到右深度优先遍历输出的结果是 53+1−，这个结果和翻译模式 1(图 5-17)分析的结果一致。

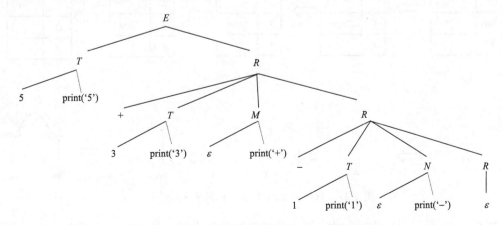

图 5-19　嵌入了语义动作到句型 5+3−1 的语法树

2. 分析栈中继承属性的访问

不依赖于其他属性的语义动作是一种特殊的情况，但是很多时候继承属性往往和其他属性有关联。在 L 属性的语法制导定义中，继承属性可能依赖于父结点继承属性或者左兄弟的属性。然而，因为分析栈中没有直接存储继承属性，所以如果 L 属性的语法制导定义中存在继承属性，那么该文法不能直接进行自底向上的语法分析。例如，对于图 5-20 所示的翻译模式 1，在将 v 或者 L,v 归约为 L 时，需要使用到继承属性 $L.in$。但是，分析栈中并没有直接存储继承属性 $L.in$，所以该翻译模式不能直接进行自底向上的语法分析。

翻译模式 1	翻译模式 2
$D \rightarrow T$ {$L.in=T.type$} L	$D \rightarrow T\,L$
$T \rightarrow \mathbf{int}$ {$T.type$=integer}	$T \rightarrow \mathbf{int}$ {$stack[top].val$=integer}
$T \rightarrow \mathbf{real}$ {$T.type$=real}	$T \rightarrow \mathbf{real}$ {$stack[top].val$=real}
$L \rightarrow$ {$L_1.in=L.in$} $L_1,\mathbf{id}$ {entertype (**id**.$name,L.in$) }	$L \rightarrow L,\mathbf{id}$ {entertype ($stack[top].val,stack[top-3].val$) }
$L \rightarrow \mathbf{id}$ {entertype (**id**.$name,L.in$) }	$L \rightarrow \mathbf{id}$ {entertype ($stack[top].val,stack[top-1].val$) }

图 5-20　声明语句的两个翻译模式

虽然在分析栈中没有存储继承属性，但是有些继承属性可以通过综合属性间接地访问到。在自底向上语义分析程序中，假设即将根据产生式 $A \rightarrow XY$ 进行归约，那么 X 的综合属性 $X.s$ 已经出现在语义栈上。因为在 Y 以下的任何子树归约时，$X.s$ 的值一直存在，所以它可以被 Y 的后继结点使用。如果用复写规则 $Y.i=X.s$ 来定义 Y 的继承属性 $Y.i$，则在需要继承属性 $Y.i$ 时，可以直接使用综合属性 $X.s$。

对于图 5-20 所示的翻译模式 1，在将 v 或者 L,v 归约为 L 时，需要使用到继承属性 $L.in$。虽然继承属性 $L.in$ 没有直接存储在分析栈中，但是与 $L.in$ 等价的综合属性 $T.type$ 已经存储在分析栈中。图 5-21 展示句型 **int** a 自底向上语法分析过程中的语义值、语法符号、对应语法树的变化过程。

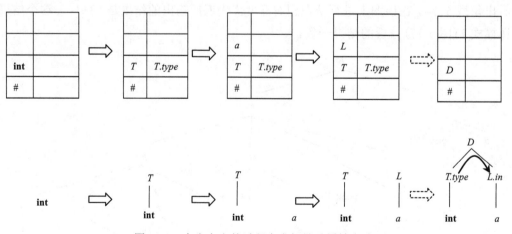

图 5-21　自底向上的过程中求解继承属性（一）

在图 5-21 所示的变化过程中：第一步是在初始化之后移进 **int**；第二步是将 int 归约为 T，并求出 T 的综合属性 $T.type$；第三步是移进 a；第四步是将 a 归约为 L，此时按照图 5-17

所示的翻译模式 1 需要完成语义动作 entertype(**id**.*name,L.in*)，但是此时 *L* 并未出现在栈中，所以 *L.in* 也没有存储在栈中。假设此时可以进一步归约，从归约得到的语法树可以发现，*L* 的左兄弟结点是 *T*，且 *L.in* 继承 *T.type*。回到第四步可以发现，*T.type* 就位于 *L* 的下一个栈单元，也就是说，可以访问次栈顶符号的语义值完成 entertype(**id**.*name,L.in*)，即将 *a* 以及它的类型信息登记到符号表中。

对句型 **int** *a,b*，第一步是在初始化之后移进 **int**；第二步是将 **int** 归约为 *T*，并求出 *T* 的综合属性 *T.type*。这个过程和句型 **int** *a* 前两步一致。图 5-22 展示了句型 **int** *a,b* 接下来分析过程中的语义值、语法符号、对应语法树的变化过程。当分析栈中移进 *a* 之后，LR 语法分析程序识别出句柄并将其归约为 *L*，此时 entertype(**id**.*name,L.in*) 可以通过访问次栈顶符号 *T* 的语义域获得。第三步是移进 *b*。第四步是将 *Lb* 归约为 *L*，根据语义动作此时需要执行 entertype(**id**.*name,L.in*)；从将来归约得到的语法树中可以看到，*L.in* 最终继承的是 *T.type*，而 *T.type* 位于次次栈顶的语义域。

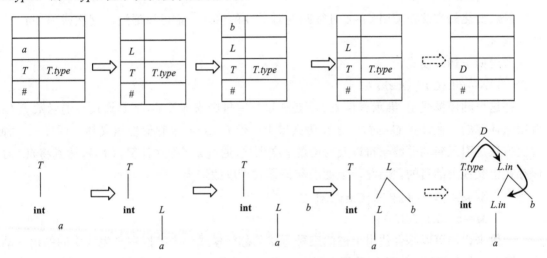

图 5-22　自底向上的过程中求解继承属性(二)

从上面的两个实例可以看到，使用 *L→v* 进行归约时，栈顶符号为 *v*，次栈顶符号为 *T*，entertype(**id**.*name,L.in*) 可以直接访问次栈顶的语义域获得 *L.in*。使用 *L→L,***id** 进行归约时，栈顶符号为 *v*，次栈顶符号为 *L*，次次栈顶符号为 *T*，entertype(**id**.*name,L.in*) 可以直接访问次次栈顶的语义域获得 *L.in*。如果分析栈 *stack* 使用 *val* 存放文法符号的综合属性，*top* 为栈顶指针，那么可以将图 5-18 所示的翻译模式 1 改写为翻译模式 2，此时所有的动作都出现在产生式的末尾。也就是说，图 5-18 所示的翻译模式 2 是 S 属性的。

3. 继承属性的模拟求值

从上面的讨论可知，如果继承属性等价于栈中某个文法符号的综合属性，那么继承属性就可以通过该综合属性间接地访问。如果继承属性不直接等价于栈中某个文法符号的综合属性，那么通过增加新的文法符号以及相应的复写规则可以达到上述目的。

例如，对于下面的翻译模式：

$S→aA \{C.i=A.s\} C$

$S{\to}bAB\ \{C.i{=}A.s\}\ C$

$C{\to}c\ \{C.s{=}g(C.i)\}$

若直接应用复写规则的处理方法，则在使用 $C{\to}c$ 进行归约时，需要计算 $C.s{=}g(C.i)$。由 $S{\to}aAC\,|\,bABC$ 中的语义动作可知，$C.i$ 就是 $A.s$。然而，进一步由 $S{\to}aAC$ 可知 $A.i$ 的值可能存放于次栈顶($top{-}1$)，而由 $S{\to}bABC$ 可知 $A.i$ 的值也可能存放于次次栈顶($top{-}2$)。在使用 $C{\to}c$ 进行归约时并不能确定接下来用哪一个产生式。也就是说，无法在进行 $C{\to}c$ 归约时，确定引用次栈顶($top{-}1$)还是次次栈顶($top{-}2$)中语义值来计算 $C.s$。一种可行的方法是引入新的非终结符将不同上下文中的 $A.s$ 统一放到相同的位置：

$S{\to}aA\ \{C.i{=}A.s\}\ C$

$S{\to}bAB\ \{M.i{=}A.s\}\ M\ \{C.i{=}M.s\}\ C$

$C{\to}c\ \{C.s{=}g(C.i)\}$

$M{\to}\varepsilon\ \{M.s{=}M.i\}$

经过变化的文法在使用 $C{\to}c$ 进行归约时，$C.i$ 的值就一定可以通过访问次栈顶($top{-}1$)访问到 $A.s$。

考虑如下翻译模式：

$S{\to}aA\ \{C.i{=}f(A.s)\}\ C$

在这个翻译模式中，继承属性 $C.i$ 不是通过复写规则来计算的，而是通过普通函数 $f(A.s)$ 调用来计算的。在计算 $C.i$ 时，$A.s$ 在语义域上，但 $f(A.s)$ 并未存储在语义栈。同样，一种解决方法是引入新的非终结符以及对应的 ε 产生式，通过 ε 产生式计算 $f(A.s)$，达到将 $f(A.s)$ 保存在语义栈上的目的。因此，上面的翻译模式可以改造为

$S{\to}aA\ \{M.i{=}A.s\}\ M\ \{C.i{=}M.s\}\ C$

$M{\to}\varepsilon\ \{M.s{=}f(M.i)\}$

一般来说，可以综合使用上述的三种方法从翻译模式中去掉嵌在产生式中间的语义动作。然而，上面的三种方法几乎都会引入 ε 产生式。从 LR 语法分析可知道，ε 产生式会大大增加冲突的概率。因此，有时直接改变基础文法可以避免使用继承属性，也可以避免引入 ε 产生式。

例如，图 5-5 所示的 Pascal 风格声明语句的语法制导定义是不符合 L 属性的，因为第一个产生式中 L 可以从它的右边 T 中继承 $type$。然而，将文法等价变换，可以得到仅包含综合属性的语法制导定义(图 5-13)。

5.5　符　号　表

5.5.1　符号表的作用

符号表是编译器中的一个中央存储单元，在编译过程中不断收集和记录源程序中符号的类型、特征等相关信息，将信息从声明的地方传递到实际使用的地方，为静态语义检查和代码生成提供辅助信息。

编译程序扫描声明部分，将收集到的有关符号的属性填写到符号表，这些属性信息可以为语义的合法性检查提供依据。一个符号可以在程序的不同地方出现，在定义性出现的地方需要检查它是否被重复声明，在引用性出现的地方需要检查它在上下文中的一致性和合法性。这些都通过查找符号表来获得相关属性的信息。

例如，程序中有语句

```
x=y+z
```

编译程序需要检查 y 是什么类型的标识符，是否可以做"+"运算，z 是什么类型的标识符，是否可以做"+"运算，y+z 的值是否可以赋值给 x，等等。

符号表中的地址信息是目标代码生成阶段地址分配的依据。在程序运行阶段，每个数据对象都需要在数据区中占用一定的存储单元，所占的存储单元的大小、偏移地址都需要在编译时确定。这些信息主要由声明语句来定义。编译程序扫描到声明语句时，将这些信息转换成编译过程中需要的内容，并记录在符号表的相关栏目中。例如，根据变量的类型以及变量出现的位置确定它在数据区中的偏移地址；在代码生成时，由语义分析程序或代码生成程序读取偏移地址，并安排在生成的代码中。

5.5.2 符号的属性和存储方法

分析源程序中出现的各个名字及其属性并进行记录是符号表的首要任务。在高级语言中，符号主要包括常量、变量、域名、函数、过程等。在不同的语言中，虽然这些符号定义的属性可能不完全相同，但是名字、类型和地址等这样的信息通常都是需要的。

1. 符号的名字

每个符号通常由若干非空字符组成的字符串来表示。在程序设计语言中，符号的名字是变量、过程等符号的唯一标志，因此一般不允许重名。一旦一个符号存入符号表，符号的名字就和符号表中的某个位置建立了一一对应的关系，编译器可以用一个符号在符号表中的位置来表示该符号。如果出现重名的符号，将按照程序定义的作用域和可见性规则进行处理。

一般来说，名字的长度在一定的范围内是可变的。存储名字的字段如果采用固定长度的表域，就可能会对内存空间造成巨大的浪费，尤其是变化范围较大的程序设计语言，如 Pascal 和 C 语言。为了提高空间的利用率，可以采用变长的表域来存储名字。

变长名字可以采用名字池的处理方式，即将所有的名字都存放到这个空间，而符号表中存储的是对应名字在这个空间中的指针。

2. 符号的类型

除了过程之外，符号都具有类型。基本的类型有整型、实型、字符型、布尔型等。函数的类型指的是返回值的数据类型。符号的类型通常可以通过分析程序中该符号的定义获得。变量的类型决定了数据在存储空间中的格式以及可以对其施加的运算。

例如，当一个变量是整型时，通常在存储空间中是以一个带有符号位的定点字长表示的。若变量为实型，则在存储空间中是以 2 倍或者 4 倍字长的浮点数表示的。又如，表达式 $a+b$，对于不同类型所做的加法不同。当 a 和 b 都是整型时，表达式的加法是定点加法。当 a 和 b 都是实型时，表达式的加法是浮点加法。当 a 和 b 的类型不一致时，可以禁止操作，也可以强制将某一个变量的类型转换为与另一个变量相一致的类型，使它们具有相同的类型。

随着程序设计语言的发展，大多数语言可以定义基本类型之上的构造类型，如数组、记录结构等，这部分内容在 5.6 节详细讨论。

3. 符号的地址

某些符号的属性获取相对容易，如符号的类型信息，因为在符号的定义部分通常会有明确的说明。编译程序一般可以很容易地收集到这些信息并将其存入相应符号表的表项中。然而，对于某些属性(如地址)，获取就困难得多。关于存储分配策略将在第 7 章介绍。

一般来说，需要地址信息的符号有变量、过程和函数。其中，过程是没有返回值的函数。

函数名的地址是指该函数的入口地址，即该函数的第一条指令的地址。当该函数之前的所有代码都翻译成目标代码之后，该函数的第一条指令的相对地址就可以计算出来。通常一个编译程序会包括两个存储区：静态数据区和动态存储区。静态存储区是整个程序在运行的过程中不可以改变的存储单元。动态存储区存储局部信息或者生命周期不固定的数据，适应动态的申请与释放，以提高空间的利用率。代码存储在静态存储区，一旦程序装入内存，就可以知道基地址，也就可以知道任意一个函数名的地址。因此，编译时将函数名映射为一个相对地址。

变量通常存储在数据区，而且全局变量一般存储在静态数据区，局部变量存储在动态数据区。局部变量的地址除了与该数据区的基地址相关，还与它在该数据区内的偏移量相关。变量 a 的偏移地址可以由与它在同一个作用域且在 a 之前声明的变量所占的空间大小计算得到。根据基地址以及变量 a 的偏移地址就可以计算出 a 的地址信息，如图 5-23 所示。

在程序运行之前，该程序数据段的基地址信息未知，因此在符号表中只存储偏移地址。当程序运行时，系统为程序分配一个真正的数据空间，并获得基地址信息。此时，所有基于这个空间的变量可以映射到物理地址。

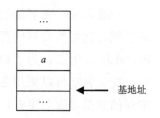

图 5-23　目标程序结构

4. 数组的内情向量

在程序设计语言中，数组是一种重要、常用的数据类型。在处理数组时，数组的维数、每一维的上下界、数组的基地址是确定存储分配空间的大小和数组元素位置的依据，它们对于访问数组的成员是必不可少的信息，通常将这些信息称为数组的内情向量。

因为每一个数组的维数及其上下界都不同，因此为了提高符号表的空间利用率，通常将这些数组的内情向量存储在另外的地方，在符号表中增加一个指针型表域。对于数组变量，该域的值为指向内情向量的指针。

例如，下面是两个数组定义，且 A 是一个一维数组，而 B 是一个三维数组，它们的组织如图 5-24 所示。

　　A: array[$l_1..u_1$] of integer

　　B: array[$l_1..u_1,l_2..u_2,l_3..u_3$] of integer

在图 5-24 所示的符号表中，@A 和 @B 分别表示数组 A 和 B 的起始地址，C 表示与数组引用的下标无关的一个常量，通过编译阶段计算出来，避免编译得到的目标代码进行不必要的运算，从而提高代码运行的效率。关于内情向量的更多讨论将在第 6 章进行。

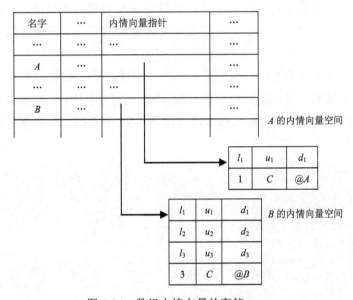

图 5-24　数组内情向量的存储

5. 函数及过程的形参

函数和过程的形参属性是调用函数和过程中匹配处理和语义检查的重要内容。函数和过程的形参可以当作该函数和过程的局部变量处理，同时它们又是函数和过程的对外接口。每个函数和过程的形参个数、顺序、类型体现调用函数和过程的属性，所以它们应该存储在符号表中并与该函数和过程关联起来。

像函数参数这样个数可变且相互有关的符号，可以使用指针或指针链来构造形参之间的关系。例如，下面的两个函数，可以使用图 5-25 所示的符号表来存储函数以及形参的相关信息。

　　f1（p1,p2）;

　　f2（　　）;

在图 5-25 所示的符号表中，形参域为空，表示形参链结束。例如，f1 的 p2 的形参域为空，表示 f1 的形参链结束；f2 的形参域为空，表示 f2 没有形参。

符号	...	形参域	...
f1	...	空	
p1	...		...
p2	...		...
f2	...	空	...

图 5-25　函数形参的存储

6. 记录的成员信息

一个记录型的变量由若干成员组成，所以记录型变量在存储分配时所占的空间大小要由全体成员来决定，另外，对于记录型变量，还需要有它成员的顺序信息，该信息决定成员的位置。

C 语言中的结构体的结构名与成员之间的关系类似于函数及其形参之间的关系。因此，可以采用相同的策略处理结构体成员的存储问题。在符号表中增加成员域来存储结构体的下一个成员位置。例如，下面的结构体可以用图 5-26 所示的符号表来存储结构体变量及其成员的相关信息。

```
struct st1
{
    int member1;
    struct st2{
        int member2;
        int member 3;
        } member4;
    int member 5;
} sa;
```

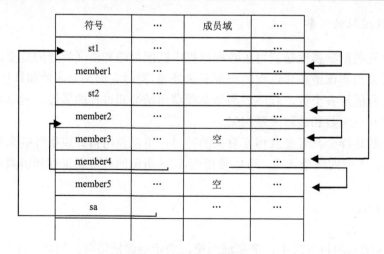

符号	...	成员域	...
st1	...		...
member1	...		...
st2	...		...
member2	...		...
member3	...	空	...
member4			...
member5	...	空	...
sa		...	...

图 5-26　结构体成员的存储

5.5.3 符号表的设计

5.5.2 节讨论了符号的常见属性及其存储方法。本节将讨论符号表的组织和数据结构。

1. 符号表的组织

从实现的角度，可以有两种方法存储所有的符号，即全局符号表、局部符号表。全局符号表就是将所有的符号全部存储在一个表中。这种组织方法的管理集中且简单，且不同类型符号的共同属性可以得到一致的管理。然而，这种方法的缺点也是显而易见的，因为不同类型符号的属性可能不完全相同，所有的符号存储在同一个表中将不得不把这些不同属性都增加到符号表的属性描述中。因此，这种全局符号表将造成极大的空间浪费。

针对全局符号表的缺点，可以将符号按照某个标准划分成若干子集，每个子集分别建立局部符号表进行存储和管理。这种组织方法的优点是每个符号表中符号的属性个数相同或相近，所以这种方法的空间利用率可以得到改善，但是增加了管理的开销。

一般来说，全局符号表的方法过于集中，而局部符号表则较大程度上解决了这个问题。当然，如果局部符号表的个数太多也会增加管理成本。因此，在选择分类标准时，大多数的编译程序根据经验和需求在管理复杂度和空间开销上权衡并设计最佳的方案。

例如，如果类别 1 和类别 2 的属性比较接近，那么将类别 1 和类别 2 的符号存储在一个符号表中；如果属性 3 仅仅和类别 1 相关，而属性 5 仅仅和类别 2 的符号相关，但是属性 3 和属性 5 可以使用相同的数据类型进行存储，那么可以用同一个域来表示这两个属性，如图 5-27 所示。

符号名	属性 1	属性 2	属性 3 或属性 5

图 5-27 折中符号表的组织方法

2. 符号表的数据结构

效率是符号表设计最关心的问题，因为在编译的整个过程中，符号表将被频繁地用来建立表项、查找表项、修改表项和引用表项的属性。本节介绍两种设计方法：线性表和散列表。

1) 线性表

线性表是实现符号表最简单的一种数据结构，它可以直接、简单地实现符号表的插入、删除和查询。

在无序表上插入符号可以按照符号出现的顺序进行插入，但在 n 个符号的符号表中查询符号的开销是 $O(n)$。一种提高查询效率最常用的方法就是对符号表进行排序，如名字的字典序。在有序表中，快速查找算法可以大大提高查找效率，同样在 n 个符号的符号表中查询符号的开销可以降低到 $O(\log n)$。当 n 很大时，因为 $\log n$ 比 n 小得多，所以查询效率将得到大大提高。然而，为了得到有序表，需要额外的开销维护有序表，即符号不能直接插入表尾，需要进行比较和移动操作，插入效率将大大降低。一般说来，只有查询操作的次数远超过插入操作的次数，有序表才会有较好的效果。

最容易实现线性表的存储结构是一维数组，将每个名字及其属性表示为记录。

2) 散列表

引入散列表不仅可以提高查询操作的效率，同样可以提高插入操作的效率，所以在许多实际的编译器中，散列技术是一个常用的解决方法。

一个符号在散列表中的位置由该符号进行某种函数操作所得到的函数值进行确定。函数值与符号表的表项位置之间的对应关系一般是通过对函数值的"求整"以及对表长的"求余"得到的。假设散列函数 f 对符号值运算之后得到函数值 V（整数），表示为

$$V=f(符号值)$$

通常符号表的长度不是任意长的，所以可能是任意整数的 V 不一定可以对应到符号表的某一个位置。因此，如果符号表长度为 n，就将 V 对 n 求余。这样可以保证得到的整数一定在符号表范围之内，即

$$l=\text{mod}(V,n)$$

然而，求余会使得原本完全不相同的两个整数有相同的函数值，也就是说不同的两个符号将会被映射到符号表中的同一个位置，即冲突。在散列技术中，构造散列函数是关键，它将在很大程度上影响散列效果，即冲突的概率。然而，冲突是很难避免的，解决冲突的方法可以参看数据结构相关章节的讨论。链地址是解决冲突常用的解决方法，如图 5-28 所示。

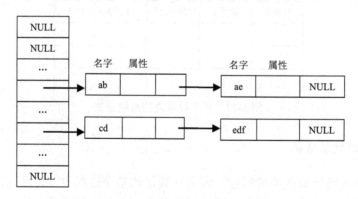

图 5-28 链地址冲突解决的符号表

在图 5-28 所示的链地址冲突解决方法中，名字是不直接存储在散列表中的，散列表中存储的是具有相同散列值的名字记录链表，即具有相同散列值的符号通过链表链接到散列表的表头。例如，当发现名字 ab 映射到名字 ae 的地址中时，就将存储 ab 及属性的记录链接到名字 ae 的记录之前。

链地址冲突解决方法可以减少散列表的空间，也不会在散列表填满时产生灾难性的后果。另外，如果能够构造比较均匀的散列函数，名字的查询和登记都可以获得比较好的时间效率。因此，链地址冲突解决方法是最受欢迎的散列表组织形式。

5.5.4 符号表的管理

符号表的管理主要围绕符号的登记和查询,为编译器的其余部分提供两个访问的接口。基本思想是遇到定义性符号的名字时,在符号表中填写被定义符号及其属性;当遇到使用性符号的名字时,用该符号的名字在符号表中进行查询,并获得它的属性。

1. 符号的登记

当编译器在程序中获得一个定义性符号并确定该符号的名字在符号表中尚不存在的时候,就将此符号登记到符号表中。符号登记的主要任务是确定符号的属性。符号的属性主要来源于符号出现的上下文,最典型的上下文就是程序的声明。

登记符号的具体过程和符号表的结构密切相关。对于无序的线性表,只要在表尾新增一个表项,并用它来登记新符号即可。对于有序的线性表实现方式,首先查找登记的位置,并将该位置后的每一个符号都移动到下一个表项中,然后在选定的位置登记新符号。对于散列表实现的符号表,新符号的登记位置根据散列函数计算得到。

符号的属性除了和符号的种类相关,大多还和编译程序获得该符号时编译所处的扫描点相关。例如,C 语言中的 goto L 中标号 L 的“地址”只有等到定义性的 L: 出现时才能确定。

2. 符号的查询

查找符号表的目的是建立或者确定一个符号的属性。对于查到的符号而言,可以获得该符号已经登记的属性,并依据这些属性进行语义检查,有时也会同时登记新的属性。对于没有查找到的符号,则进行符号及其属性的登记或者报错。

符号表的查找算法和符号表的组织方式密切相关,无序表进行顺序查找,有序表可进行快速查找,散列表通过散列函数查找。

5.5.5 嵌套作用域的管理

大多数程序设计语言要求标识符先声明后使用,同时在一个程序中不允许符号的重复声明,因为这样将使得编译程序无法判定在使用该符号时到底引用哪一个语义。然而,图 5-29 的 C 程序虽然定义了两个同名的 a,但是它们都是合法的,原因在于这两个符号有不同的作用范围,即作用域。

```
void main()
{    int a;
     a=1;
     {    int a;
          a=2;
          printf("a is %d\n",a);
     }
     printf("a is %d\n",a);
}
```

图 5-29 C 程序中的嵌套定义

1. 块结构和作用域

块结构又称为分程序，是本身含有局部变量声明的语句，程序块的概念起源于 Algol 语言。块结构的一个特点是它的嵌套，分界符标记程序块的开始和结束，C 语言用花括号 "{" 和 "}" 作为分界符，而 Algol 和 Pascal 语言是用 begin 和 end 做分界符。分界符保证程序块不是相互独立的就是一个嵌在另一个里面的，即不可能出现程序块 B_1 先于 B_2 开始，又先于 B_2 结束的情况。图 5-30 所示的是一个 Pascal 程序的子程序以及这些子程序的嵌套关系，图 5-31 所示的是一个 C 程序中的块结构及其嵌套关系。Pascal 的子程序和 C 的块结构类似，但也有不同。主要区别在于 Pascal 的子程序可以有参数，也可以有返回值，而 C 的程序块却没有。

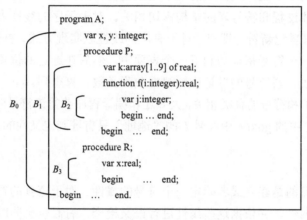

图 5-30　一个 Pascal 程序的嵌套子程序

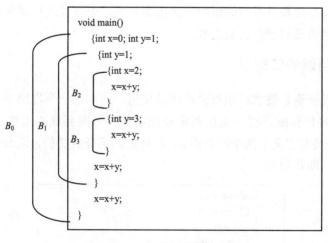

图 5-31　一个 C 程序的块结构

程序的块结构和作用域规则密切相关。一个变量在程序中起作用的范围称为它的作用域。一个变量只有在它的作用域内才是可以访问的，这就是可见性规则。程序设计语言中嵌套的作用域将会影响着一个变量的可见性。程序设计语言的作用域规则规定了如何访问非局部名字。一种常用的作用域规则称为词法作用域或静态作用域规则，它仅根据程序空间结构静态地确定名字的声明。许多语言，如 Pascal、C 和 Ada，都使用静态作用域规则。

在嵌套的作用域中,静态作用域规则通常规定在程序的任何一点,只有在该点的开作用域中声明的名字才是可访问的。开作用域就是该点所在的作用域(当前作用域)以及包含它的程序单元所构成的作用域。不属于开作用域的作用域称为闭作用域。若一个名字在多个开作用域中被声明,则在使用该名字时把开作用域中离该引用点最近的声明作为该引用的解释。注意,函数的形式参数通常当作该函数的局部变量。例如,在图 5-31 所示的 C 程序中,当编译程序编译到第二个 $x=x+y$ 时,当前的作用域是 B_3,开作用域是 $\{B_3, B_1, B_0\}$。也就是说,B_2 是当前点的闭作用域。按照作用域规则,当前 y 开作用域中定义且离该点最近的 y 是 B_3 定义的,即 $y=3$;同理,该语句中 x 引用的值为 0。

另一种规则称为动态作用域规则,它是在运行时根据当前活跃着的过程来确定用于名字的声明。动态作用域处理时间的方式类似于静态作用域处理空间的方式。静态作用域规则寻找声明位于最内层且包含变量使用单元的块结构;动态作用域寻找声明位于最内层且包含了变量使用时间的过程调用单元。

2. 块结构的符号表

在允许嵌套作用域的语言中,同名的符号可以在程序的不同块结构中出现。通常可以采用两种方式组织符号表:多个局部符号表和全局符号表。多个局部符号表就是为每个块结构都建立一个符号表;全局符号表就是把所有作用域中的符号组织到一个符号表中。

因为作用域是按照后进先出的方式打开和关闭的,所以栈是最适合实现多符号表组织的手段。在这种组织方式中,符号表维护一个作用域栈,栈上的每个条目对应一个作用域。最内层的作用域位于栈顶,包含它的最近作用域位于次栈顶,等等。当打开一个新的作用域时,创建一个新的符号表并压入栈中;关闭一个作用域时,将弹出栈顶的符号表。在单遍编译器中,弹出的作用域可以释放,但是在多遍编译器中,还需要保存以备随后的编译阶段查询名字。根据作用域规则,当需要查找一个符号时,可以从栈顶向栈底依次查找各个符号表,直到查找到该符号,或者到达栈底符号表仍然没有查找到该符号。前者返回该符号的信息,后者报告错误。

对图 5-31 所示的程序,如果编译程序编译到第二条语句 $x=x+y$,可以建立图 5-32 所示的符号表。对于该语句中的标识符 y,编译程序首先在栈顶符号表中查找到,并从中取出它的属性值。对于该语句中的标识符 x,同样在栈顶符号表中查找。因为在该符号表中没有查到 x,所以按照作用域规则查找次栈顶的符号表。同样,在该符号表中仍然没有查到 x,因此,再查找次次栈顶的符号表。此时,在该符号表中查到了 x,并返回 x 的属性值。

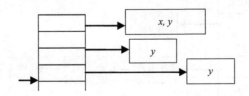

图 5-32 基于栈的多个局部符号表组织

这种符号表组织方式的不足之处在于，找到一个名字可能需要在多个不同的符号表进行搜索。例如，一个全局符号需要搜索所有的符号表。查找的代价和非局部变量的数量与作用域的嵌套深度相关。

全局符号表的组织方式是将所有作用域中的名字都集中存储到一个符号表中。这种方式的关键是实现符号表局部化和嵌套作用域。实现符号表局部化的方法是对每个作用域定义一个作用域号。每个名字都可以在符号表中出现多次，只要它们的作用域号不同。可以使用线性表、散列表、二叉树实现全局符号表。

例如，对于图 5-30 所示的程序，假设最外层的作用域的嵌套深度为 0，那么编译程序编译到第一个 begin 时，当前作用域所处的嵌套深度为 3，一个使用线性表组织的全局符号表如图 5-33 所示。其中，address 表示符号在运行时刻存储空间中的逻辑地址，因为它们和运行时刻存储管理的策略密切相关，这里暂时没有填入具体的值。在线性表组织的符号表中，实现嵌套作用域的具体方法就是把符号按其在程序中出现的顺序填入符号表中，并在查表时采用逆向从后向前进行查找。

name	...	address	type	level
A	...			0
x	...		int	1
y	...		int	1
P	...			1
k	...		real	2
f	...		real	2
i	...		int	3
j	...		int	3

图 5-33　基于线性表的全局符号表组织

对于图 5-31 所示的程序，假设 B_0 的作用域的嵌套深度为 0，如果编译程序编译到第二个语句 $x=x+y$，那么当前作用域所处的嵌套深度为 2，使用散列表组织的符号表如图 5-34 所示。因为编译器扫描到该语句时，y 已经在嵌套的作用域中重复定义了三次，所以散列函数会将其映射到相同的地址。为了保证总是引用最近的声明，将后声明的符号添加到链首。例如，$y(2)$ 指的是 B_3 作用域中的 y。

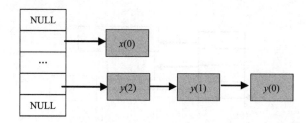

图 5-34　基于散列表的全局符号表组织

单遍编译器适合采用全局符号表的组织方式，因为编译器达到作用域末端时释放该作用域在符号表中所占的空间。反之，多遍编译器适合采用每个作用域独立符号表的形式，因为后续的某遍或者多遍处理中还要使用该符号表。

5.6 声 明

符号的属性来源于符号出现的上下文中显式或者隐式的声明，编译器通过符号表将属性和符号的名字关联起来，为程序的一致性检查和代码生成提供支持。在大多数程序设计语言中，都可以使用很多种名字，如常量、变量、过程等。虽然每一种名字和不同的属性关联，但是类型和存储信息往往是其中最重要的属性。

数据对象的存储布局和目标机的寻址方式密切相关，但是编译时可以为局部变量分配相对于过程数据区开始位置的一个偏移量 *offset*。符号的类型和相对地址保存到符号表中。假设存储区域是连续的字节块，且字节是最小的寻址单位。多字节数据被存到一片连续的空间。类型的宽度 *width* 指存储一个该类型数据所需要的存储单元数量。一个典型的声明语句对类型和相对地址的翻译如下：

$P \rightarrow \{D.offset=0\}\ D\ ;\ S$

$D \rightarrow \{D_1.offset=D.offset\}\ D_1\ ;\ \{D_2.offset=D.offset+D_1.width\}$
$\qquad\qquad\qquad D_2\ \{D.width=D_1.width+D_2.width\}$

$D \rightarrow \textbf{id}\ :\ T\ \{\text{enter}(\textbf{id}.name\ ,T.type,D.offset)\ ;\ D.width=T.width\}$

$T \rightarrow \textbf{boolean}\ \{T.type=\text{bool};\ T.width=1\}$

$T \rightarrow \textbf{char}\ \{T.type=\text{char};\ T.width=1\}$

$T \rightarrow \textbf{integer}\ \{T.type=\text{int};\ T.width=4\}$

$T \rightarrow \textbf{real}\ \{T.type=\text{real};\ T.width=8\}$

$T \rightarrow {}^{\wedge}T_1\ \{T.type=\text{pointer}(\ T_1.type\ );\ T.width=4\}$

$T \rightarrow \textbf{array}[\textbf{num}_1..\textbf{num}_2]\ \textbf{of}\ T_1\ \{T.type=\text{array}(\textbf{num}_1.val,\ \textbf{num}_2.val,\ T_1.type)\ ;$
$\qquad\qquad\qquad T.width=(\text{num}_2.val-\text{num}_1.val+1)\times T_1.width\}$

其中，enter(**id**.*name*,*T.type*,*D.offset*) 将符号表中 **id**.*name* 所对应表项的 *type* 域置为 *T.type*，*offset* 域置为 *D.offset*。另外，上面的翻译模式假设布尔型和字符型占 1 字节，整型占 4 字节，实型占 8 字节，指针占 4 字节，数组的宽度是数组元素乘单个数组单元的宽度。此外，虽然实际的数据并不一定从 0 开始分配，但是为了忽略存储分配的其他内容，过程的起始地址 *offset* 假设为 0；在此之后遇到的每一变量，根据前面的数据宽度计算出它的偏移地址，并使用 enter 函数将相关信息登记到符号表中。

句型 *b*: **real**;*c*: **boolean**;*d*:**integer**;*S* 的注释语法树如图 5-35 所示，可以看到该句型的声明为数据共分配 13 字节。

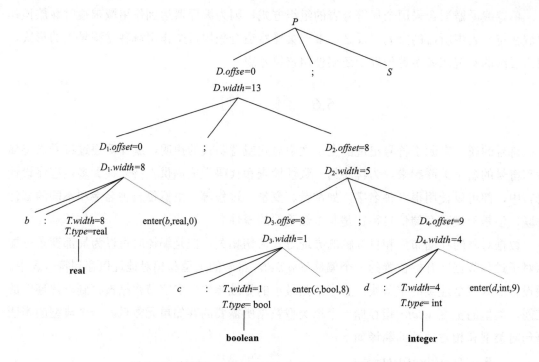

图 5-35　句型 b: **real**;c: **boolean**;d:**integer**;S 的注释语法树

5.7　类 型 检 查

类型描述一个值的集合及其属性。大多数高级语言提供一些程序预定义的类型，也提供程序员构造其他类型的方法。类型集合、描述程序行为的类型规则统称类型系统。类型系统的作用包括类型检查和辅助翻译。类型检查就是根据类型系统和类型推断对程序中的类型信息进行计算和维护，确保每一种类型出现在使它合法的上下文中，进一步达到确保程序每一部分有意义的目的。辅助翻译是根据声明信息确定运行时该符号的存储位置、类型转换等。大多数高级语言，如 Pascal 和 C，它们的类型信息都是静态的，主要在程序执行之前完成类型检查。编译器表示数据类型的方法、符号表维护类型信息的方式以及类型推断的规则都依赖于语言中可以使用的类型和使用规则。

5.7.1　类型表达式

一个语言一般可以使用若干种类型，不同类型形成一个层次结构，可以使用类型表达式来表示。类型表达式可以是基本类型、类型构造子及类型名字。基本类型和类型构造子因语言不同而不同。

1. 基本类型

基本类型是程序设计语言预定义的类型。典型的基本类型包括 bool、char、int、real、type_error 和 void。其中，bool 表示布尔型；char 表示字符型；int 表示整型；real 表示实型；type_error 表示类型检查时出现类型错误；而 void 表示无值类型，可用于语句的类型检查。

2. 类型构造子

类型构造子可以构造基本类型以外的类型，最常见的类型构造子包括数组、指针和记录（或称结构）。类型构造子可以看作一个映射，将存在的类型映射为一个新的类型。下面以常见的类型构造子为例说明这一点。

1）数组

数组构造子通过索引类型和元素类型两个要素，产生一个新的数组类型。例如，类 Pascal 语言中可以表示为

array [索引类型] of 元素类型

例如，array [0..9] of integer 定义了一个包含 10 个元素的数组，每个数组元素都是整型的。此外，可以递归定义多维数组，如 array [0..9] of array [0..9] of integer。

2）指针

指针类型的值是一个存储单元地址，该地址空间中存储了某一类型的值。指针类型可以看作整数类型，但是它不是基本类型。在 C 语言中，类型表达式 int*是整型指针构造子；对应在 Pascal 中，^integer 是整型指针构造子。

3）结构

C 语言中的结构和 Pascal 中的记录将一个名字列表和相关类型映射为新类型。记录将不同类型组合在一起，可以通过记录中的名字访问不同的元素。例如，下面是一个 C 语言的程序段：

```
struct t
{
    char name[10];
    int level;
};
struct t array[10];
```

该程序段首先定义一个记录，关联了 name、level 及其它们的类型；接着定义了一个数组，数组的基本元素是这个记录。

函数将一组值映射到另一组值上。从程序设计语言角度，函数是从一组数据类型 D 到 R 的映射，所以函数也可以看作类型构造子。此外，类、联合也是语言中经常使用的类型构造子。

3. 类型名字

具有丰富类型构造子的高级语言通常提供类型命名的方法。例如，下面的 C 语言程序段，定义了一个字符指针类型名为 PCHAR：

```
typedef char* PCHAR;
```

再如，下面的 Pascal 的程序段定义了一个 1～10 的类型名字 Ten：

```
type Ten=1..10
```

5.7.2 类型检查规则

程序的声明和类型密切相关，因为很多程序需要服从"先声明后使用"的原则。由于强制声明，每个变量都可以通过声明部分获得明确的类型信息。相比较而言，不需要声明的程序设计语言的类型推断就相对困难。

在声明处理的基础上，图 5-36 的语法制导定义展示类型推断的一般处理方法。为了描述简洁，假设过程 found_type 可将符号表中的类型信息返回。

产生式	语义规则
$E \rightarrow$ **true**	$E.type$=bool
$E \rightarrow$ **false**	$E.type$=bool
$E \rightarrow$ **num**	$E.type$=int
$E \rightarrow$ **rnum**	$E.type$=real
$E \rightarrow$ **id**	$E.type$=found_type(**id**.$name$)
$E \rightarrow E$ **op** E	$E.type$=if ($E_1.type$==**real** and $E_2.type$==**real**) **real** else if ($E_1.type$==**int** and $E_2.type$==int) **int** else type_error
$E \rightarrow E$ **rop** E	$E.type$=if ($E_1.type$==**real** and $E_2.type$==**real**) bool else if ($E_1.type$==**int** and $E_2.type$==**int**) bool else type_error
$E \rightarrow E[E]$	$E.type$=if ($E_2.type$==int and $E_1.type$==arry(S_1,S_2,t)) t else type_error
$E \rightarrow E\char94$	$E.type$=if ($E_1.type$==pointer(t)) t else type_error
$S \rightarrow$ **id**:=E	$S.type$=if (found_type(id.$name$)==$E.type$) void else type_error
$S \rightarrow$ **if** E **then** S_1	$S.type$=if ($E.type$==bool) $S_1.type$ else type_error
$S \rightarrow$ **while** E **do** S_1	$S.type$=if ($E.type$==bool) $S_1.type$ else type_error
$S \rightarrow S_1;S_2$	$S.type$=if ($S_1.type$==void and $S_2.type$ ==void) void else type_error

图 5-36   一个类型检查的语法制导定义

对于常量，编译器一般根据它们的单词推断它们的类型。例如，"true"推断为 bool 型，"12"推断为 integer 型。表达式的类型可以根据运算对象和运算符进行推断。虽然语句本身没有类型，但针对类型正确性而言，需要检查句子结构。此外，type_error 指示一个类型错误。

很显然，图 5-36 所示的语法制导定义是 S 属性的，所以对于任意的输入串，编译器仅需要对语法树进行一次遍历就可以确定每个表达式的类型以及发现违反类型规则的错误。

5.7.3 类型转换

不同数据类型的数据在计算机内的表示形式不同，而且操作的机器指令也有所不同。因此，二元运算符的两个运算对象类型不匹配时可以进行强制的类型转换。例如，对于算术运算 **op** 可以修改语义规则实现强制类型转换：

$E{\rightarrow}E_1$ **op** E_2 {$E.type$=if $(E_1.type$==real and $E_2.type$==real) real

   else if $(E_1.type$==int and $E_2.type$==int) int

   else if $(E_1.type$==real and $E_2.type$==int) real

   else if $(E_1.type$==int and $E_2.type$==real) real

   else type_error}

关系运算符 **rop** 和算术运算 **op** 类似，可以采用相似的方式实现类型转换，这里不再重复。

习　题

5.1 对于下面的语法制导定义 $G[S]$：

$S{\rightarrow}(L)$ { $S.num$=$L.num$+1}

$S{\rightarrow}a$ { $S.num$=0}

$L{\rightarrow}SR$ { $L.num$= $S.num$ + $R.num$ }

$R{\rightarrow},SR_1$ { $R.num$= $S.num$ + $R_1.num$ }

$R{\rightarrow}\varepsilon$ { $R.num$=0}

(1) 分析该语法制导定义实现的语义功能；

(2) 给出 $(a,(a))$ 的注释语法树。

5.2 对于图 5-37 所示的两个语法制导定义 $G_1[S]$ 和 $G_2[S]$，分析它们的异同。

$G_1[S]$	$S{\rightarrow}ABC$	if $(A.num$==$B.num$ and $B.num$==$C.num)$ print ('Yes') else print ('No')
	$A{\rightarrow}A_1a$	$A.num$=$A_1.num$+1
	$A{\rightarrow}a$	$A.num$=1
	$B{\rightarrow}B_1b$	$B.num$=$B_1.num$+1
	$B{\rightarrow}b$	$B.num$=1
	$C{\rightarrow}C_1c$	$C.num$=$C_1.num$+1
	$C{\rightarrow}c$	$C.num$=1
$G_2[S]$	$S{\rightarrow}ABC$	$A.in\_num$=$B.num$; $C.in\_num$=$B.num$; if $(A.num$==0 and $C.num$==0) print ('Yes') else print ('No')
	$A{\rightarrow}A_1a$	$A_1.in\_num$=$A.in\_num$; $A.num$=$A_1.num$-1
	$A{\rightarrow}a$	$A.num$=$A.in\_num$-1
	$B{\rightarrow}B_1b$	$B.num$=$B_1.num$+1
	$B{\rightarrow}b$	$B.num$=1
	$C{\rightarrow}C_1c$	$C_1.in\_num$=$C.in\_num$; $C.num$=$C_1.num$-1
	$C{\rightarrow}c$	$C.num$=$C.in\_num$-1

图 5-37 语法制导定义 $G_1[S]$ 和 $G_2[S]$

5.3 对于下面的语法制导定义 $G[P]$：

$P{\rightarrow}S$ {$S.i$=0；$print(S.num)$ }

$S{\rightarrow}(L)$ { $S.num$=$L.num$；$L.i$=$S.i$+1}

$S{\rightarrow}a$ { $S.num$= 1；$print(S.i)$ }

$L{\rightarrow}SR$ { $S.i$=$L.i$; $R.i$=$L.i$; $L.num$= $S.num$+$R.num$ }

$R\rightarrow,SR_1 \{ S.i=R.i;\ R_1.i=R.i;\ R.num= S.num + R_1.num \}$

$R\rightarrow\varepsilon \{ R.num=0\}$

(1) 判断每个属性的类型；

(2) 分析该语法制导定义实现的语义功能；

(3) 给出 $(a,(a))$ 的注释语法树；

(4) 请给出它的翻译模式。

5.4　对于下面的语法制导定义 $G[N]$：

$N\rightarrow L_1.L_2 \{N.v=L_1.v+L_2.v;\ L_1.f:=1;\ L_2.f=2^{-L2.l}\}$

$L\rightarrow L_1B \{L_1.f=2L.f;\ B.f:=L.f;\ L.v=L_1.v+B.v;\ L.l=L_1.l+1\}$

$L\rightarrow B \{L.l=1;\ L.v=B.v\ ;\ B.f=L.f\}$

$B\rightarrow0 \{B.v=0\}$

$B\rightarrow1 \{B.v=B.f\}$

(1) 分析该语法制导定义实现的语义功能；

(2) 对于 10.01，给出一个计算属性的顺序；

(3) 给出 10.01 的注释语法树。

5.5　对于下面的语法制导定义 $G[P]$：

$P\rightarrow D \{D.l=0;\ print\ (D.i)\}$

$D\rightarrow D_1 ; D_2 \{D_1.l=D.l;\ D_2.l=D.l;\ D.i=D_1.i+D_2.i\}$

$D\rightarrow \mathbf{id} : T \{D.i=1;\ print\ (\mathbf{id}.name,D.l)\}$

$D\rightarrow \mathbf{proc\ id} ; D_1;\ S \{D_1.l=D.l+1;\ D.i=D_1.i+1\}$

$T\rightarrow\varepsilon$

$S\rightarrow\varepsilon$

(1) 判断语法制导定义是否是 L 属性的，如果是请给出它的翻译模式；

(2) 分析该属性文法实现的语义功能。

5.6　对于下面的语法制导定义 $G[S]$：

$S\rightarrow(L) \{S.num=L.num\}$

$S\rightarrow a \{S.num= 1\}$

$L\rightarrow L_1,\ S \{L.num= L_1.num+S.num\}$

$L\rightarrow S \{L.num=S.num\}$

(1) 分析该语法制导定义实现的语义功能；

(2) 删除属性文法的左递归；

(3) 基于递归下降分析算法，给出自顶向下的语法制导分析程序。

5.7　对于下面属性文法 $G[N]$：

$N\rightarrow. L \{L.f=1;\ print\ (L.v)\}$

$L\rightarrow B L_1 \{B.f=L.f;\ L_1.f=L.f+1;\ L.v=L_1.v+B.v\}$

$L\rightarrow\varepsilon \{L.v=0\}$

$B{\rightarrow}0\ \{B.v{=}0\}$

$B{\rightarrow}1\ \{B.v{=}2^{-B.f}\}$

(1)给出该文法的翻译模式;

(2)基于递归下降分析算法,给出自顶向下的语法制导分析程序。

5.8 针对图 5-1 所示的属性文法 $G[S]$,利用表 4-8 所示的 LR 分析表,给出 (2+5)*2 语法分析及属性求值的移进-归约过程。

5.9 为下面的文法 $G[S]$ 设计一个语法制导定义,计算任意浮点数的数值。

$S{\rightarrow}N.\,N$

$N{\rightarrow}ND\,|\,D$

$D{\rightarrow}0\,|\,1\,|\cdots|\,9$

5.10 为下面的文法 $G[S]$ 设计一个语法制导定义,统计配对的括号数量并输出结果。

$S{\rightarrow}P$

$P{\rightarrow}(P)P\,|\,\varepsilon$

5.11 对于下面的文法 $G[S]$:

$S{\rightarrow}A$

$A{\rightarrow}aA\,|\,bA\,|\,\varepsilon$

(1)设计一个翻译模式,分别统计 a 的数量和 b 的数量,并输出最后的统计结果;

(2)设计完成自顶向下语法制导分析的程序。

5.12 为下面的文法 $G[S]$ 设计一个语法制导定义,完成 while-do 最大嵌套深度的统计并输出结果。

$S{\rightarrow}E$

$E{\rightarrow}\mathbf{while}\ E\ \mathbf{do}\ E\,|\,\mathbf{id}{:=}E\,|\,E{+}E\,|\,\mathbf{id}\,|\,(E)$

5.13 下面的属性文法 $G[B]$ 将二进制数转换成十进制数,请消除属性文法中的左递归,并给出等价的属性文法。

$B{\rightarrow}B_1\ 0\ \{B.val{=}B_1.val{\times}2\}$

$B{\rightarrow}B_1\ 1\ \{B.val{=}B_1.val{\times}2{+}1\}$

$B{\rightarrow}1\ \{B.val{=}1\}$

5.14 下面的文法 $G[E]$ 定义整型和实型常量的加法运算,设计一个语法制导定义完成类型检查。

$E{\rightarrow}E{+}T\,|\,T$

$T{\rightarrow}N.N\,|\,N$

$N{\rightarrow}ND\,|\,D$

$D{\rightarrow}0\,|\,1\,|\cdots|\,9$

5.15 下面的文法 $G[S]$ 声明整型、实型变量。设计一个语法制导定义,将每个变量名及其类型信息填入符号表,并输出共说明了多少个变量。

$S{\rightarrow}D$

$D{\rightarrow}\ \mathbf{integer\ id}\ |\ \mathbf{real\ id}\ |\ D_1.\mathbf{id}$

5.16 对下面的文法 G[S]，给出完成类型检查的翻译模式。

$S \rightarrow V := EH$

$H \rightarrow ; S \mid \varepsilon$

$E \rightarrow TR$

$R \rightarrow +TR_1 \mid \varepsilon$

$T \rightarrow d$

5.17 对下面类 Pascal 程序，如果使用全局符号表的设计，给出编译器编译到(11)行时符号表。

```
(1)   var a,b,c: interger;
(2)   procedure P ;
(3)    var s,t: integer;
(4)    procedure Q ;
(5)     var v: integer;
(6)     procedure R;
(7)      var e: integer;
(8)      begin
(9)        Q
(10)      end;
(11)     begin
(12)       if a <b then R
(13)     end;
(14)    begin
(15)     Q;
(16)     a:=1;
(17)     b:=2
(18)    end;
(19) begin
(20)   P
(21) end.
```

5.18 程序设计语言有时要求一些名字或者常量只允许出现一次。例如，下面的 C 程序：

```
int main()
{
  int i,x;
  switch(i)
    {
      case 1:x=12;break;
      case 2:x=22;break;
      case 1:x=32;break;
    }
  return 0;
}
```

在 Ubuntu16.04+gcc-5.4.0 上编译并运行，结果显示如下：

```
s1.c:8:9: error: duplicate case value
        case 1:x=32;break;
        ^
s1.c:6:9: error: previously used here
        case 1:x=12;break;
        ^
```

请给出实现唯一性检查的一般方法。

5.19 对于下面类 Pascal 程序，请分别针对静态作用域规则和动态作用域规则，分析程序
运行至(14)行时 x 的结果。

```
(1)var r,x:integer;
(2)function f;
(3)  begin
(4)    f:=r
(5)  end;
(6)function g;
(7)  var r:integer;
(8)  begin
(9)    r:=10;
(10)   g:=f
(11)  end
(12)begin
(13)  r:=20;
(14)  x:=g
(15)end.
```

5.20 某高级语言只有整型一种数据类型，可以声明常量、变量、过程和数组，过程可以
嵌套定义。该语言的一个示例程序如下：

```
(1)const a=10;
(2)var x(1:5),b;
(3)procedure p;
(4)  var a,b,z;
(5)  begin
(6)    z:=a+b
(7)  end;
(8)begin
(9)  call p;
(10)  x(2):=a
(11)end.
```

请针对该语言的特点，给出一个全局符号表的设计方案，并给出编译器编译到(8)行时
的符号表。

5.21　对于下面的类 C 程序：

```
(1) int a;
(2) int main()
(3) {
(4)   int a=1,b=2,x=3;
(5)   {
(6)     int a=4,x=5;
(7)     x=a+b;
(8)   }
(9)   {
(10)    int a=6;
(11)    x=a;
(12)  }
(13)  x=a+b;
(14)  return 0;
(15) }
```

请给出一种全局符号表的设计方案，并给出编译器运行到(11)行时的符号表。

第 6 章　中间代码生成

中间代码提供了一种介于源语言和目标语言之间的中间表示形式，使得编译器可以避开源语言和目标语言之间较大的语义跨度，有利于实现程序优化，也有利于编译器的移植。

通常，一个编译器包含多层的中间代码，其中高层中间代码驻留在前端，低层中间代码驻留在后端。高层中间代码接近于源语言，一般用于表示计算和控制流的抽象，是硬件独立的。基于高层中间代码，编译器前端负责与硬件无关的转换和优化。低层中间代码接近于目标语言，是为特定目标硬件上的优化和代码生成而设计的。基于低层中间代码，编译器后端负责特定硬件上的优化、代码生成和编译。因此，低层的中间代码应该具有足够细的粒度，以反映硬件特征并能表示特定硬件上的优化需求。

本章介绍典型的中间代码，并在此基础上讨论程序设计语言中典型语法结构的中间代码生成方法。

6.1　中间代码概述

按照代码的形式，中间代码一般可以分为线性中间代码、图式中间代码两大类。线性中间代码一般用于目标机指令和硬件资源的抽象。图式中间代码一般用于程序的计算和控制流的抽象，由边和结点组成。不同的图式中间代码的差别在于图和源语言程序之间的关系以及图的结构。图式中间代码最简单的形式就是树型中间代码。下面先介绍线性中间代码，接着在树型中间代码的基础上介绍图式中间代码。

6.1.1　线性中间代码

汇编语言就是一种线性中间代码形式，它包含多种操作的指令。用于编译器的线性中间代码一般与某个抽象机器的汇编代码相似。

1. 栈式代码

栈式代码有时也称单地址代码，它假设操作数存储在栈中，大多数操作是从栈中取操作数并将结果存入栈中。例如，减法运算的操作可以按照这样的顺序执行。第一，将第一运算对象和第二运算对象依次放入栈中；第二，对次栈顶和栈顶的运算对象进行减运算，同时将运算结果存入次栈顶。图 6-1 给出表达式 $a+b-2$ 的一个栈式代码。其中，代码的解释在对应的右侧；假设 t 为栈顶指针，s 表示数据栈，栈从低地址向高地址生长。

栈式代码	代码解释
push a	s[t]=a; t++;
push b	s[t]=b; t++;
add	t− −; s[t−1]=s[t−1]+s[t];
push 2	s[t] =2; t++;
sub	t− −; s[t−1]=s[t−1]−s[t];

图 6-1 $a+b-2$ 的一个栈式代码

栈式代码很紧凑，通过栈中隐式映射，消除了代码中的很多名字。这可以减少代码所占的空间，但是也意味着计算结果是暂时的，除非有代码将其移到存储器上。

栈式代码容易生成，也容易执行。例如，Java 使用的字节码就是一种抽象的栈式机器代码。字节码可以在目标机的解释器上执行，也可以在执行之前将其翻译成目标机代码，这也为将程序移植到新的目标代码上提供了一种解决方案。

2. 三地址代码

三地址代码就是代码中最多包含 3 个地址，典型的形式为 $x = y \text{ op } z$，即两个操作数、一个运算结果。图 6-2 给出 $A=(B+C)*(B+D)$ 的三地址代码序列。其中，T_1、T_2、T_3 表示临时变量，是中间代码生成过程中编译器生成的，可以看作隐式声明的变量。

(0)	$T_1=B+C$
(1)	$T_2= B+D$
(2)	$T_3=T_1*T_2$
(3)	$A=T_3$

图 6-2 三地址代码序列

三地址代码简单、直观且紧凑，可以很好地模拟现代处理器的三地址操作。不同的三地址代码表示的操作符集合以及抽象级别有很大不同。一般来说，三地址代码包含大部分低级操作，如跳转。本书后续会用到两种跳转代码，即无条件跳转语句 goto L 和条件跳转语句 if x rop y goto L。条件跳转表示当 x 和 y 满足关系运算 rop（如<、≤、≠、>等）时，则执行标号为 L 的语句。

3. 线性中间代码的实现

可以使用多种数据结构实现线性中间代码，但是编译器对数据结构的选择会影响各种操作的代价。

三地址代码一般使用四元式来实现，每个四元式包括四个域：一个操作符(op)，两个操作数(operand1 和 operand2)，一个结果(result)。

图 6-3 给出线性中间代码的两种典型实现方式：数组和链表。其中，一维数组是最简单的实现方式，每个数组单元是一个结构体。数组的设计方式适合存储基本块中的代码，数组方式需要编译器指定数组大小，也就是需要编译器预估一个基本块中的四元式数量。数组过大会造成空间浪费，数组太小会造成溢出或者需要编译器重新分配空间。然而，链表可以有效地避免出现这些问题。

result	op	operand1	operand2
T_1	+	B	C
T_2	+	B	D
T_3	*	T_1	T_2
A	=	T_3	

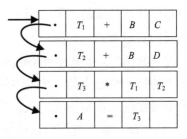

图 6-3　线性中间代码的两种典型实现方式

在多遍编译器中，可以采用不同的实现方式处理中间代码。前端致力于中间代码的生成，可以采用链表来实现。后端致力于重新安排操作，可以采用数组实现。

6.1.2　树型中间代码

树型中间代码是编译器中广泛采用的形式。语法树是面向语法的中间代码，基于文法完整派生的一种表示，主要用于语法分析和属性文法系统。然而，在其他源代码级树的应用中，编译器倾向于使用更紧凑的描述方法。

抽象语法树（Abstract Syntax Tree，AST）是保留语法树本质结构的一种紧凑形式。抽象语法树使用运算符或者操作作为根结点和内部结点，并使用操作数作为子结点。每个叶子结点代表一个词法记号。与语法树不同，抽象语法树不使用内部结点来表示语法规则，也不代表真实语法中的每个细节，所以称为"抽象"语法树。例如，算术表达式 $A*(B+C)+(B+C)/D*E$ 的抽象语法树表示如图 6-4（a）所示。

尽管抽象语法树比语法树更紧凑，但是它还是忠实于源代码的结构。在 6-4（a）所示的抽象语法树中，运算 $B+C$ 出现两次。有向无环图（Directed Acyclic Graph，DAG）是避免这种复制的 AST 缩简形式。在有向无环图中，每个结点可以有多个父结点，相同的子树被复用。这也使得 DAG 比 AST 更紧凑。$A*(B+C)+(B+C)/D*E$ 的 DAG 表示如图 6-4（b）所示，树中运算 $B+C$ 仅出现一次。

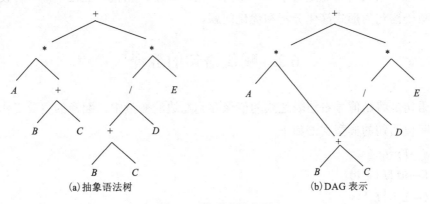

(a)抽象语法树　　　　　　　　　(b)DAG 表示

图 6-4　树型中间代码

6.1.3　图式中间代码

尽管树为分析过程发现程序的语法结构提供了一种自然的方法，但是它们的结构限制了对程序其他性质的表示。为了更好地对程序的行为进行建模，编译器通常采用图作为中间代码的表示形式。

控制流图（Control Flow Graph，CFG）简称流图，是一个表示程序控制流信息的有向图。流图中的每一个结点是一个基本块，包含总在一起执行的操作序列。控制总是从基本块的第一个操作进入该基本块，从它的最后一个操作离开。流图中的每一条边 $e(B_i,B_j)$ 表示 B_i 到 B_j 的可能转移。与面向语法的中间表示不同，流图的边并不表示语法结构。图 6-5(a) 就表示一个简单的流图。

流图一般和其他中间代码结合使用，如表达式级的抽象语法树、线性三地址代码等。这样的中间代码表示基本块内的操作。这种组合可以认为是一个混合中间代码。图 6-5(b) 所示的流图中，将三地址代码和流图相结合。每个基本块的代码表示为三地址代码形式。

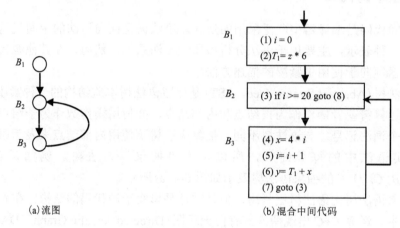

(a)流图　　　　　　　　　　　　　　　　(b)混合中间代码

图 6-5　图式中间表示

编译器的很多活动和流图相关，支持优化的分析一般开始于流图分析和流图的构建。流图实现中的一个权衡问题是每个基本块内的代码数量。在代码优化中，有时使用每个基本块只有单一语句的形式简化分析和优化问题。

6.2　赋值语句的翻译

赋值语句是将赋值号右边表达式的值保存到左边的变量中，翻译的主要工作是表达式的翻译。赋值语句的典型文法如下：

$S \rightarrow V:=E$

$V \rightarrow \textbf{id}\ [L]\ |\ \textbf{id}$

$L \rightarrow L,E\ |\ E$

$E \rightarrow E_1+E_2\ |\ E_1*E_2\ |\ -E_1\ |\ (E_1)\ |\ V$

如果以三地址代码作为中间代码，那么赋值语句翻译得到的目标代码可以看作一个字符串的属性值。为了描述语句的翻译过程和翻译得到的代码，先进行如下的说明。

（1）综合属性 $S.code$：表示语句 S 翻译得到的代码序列。

(2) 综合属性 *E.addr*：表示一个临时变量或者变量的地址。

(3) 综合属性 *V.addr*：表示一个变量的地址。

(4) **id**.*name*：表示标识符的名字，通过词法分析程序获得。

(5) 符号表 Table[]：存储声明过的符号及其属性，其中 *addr* 是符号的地址属性。

(6) 函数 found[]：在符号表中查看是否存在 **id**.*name* 对应的项，如果有则返回序号，不存在则返回 0。

(7) 函数 NewTemp()：生成一个临时变量名。

(8) 全局变量 *nextquad*：表示即将生成的下一条三地址代码的序号。

(9) 函数 gen()：每调用一次 gen()，生成一条三地址代码，且 *nextquad* 加 1。

6.2.1 简单赋值语句的翻译

首先考虑简单的赋值语句的翻译，即不包含数组的寻址和引用，它的翻译模式可以表示如下：

$S \rightarrow V:=E$ { $S.code=E.code \parallel$ gen($V.addr$ '=' $E.addr$) }

$E \rightarrow E_1+E_2$ { $E.addr=$NewTemp();
$E.code=E_1.code \parallel E_2.code \parallel$ gen($E.addr$ '=' $E_1.addr$ '+' $E_2.addr$) }

$E \rightarrow E_1*E_2$ { $E.addr=$NewTemp();
$E.code=E_1.code \parallel E_2.code \parallel$ gen($E.addr$ '='$E_1.addr$ '*' $E_2.addr$) }

$E \rightarrow -E_1$ { $E.addr=$NewTemp();
$E.code=E_1.code \parallel$ gen($E.addr$ '=' '*uminus*' $E_1.addr$) }

$E \rightarrow (E_1)$ { $E.addr=E_1.addr$; $E.code=E_1.code$ }

$E \rightarrow V$ { $E.addr=V.addr$; $E.code=$'' }

$V \rightarrow$ **id** { $p=$found(**id**.*name*) ; if ($p \neq$nil) then $V.addr=$Table[p].*addr* else error;}

按照上面的翻译模式，句型 $X:=(A+B)*C$ 的生成三地址代码序列如下：

$T_1=A+B$

$T_2=T_1*C$

$X=T_2$

且句型 $X:=(A+B)*C$ 的注释语法树如图 6-6 所示。

在上面的翻译模式中，翻译得到的代码序列通过综合属性 *S.code* 表示，并从下往上传递。为了避免通过长字符串的复制来构造更长的字符串，可以在进行语法分析的时候按顺序输出一个取值为字符串的属性的各个部分。因此，上面的翻译模式可以改写为如下形式：

$S \rightarrow V:=E$ {gen($V.addr$ '=' $E.addr$) }

$E \rightarrow E_1+E_2$ { $E.addr=$NewTemp() ; gen($E.addr$ '=' $E_1.addr$ '+' $E_2.addr$) }

$E \rightarrow E_1*E_2$ { $E.addr=$NewTemp() ; gen($E.addr$ '='$E_1.addr$ '*' $E_2.addr$) }

$E \rightarrow -E_1$ { $E.addr=$NewTemp() ; gen($E.addr$ '=' '*uminus*' $E_1.addr$) }

$E \rightarrow (E_1)$ { $E.addr=E_1.addr$ }

$E \rightarrow V$ { $E.addr=V.addr$ }

$V \rightarrow$ **id** { $p=$found(**id**.*name*) ; if ($p \neq$nil) $V.addr=$ Table[p].*addr* else error;}

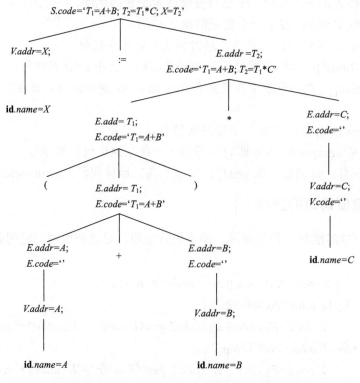

图 6-6　$X:=(A+B)*C$ 的一棵注释语法树(一)

　　按照上面改写得到的翻译模式，句型 $X:=(A+B)*C$ 翻译得到相同的三地址代码序列，但是注释语法树如图 6-7 所示。从图 6-7 可以看到，在新的翻译模式中不再需要在过程之间传递长代码序列。

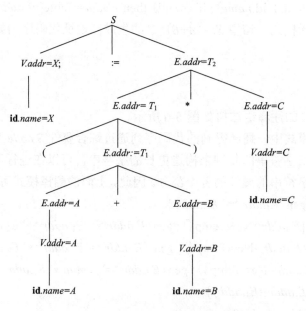

图 6-7　$X:=(A+B)*C$ 的一棵注释语法树(二)

6.2.2　数组引用的翻译

数组是高级程序设计语言中最常用的类型。为了可以快速地访问数组中的元素，往往将数组存储在一个连续的空间中。最简单的是一维数组，即第 i 个元素是第 $i+1$ 个元素的直接前驱。因此，如果已知数组的首地址以及引用数组元素下标，就可以计算出该元素的地址。

假设数组的声明为 $A[low..up]$，其中 low 和 up 分别是下界和上界。为了引用 $A[i]$，需要知道数组的起始地址 @A 和元素 i 与 low 的偏移量。每个单元宽为 w 的一维数组 A 的第 i 个单元 $A[i]$ 的地址为

$$@A+(i-low)*w \tag{6-1}$$

引用数组元素 $A[i]$ 的本质就是计算式 (6-1)，编译器可以将其翻译为下面的代码序列：

$T_1=i-low$

$T_2=T_1*w$

$T_3=@A+T_2$

最后可以将数据元素 $A[i]$ 的地址计算出来保存到 T_3 中。如果编译器知道数组的基地址 @A，那么可以先计算 @$A0$=@$A-low*w$，此时式 (6-1) 的计算可以表示为下面的代码序列：

$T_1=i*w$

$T_2=@A0+T_1$

多维数组是一维数组的扩展，但是数组单元地址的计算和数组映射到内存中的方式密切相关。因此，编译器需要在翻译之前确定如何将数组元素下标映射到存储空间中。数组映射方案一般有两种：行优先和列优先。在线性代数中，二维数组 $A[l_1..u_1,l_2..u_2]$ 就是一个矩阵，第一维是行，第二维是列。在行优先的方案中，每一行存储在连续的空间中；而在列优先方案中，每一列存储在连续的空间内。

下面以行优先方案为例解释数组单元的访问。假设多维数组 $A[l_1..u_1,l_2..u_2,\cdots,l_n..u_n]$ 的每个单元宽为 w，$A[i_1,i_2,\cdots,i_n]$ 的地址可以用下面的公式进行计算：

$$@A+\sum_{j=1}^{n-1}(i_j-l_j)\prod_{k=j+1}^{n}(u_k-l_k+1)\times w+(i_n-l_n)\times w \tag{6-2}$$

和一维数组类似，可以对式 (6-2) 进行变换，把编译时可以确定的信息先计算出来。如果用 d_k 表示数组第 k 维的上下界差，即 $d_k=u_k-l_k+1$，则式 (6-2) 可以表示为

$$@A-\left(\sum_{j=1}^{n-1}l_j\prod_{k=j+1}^{n}d_k+l_n\right)\times w+\left(\sum_{j=1}^{n-1}i_j\prod_{k=j+1}^{n}d_k+i_n\right)\times w \tag{6-3}$$

式中，$\left(\sum_{j=1}^{n-1}l_j\prod_{k=j+1}^{n}d_k+l_n\right)\times w$ 与数组引用的下标无关，记为 C，那么 @$A0$=@$A-C$；

$\left(\sum_{j=1}^{n-1}i_j\prod_{k=j+1}^{n}d_k+i_n\right)\times w$ 与数组引用的下标有关，记为 $VARPART$。因为数组的维数不同，需要存储的信息不同，通常会将有关信息记录在一个内存区域中，称为内情向量，如图 6-8 所示。内情向量将各个不变量，包括上下界、@$A0$、C 等存在表中。对于静态数组，内情向量可放在符号表中，对于可变数组，运行时才能建立相应的内情向量。

l_1	u_1	d_1
l_2	u_2	d_2
...	...	...
n	@A0	C

图 6-8　数组的内情向量

经过上述的处理，在引用数组元素时地址映射的关键就在于计算 *VARPART*。为了减少计算中的乘法运算次数，将 *VARPART* 改为

$$((\cdots(i_1 \times d_2 + i_2) \times d_3 + i_3) \times d_4 + \cdots + i_{n-1}) \times d_n + i_n) \times w \qquad (6\text{-}4)$$

例如，对于二维数组 $A[1..5,2..4]$，每个单元的宽度是 w，$A[i,j]$ 的地址计算如下：

$$@A+(i-1) \times (4-2+1) \times w + (j-2) \times w = (@A - (3+2) \times w) + (i \times 3 + j) \times w$$
$$= @A0 + (i \times 3 + j) \times w$$

根据上面的分析，数组引用需要依次根据下标计算。为了方便，把赋值语句文法中的产生式 $V \rightarrow \mathbf{id}\ [L]$ 和 $L \rightarrow L, E \mid E$ 改为如下：

$$V \rightarrow \mathbf{id}\ [L$$
$$L \rightarrow E, L \mid E]$$

数组单元引用的赋值语句的语法制导定义如图 6-9 所示。其中，access_base(*array*,*k*)返回符号表中 *array* 项的内情向量表中的@A0，access_d(*array*, *k*) 返回符号表中 *array* 项的内情向量表中第 *k* 维的界差 d_k；access_width(*array*) 返回符号表中 *array* 项中每个单元的宽度；**id**.*form* 是标识符的种类，用于区分普通的变量和数组变量；*L.no* 是继承属性，用来保存数组在符号表中的表项；*L.dim* 是继承属性，用来保存需要读取界差的维数；*L.var* 是继承属性，用来计算数组的 *VARPART*；*L.addr* 是综合属性，用来保存数组单元计算得到的地址；*V.addr* 是综合属性，接收 *L.addr* 的值。此外，算术表达式的语义动作和简单赋值语句是完全一样的，这里就不再重复。

产生式	语义规则

$V \rightarrow \mathbf{id}\ [L$	*p*=found(**id**.*name*);
	if (*p*≠nil) {
	　　if (**id**.*form*==*array*) { *L.no*=*p*; *L.dim*=1; *L.var*=0; *V.addr*=*L.addr*};
	}else error;

$L \rightarrow E, L_1$	L_1.*dim*=*L.dim*+1; L_1.*no*= L_1.*no*;
	d=access_d(L_1.*no*, *L.dim*);
	L_1.*var*=NewTemp();
	if (*L.var*==0) { gen(L_1.*var*'=' *E.addr* '*'*d*); }
	　　　　else { *T*=NewTemp(); gen(*T* '=' *L.var* '+'*E.addr*); gen(L_1.*var*'=' *T* '*'*d*) }
	L.addr=L_1.*addr*

$L \rightarrow E]$	*S*= NewTemp();*T*= NewTemp(); If (*L.var*==0) {gen(*T*'=' *E.addr*'*' access_ width (*L.no*))} 　　　　else{gen(*S*'='*L.var*'+' *E.addr*); gen(*T*'=' *S*'*' access_ width (*L.no*));} *L.addr*= NewTemp(); gen(*L.addr*'=' access_base(*L.no*) '+'*T*)

图 6-9　数组单元引用的语法制导定义

对于赋值语句 $X:=A[i,j]$，嵌入语义动作的注释语法树如图 6-10 所示，翻译结束得到如下的代码序列：

$T_1=i*d_2$

$T_2=T_1+j$

$T_3=T_2*w$

$T_4=@A_0+T_3$

$X=T_4$

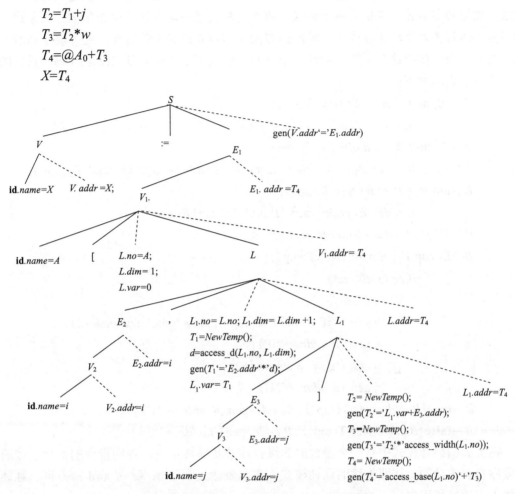

图 6-10　嵌入语义动作到 $X:=A[i,j]$ 的语法树

6.3　布尔表达式的翻译

布尔表达式是由布尔运算符和布尔运算对象按照一定的规则组成的表达式。布尔运算符一般包括 not、and 和 or 三种。布尔运算对象可以是关系表达式。关系表达式一般形式为 E rop E，其中的 E 是算术表达式。算术表达式的翻译在 6.2 节中已经详细讨论过，所以本节着重讨论如下文法定义的布尔表达式的翻译。

$B \to B_1$ or $B_2 \mid B_1$ and $B_2 \mid$ not $B_1 \mid (B_1) \mid E_1$ rop $E_2 \mid$ true $\mid$ false

在布尔表达式中，约定运算是左结合，且优先级按照 not、and、or 的顺序降低。一般习惯用 1 表示真(true)，用 0 表示假(false)。实现布尔表达式的翻译可以有两种方式。第一种方式是按照算术表达式的翻译思路，直接计算每一个布尔运算的值。第二种方式是利用控制流进行翻译。

6.3.1　直接对布尔表达式求值

采用算术表达式翻译的思路，按照优先顺序依次对布尔运算进行求值是最直接的翻译方法。如果布尔运算对象是关系表达式，那么先将关系表达式计算出布尔值。关系运算的结果需要进行关系比较才能确定，同时需要两条确定 0 或者 1 的语句，此外取 1 和取 0 只能二选一，所以按照这个思想，翻译每个关系表达式至少需要 4 条三地址代码。具体的翻译模式可以表示如下：

$B \rightarrow B_1$ **or** B_2 {$B.addr$=NewTemp ();

　　　$B.code$=$B_1.code$ || $B_2.code$ || gen ($B.addr$ '=' $B_1.addr$ 'or' $B_2.addr$) }

$B \rightarrow B_1$ **and** B_2 { $B.addr$=NewTemp ();

　　　$B.code$= $B_1.code$ || $B_2.code$ || gen ($B.addr$ '=' $B_1.addr$ 'and' $B_2.addr$) }

$B \rightarrow$ **not** B_1 { $B.addr$=NewTemp ();

　　　$B.code$= $B_1.code$ || gen ($B.addr$ '=' 'not' $B_1.addr$) }

$B \rightarrow (B_1)$ { $B.addr$= $B_1.addr$; $B.code$= $B_1.code$ }

$B \rightarrow E_1$ **rop** E_2 { $B.addr$=NewTemp ();

　　　$B.code$=$E_1.code$

　　　　|| $E_2.code$

　　　　|| gen ('if' $E_1.addr$ rop.op $E_2.addr$ 'goto' $nextquad$+3) ;

　　　　|| gen ($B.addr$ '=' '0') ;

　　　　|| gen ('goto' $nextquad$+2) ;

　　　　|| gen ($B.addr$ '=' '1') }

$B \rightarrow$ **true** { $B.addr$=NewTemp (); $B.code$=gen ($B.addr$ '=' '1') }

$B \rightarrow$ **false** { $B.addr$=NewTemp (); $B.code$=gen ($B.addr$ '=' '0') }

在上面的翻译模式中有一个隐含的假设：除非是跳转指令，否则指令的执行是按照代码顺序自然流动的。按照上述的翻译模式，布尔表达式 $a<b$ **or** $(c>d$ **and** $e>f)$ 可以翻译得到如下三地址代码序列：

```
(0) if a<b goto (3)
(1) T₁=0
(2) goto (4)
(3) T₁=1
(4) if c>d goto (7)
(5) T₂=0
(6) goto (8)
(7) T₂=1
(8) if e>f goto(11)
(9) T₃=0
(10) goto (12)
(11) T₃=1
(12) T₄=T₂ and T₃
(13) T₅=T₁ or T₄
```

为了得到 $a<b$ or $(c>d$ and $e>f)$ 的值，上述的翻译将运行 14 条指令中至少 9 条指令。而事实上，布尔表达式的运算结果只有两个，即真和假。在 $a<b$ or $(c>d$ and $e>f)$ 中如果满足 $a<b$，则该表达式的值为 1，也就是说无论 $c>d$ and $e>f$ 的结果如何，都没有必要再计算它的值。因此，布尔表达式的翻译可以得到更为简洁和高效的代码。

6.3.2　通过控制流翻译布尔表达式

布尔表达式往往出现在控制结构 if-then、if-then-else 和 while-do 中，用来改变控制流。控制结构中的布尔表达式并不需要将布尔表达式的值存储在一个变量中，只要能够根据布尔表达式的值完成程序流的转移就可以。因此，布尔表达式可以直接使用跳转指令进行求值，并翻译为三地址指令。

例如，$a<b$ 可以翻译为如下的两条指令：

if $a<b$ goto $B.true$
goto $B.false$

其中，条件跳转完成关系比较且表示条件为真时进行转移，无条件跳转表示条件为假时进行转移，跳转的目标表示为 $B.true$ 或者 $B.false$。

这样设计的难点问题是生成跳转指令时，跳转指令的跳转目标可能还没有生成。得到完整指令的最简单的方法就是两遍扫描。显然，这样执行的效率会比较低。如果只进行一遍扫描，那么就需要将不完整的指令记录下来，待将来跳转目标出现时再进行回填。因为布尔表达式为真或为假时跳转的目标地址不同，所以在保存待回填的代码时，可以根据跳转的目标地址进行分类保存。最简单的方法就是用一个链表保存所有跳转到同一目标地址的指令。为了描述布尔表达式的翻译模式，引入下面的语义属性和语义函数。

(1) $B.truelist$：称为真链，链表中的元素是一系列跳转语句的地址，这些跳转语句的目标是布尔表达式 B 为真时将执行的目标指令的地址。

(2) $B.falselist$：称为假链，链表中的元素是一系列跳转语句的地址，这些跳转语句的目标是布尔表达式 B 为假时将执行的目标指令的地址。

(3) merge (p_1,p_2)：合并两个链表 p_1 和 p_2，返回结果链表。

(4) backpatch (p,i)：将链表 p 中每个四元式中跳转的目标都置为 i。

下面给出布尔表达式的翻译模式：

$B \rightarrow B_1$ **or** {backpatch $(B_1.falselist,nextquad)$ }
　　　　B_2{$B.truelist$=merge $(B_1.truelist, B_2.truelist)$; $B.falselist$=$B_2.falselist$}

$B \rightarrow B_1$ **and** {backpatch $(B_1.truelist,nextquad)$ }
　　　　B_2{$B.falselist$=merge $(B_1.falselist, B_2.falselist)$; $B.truelist$=$B_2.truelist$}

$B \rightarrow$ **not** B_1{$B.truelist$=$B_1.falselist$; $B.falselist$=$B_1.truelist$}

$B \rightarrow (B_1)$ {$B.truelist$=$B_1.truelist$; $B.falselist$=$B_1.falselist$}

$B \rightarrow E_1$ **rop** E_2 {$B.truelist$=$nextquad$; $B.falselist$=$nextquad$+1;
　　　　gen ('if' $E_1.addr$ rop.op $E_2.addr$ 'goto _');
　　　　gen ('goto _') }

$B \rightarrow$ **true**{ $B.truelist$=$nextquad$; gen ('goto _') }

$B \rightarrow$ **false**{ $B.falselist$=$nextquad$; gen ('goto _') }

在上面的翻译模式中，看到 **or** 运算符时，说明 **or** 的第一运算对象为假，必须继续考察第二运算对象的真假情况，也就是说，一旦看到 **or** 运算符，说明表示第一运算对象为假的代码，它们跳转的目标就是 **or** 之后的第一条指令，也就是即将生成的下一条三地址代码，即 *nextquad*。因为 *nextquad* 会随着 gen()函数的调用不断改变，因此如果不保留当前的 *nextquad*，那么必须在看到 **or** 的时刻回填假链，即 backpatch(B_1.*falselist*,*nextquad*) 必须紧跟在 **or** 之后。同理，**and** 运算符的情况和 **or** 类似，区别仅仅在于此时应该回填第一运算对象的真链。因为语义动作 backpatch(B_1.*falselist*,*nextquad*) 出现在产生式的中间，所以该语法制导定义仅是一个 L 属性的定义。

按照上述的翻译模式，布尔表达式 *a<b* **or** (*c>d* **and** *e>f*) 的注释语法树以及真假链如图 6-11 所示，翻译得到的三地址代码序列如下：

```
(0)  if a<b goto B.true
(1)  goto (2)
(2)  if c>d goto (4)
(3)  goto B.false
(4)  if e>f goto B.true
(5)  goto B.false
```

其中，*B.true* 和 *B.flase* 分别表示布尔表达为真和为假时的跳转目标。

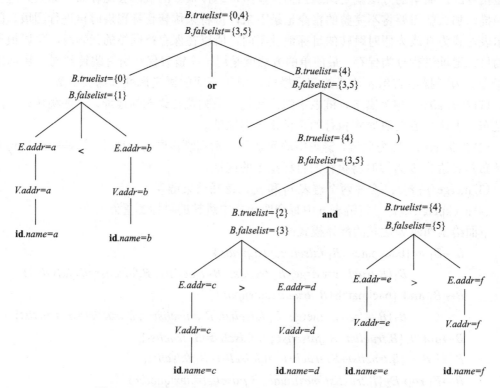

图 6-11　L 属性定义下 *a<b* **or** (*c>d* **and** *e>f*) 的注释语法树

值得注意的是，上面方法生成的代码并不是最优的。例如，goto (2) 是一条冗余指令，因为它的目标就是下一条指令。当然，代码优化中的窥孔优化可以比较容易地发现这样的问题，并进行优化。

如果在看到 **or** 的时刻，将当前的 *nextquad* 记录下来，那么回填第一运算对象的假链的时机就可以延迟，即 backpatch（B_1.*falselist,nextquad*）就可以挪到产生式的末尾。**and** 运算也可以采取同样的处理方式。因此，在文法中 **or** 和 **and** 之后增加非终结符标记位置，并通过它们的综合属性保存当前的 *nextquad*。经过上述的处理，布尔表达式的 L 属性的翻译模式就可以转换成为下面的 S 属性的定义：

$B \rightarrow B_1$ **or** M B_2 {backpatch（B_1.*falselist,M.gotostm*）；
　　　　　　B.*truelist*=merge（B_1.*truelist, B_2.truelist*）；
　　　　　　B.*falselist*=B_2.*falselist*}

$B \rightarrow B_1$ **and** M B_2 {backpatch（B_1.*truelist,M.gotostm*）；
　　　　　　B.*falselist*=merge（B_1.*falselist, B_2.falselist*）；
　　　　　　B.*truelist*=B_2.*truelist*}

$B \rightarrow$ **not** B_1{B.*truelist*=B_1.*falselist*；B.*falselist*=B_1.*truelist*}

$B \rightarrow$（B_1）{B.*truelist*=B_1.*truelist*；B.*falselist*=B_1.*falselist*}

$B \rightarrow E_1$ **rop** E_2{ B.*truelist*=*nextquad*；
　　　　　　B.*falselist*=*nextquad*+1；
　　　　　　gen（'if' E_1.addr rop.op E_2.addr 'goto _'）；
　　　　　　gen（'goto _'）}

$B \rightarrow$ **true** {B.*truelist*=*nextquad*; gen（'goto _'）}

$B \rightarrow$ **false** {B.*falselist*=*nextquad*; gen（'goto _'）}

$M \rightarrow \varepsilon$ {M.*gotostm*=*nextquad*}

使用 S 属性的语法制导定义翻译布尔表达式 $a<b$ **or** （$c>d$ **and** $e=f$）得到的三地址代码序列与 L 属性定义的翻译结果一致，对应的注释语法树以及真假链如图 6-12 所示。在翻译过程中，两者的区别在于回填的时机不同，相对于 L 属性的定义，S 属性定义的回填将被延迟。另外，从语法分析的角度，引入 ε 产生式将增加移进-归约冲突的可能。

如果布尔表达式是赋值语句中赋值号的右部，如 $X:=a<b$ **or** （$c>d$ **and** $e>f$），可以翻译为如下三地址代码序列：

```
(0)  if a<b goto (6)
(1)  goto (2)
(2)  if c>d goto (4)
(3)  goto (8)
(4)  if e>f goto (6)
(5)  goto (8)
(6)  T₁=1
(7)  goto S.next
(8)  T₁=0
```

在上面的 9 条代码中，还有一条代码是不完整的代码，在确定赋值语句的上下文时可以确定该代码的目标。

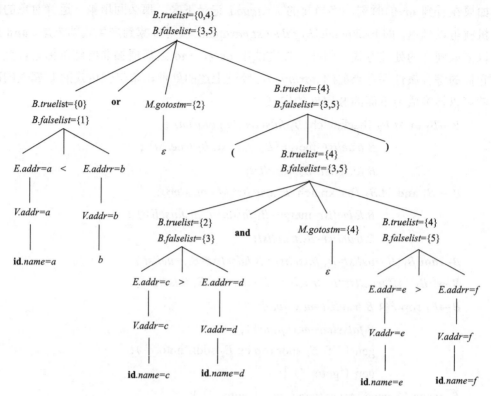

图 6-12　S 属性定义下 *a<b* **or**（*c>d* **and** *e>f*）的注释语法树

6.4　典型控制结构的翻译

顺序、分支、循环是结构化程序设计的三种基本结构，它们的结构可用如下的文法描述：

$$S \rightarrow \textbf{if } B \textbf{ then } S$$
$$\mid \textbf{if } B \textbf{ then } S \textbf{ else } S$$
$$\mid \textbf{while } B \textbf{ do } S$$
$$\mid \textbf{begin } L \textbf{ end}$$
$$\mid A$$
$$L \rightarrow L; S$$
$$\mid S$$

非终结符 *S*、*L*、*A*、*B* 分别表示语句、语句串、赋值语句和布尔表达式。按照布尔表达式中回填的翻译思想，控制结构同样可以得到一遍翻译的翻译模式。除了为 *B* 引入 *B.truelist* 和 *B.falselist* 外，还为文法符号 *S* 引入 *nextlist* 属性保存那些将要跳出 *S* 的条件代码和无条件代码，一旦确定了 *S* 之后要执行的代码，就用它回填 *S.nextlist* 中的所有跳转指令的目标。控制流的翻译模式可以表示如下：

$$S \rightarrow \textbf{if } B \textbf{ then } \{\text{backpatch}(B.truelist, nextquad)\} S_1$$
$$\{S.nextlist = \text{merge}(B.falselist, S_1.nextlist)\}$$

$S \rightarrow$ **if** B **then** $\{\text{backpatch}(B.truelist, nextquad)\} S_1$

$\qquad\qquad \{lab=nextquad;\ \text{gen}(\text{'goto \_'})\}$ **else** $\{\text{backpatch}(B.falselist, nextquad)\} S_2$

$\qquad\qquad \{S.nextlist=\text{merge}(lab, \text{merge}(S_1.nextlist, S_2.nextlist))\}$

$S \rightarrow$ **while** $\{lab=nextquad\}\ B$ **do** $\{\text{backpatch}(B.truelist, nextquad)\} S_1$

$\qquad\qquad \{\text{backpatch}(S_1.nextlist, lab);$

$\qquad\qquad S.nextlist=B.falselist;$

$\qquad\qquad \text{gen}(\text{'goto'}, lab)\}$

$S \rightarrow$ **begin** L **end** $\{S.nextlist=L.nextlist\}$

$S \rightarrow A\ \{S.nextlist=\text{nil}\}$

$L \rightarrow L_1;\ \{\text{backpatch}(L_1.nextlist, nextquad)\}\ S\ \{L.nextlist=S.nextlist\}$

$L \rightarrow S\ \{L.nextlist=S.nextlist\}$

按照上面的文法以及语义动作，加上前面关于赋值语句和布尔表达式的翻译模式，语句 **while** $a{<}b$ **do if** $c{>}d$ **then** $x{:=}y{+}z$ 的注释语法树如图 6-13 所示，翻译得到如下的三地址代码序列：

```
(0)  if a<b goto (2)
(1)  goto S.next
(2)  if c>d goto (4)
(3)  goto (0)
(4)  T1=y+z
(5)  x=T1
(6)  goto (0)
```

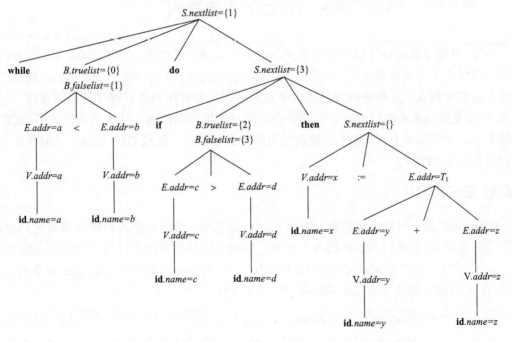

图 6-13　　**while** $a{<}b$ **do if** $c{>}d$ **then** $x{:=}y{+}z$ 的注释语法树

在得到的代码中，可以看到第二条指令是不完整的指令，它的目标待回填。从注释语法树可以看到，根结点的属性 $S.nextlist=\{1\}$。也就是说，需要看到 **while** $a<b$ **do if** $c>d$ **then** $x:=y+z$ 的上下文才能确定该指令的目标。

上面的翻译模式是 L 属性的，因为产生式中嵌入了语义动作。为了将这些内嵌的语义规则移到产生式末尾，可以将翻译模式改为如下 S 属性的定义：

$S\to$**if** B **then** MS_1 {backpatch$(B.truelist, M.gotostm)$；
　　　$S.nextlist=$merge$(B.falselist, S_1.nextlist)$ }

$S\to$**if** B **then** M_1S_1N **else** M_2S_2 {backpatch$(B.truelist, M_1.gotostm)$；
　　　backpatch$(B.falselist, M_2.gotostm)$；
　　　$S.nextlist=$merge$(S_1.nextlist,$merge$(N.nextlist, S_2.nextlist))$ }

$M\to\varepsilon$ {$M.gotostm=nextquad$}

$N\to\varepsilon$ {$N.nextlist=nextquad$; gen('goto _') }

$S\to$**while** M_1B **do** M_2S_1 {backpatch$(S_1.nextlist, M_1.gotostm)$；
　　　backpatch$(B.truelist, M_2.gotostm)$；
　　　$S.nextlist=B.falselist$;
　　　gen('goto', $M_1.gotostm$) }

$S\to$**begin** L **end** {$S.nextlist=L.nextlist$}

$S\to A$ {$S.nextlist=$nil}

$L\to L_1;M S$ {backpatch$(L_1.nextlist, M.gotostm)$；$L.nextlist=S.nextlist$}

$L\to S$ {$L.nextlist=S.nextlist$ }

6.5　GCC 的中间代码

GCC 是编译系统设计最典型的范例，也是学习编译系统最生动的实例。GCC 围绕一组精心设计的中间表示形式进行组织，每一遍扫描将源程序或一种中间表示形式转换成另一种中间表示形式。这些中间表示形式不仅降低了从源程序到目标程序转换的难度，也使 GCC 能够支持众多的编程语言，也支持众多的目标机体系结构，从而大大提高了 GCC 的可移植性。本节简单介绍 GCC 三种典型的中间表示形式，包括 GENERIC、GMPLE 和寄存器转移语言(RTL)。

6.5.1　GENERIC

GENERIC 是一种抽象语法树，将经过 GCC 词法和语法分析的源程序抽象为树型表示。实际上它也是 GCC 的符号表，因为变量名、类型等这些信息都通过该中间表示关联起来。

GCC 以文本方式记录源程序的 GENERIC，在 Ubuntu 上使用下面的 gcc 命令对 test.c 程序(图 1-1)进行编译可以生成 GENERIC 中间文件。

```
$ gcc -fdump-tree-original-raw test.c
```

图 1-1 所示 C 程序经过 gcc-5.4.0 编译得到 GENERIC 中间文件,图 6-14 显示部分内容。其中，@开头字段表示树结点编号，每个结点存储一些基本描述信息，包括结点的标识、

类型、名称、操作数等。例如，常见的标识包括表示赋值的 modify_expr、表示标识符的 identifier_node、表示加法运算符的 plus_expr、表示变量详细定义的 var_decl。一般来说，*_type 是类型说明结点，*_decl 是声明结点，*_cst 是常量结点，*_expr 是表达式结点，等等。另外，不同类型的结点需要存储的信息不完全相同，例如，对于 identifier_node 的结点，字段 strg 存储的是标识符的名字，字段 lngt 存储该名字字符串的长度，对于 modify_expr 的结点，需要储存的是表达式的类型信息，以及两个操作数的信息。

```
...
@9      identifier_node     strg: a          lngt: 1
@10     integer_type        name: @21        size: @13      algn: 32      rec: 32
                            sign: signed     min : @22      max : @23
@11     function_decl                        name: @24      type: @25     srcp: test.c:2
                            link: extern
@12     integer_cst         type: @10        int: 2
@13     integer_cst         type: @26        int: 32

@14     decl_expr           type: @4
@15     decl_expr           type: @4
@16     modify_expr         type: @10        op 0: @27      op 1: @28
@17     return_expr         type: @4         expr: @29
...
```

图 6-14　GENERIC 中间文件，C 程序在图 1-1 中

GENERIC 中间文件中结点之间的关系不直观，通过对文本信息预处理，可以采用图形可视化工具将其转化成图，直观地表示出结点以及它们之间的相互关系。图 6-15 直观展示 test.c（图 1-1）翻译得到的 GENERIC 中间文件中与语句 sum=a+b 相关的部分结点及其信息。

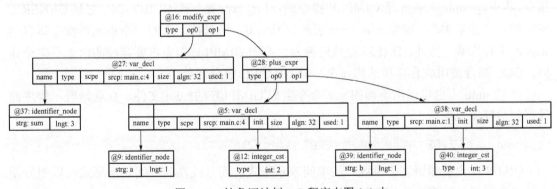

图 6-15　抽象语法树，C 程序在图 1-1 中

GENERIC 是一种树型结构，其结点属性较多，而且包含详细的功能信息。这种树型的结构不利于对编译后续阶段提供有效的支持，如编译优化等。

6.5.2 GIMPLE

GIMPLE 是一种控制流图，引入临时变量并通过线性形式表示。GIMPLE 控制流图由基本块组成。每个基本块包含若干 GIMPLE 指令，使用一个多元组来表示。

在 Ubuntu 上使用下面的 gcc 命令对 test.c 程序(图 1-1)进行编译可以生成 GIMPLE 中间文件:

```
$ gcc -fdump-tree-gimple-raw test.c
```

test.c 的 GIMPLE 中间文件如图 6-16 所示。

```
main ()
gimple_bind <
  int b.0;
  int D.1837;

  gimple_bind <
    int a;
    int sum;

    gimple_assign <integer_cst, a, 2, NULL, NULL>
    gimple_assign <var_decl, b.0, b, NULL, NULL>
    gimple_assign <plus_expr, sum, a, b.0, NULL>
    gimple_assign <integer_cst, D.1837, 0, NULL, NULL>
    gimple_return <D.1837 NULL>
  >

  gimple_assign <integer_cst, D.1837, 0, NULL, NULL>
  gimple_return <D.1837 NULL>
>
```

图 6-16   GIMPLE 中间文件，C 程序在图 1-1 中

从图 6-16 中可以看到，GIMPLE 中间文件包含若干 GIMPLE 指令，每条指令由一个指令码说明的多元组组成。例如，gimple_assign <plus_expr,sum,a,b.0,NULL>是一条 GIMPLE 指令，其中，gimple_assign 是 GIMPLE 指令码；plus_expr 是一个 SUBCODE，它是 GENERIC 树中的一个结点类型。因为 plus_expr 表示二元运算，所以接下来的三个单元依次是运算结果和两个操作数。另外，D.1837 是临时变量。不同 GIMPLE 指令需要存储的信息不完全相同，GCC 综合使用联合体和结构体来存储 GIMPLE 指令信息。

在 Ubuntu 上也可以用下面的 gcc 命令生成 GIMPLE 的*.dot 文件，直观地展示程序翻译得到的控制流图:

```
$ gcc -fdump-tree-all-graph-raw test.c
```

GIMPLE 为前端语言提供统一的中间表示形式，而且线性的中间表示形式可以更方便有效地进行后续的编译优化和翻译。

6.5.3 RTL

为了完成从 GIMPLE 转换成与机器相关的汇编语言，GCC 引入寄存器转移语言(RTL)。RTL 是一种函数式语言，由表达式和对象构成。其中，对象指的是寄存器、内存和值(常数或者表达式的值)，表达式就是对对象和子表达式的操作。RTL 对象和操作组成 RTL 表达式，子表达式加上操作组成复合 RTL 表达式。每一条 RTL 指令都有一个 RTL 码，例如，

insn 表示无跳转的非函数调用的指令，jump_insn 表示跳转指令等。所有的 insn 使用双向链表链接起来。

在 Ubuntu 上使用下面的 gcc 命令对 test.c 程序（图 1-1）进行编译可以生成文本方式 RTL 中间文件：

```
$ gcc -fdump-rtl-all test.c
```

test.c 经过编译生成的部分 RTL 如图 6-17 所示。其中，第一条 RTL 指令描述了该 RTL 指令的 insn_UID 为 5，双向链表中前驱的 insn_UID 为 2，后继为 6，该指令属于基本块 2；将常量 2 放入内存，内存的地址以 82 号寄存器为基地址，偏移地址为−8；对应 test.c 的第 4 行；在机器描述文件中的指令模板索引为−1，表示未完成指令模板的匹配操作。

```
...
(insn 5 2 6 2 (set (mem/c:SI (plus:DI (reg/f:DI 82 virtual-stack-vars)
                (const_int −8 [0xfffffffffffffff8])) [0 a+0 S4 A32])
        (const_int 2 [0x2])) test.c:4 −1
    (nil))
(insn 6 5 10 2 (set (reg:SI 87 [ D.1840 ])
        (mem/c:SI (symbol_ref:DI ("b") [flags 0x2]  <var_decl 0x7f13ef9cfc60 b>) [0 b+0 S4 A32])) test.c:5 -1
    (nil))
(insn 10 6 11 2 (set (reg:SI 93)
        (mem/c:SI (plus:DI (reg/f:DI 82 virtual-stack-vars)
                (const_int −8 [0xfffffffffffffff8])) [0 a+0 S4 A32])) test.c:5 −1
    (nil))
...
```

图 6-17　RTL 示例，C 程序在图 1-1 中

从上面的例子可以直观地看到，RTL 是一种线性中间代码，可以将操作数的长度、对齐、操作的类型、副作用等信息表述出来，具有适合地址计算和优化的优势。若 GIMPLE 的重点在于控制流和数据流这种逻辑结构，则 RTL 的重点就在于数据和控制的精确描述。

习　题

6.1　对于表达式 $(x+y)-(x+y)*z+(x-y)/z$，请分别给出下面的中间代码。

(1) 三地址代码；

(2) 抽象语法树；

(3) DAG 表示。

6.2　请将下面的语句翻译成三地址代码。

while $A<B$ and $C>D$ do

  begin

    If $E=F$ then $Y:=X+Z$

        else if $E>F$ then $Y:=Y+Z$;

    $X:=Y$

  end

6.3 对下面的文法 G[S]，给出生成三地址代码的翻译模式。

$S \rightarrow E$

$E \rightarrow TR$

$R \rightarrow +TR \mid \varepsilon$

$T \rightarrow FP$

$P \rightarrow *FP \mid \varepsilon$

$F \rightarrow (E) \mid d$

6.4 图 6-18 所示的是一个 C 函数以及在 Ubuntu16.04+gcc-5.4.0 上编译生成的汇编代码，请分析该编译器对布尔表达式采用的翻译策略。

```
int main()                          main:
{                                       pushq %rbp
    int a,b,c,d,e,f,x;                  movq %rsp,%rbp
    if (a<b || (c>d && e==f))           movl  −28(%rbp),%eax    ;将a放到%eax
        x=1;                            cmpl  −24(%rbp),%eax    ;比较a和b
    else                                jl    .L2
        x=0;                            movl  −20(%rbp),%eax    ;将c放到%eax
    return 0;                           cmpl  −16(%rbp),%eax    ;比较c和d
}                                       jle   .L3
                                        movl  −12(%rbp),%eax    ;将e放到%eax
                                        cmpl  −8(%rbp),%eax     ;比较e和f
                                        jne   .L3
                                    .L2:
                                        movl  $1,−4(%rbp)
                                        jmp   .L4
                                    .L3:
                                        movl  $0,−4(%rbp)
                                    .L4:
                                        movl  $0,%eax
                                        popq  %rbp
                                        ret
```

图 6-18   一个 C 函数及其汇编代码

6.5 图 6-19 所示的是一个包含 do while 语句的 C 程序，以及在 Ubuntu16.04+gcc-5.4.0 上编译生成的汇编代码。请分析汇编代码的翻译特点，并给出句型 do S while 控制流构造的语法制导定义。

```
int main()                          pushq %rbp
{                                   movq %rsp,%rbp
    int a,b,x;                      .L2:
    do{                                 addl  $1,−12(%rbp)
        x=x+1;                          movl  −8(%rbp),%eax
    }while (a<b);                       cmpl  −4(%rbp),%eax
return 0;                               jl    .L2
}                                       movl  $0,%eax
                                        popq  %rbp
                                        ret
```

图 6-19   包含 do while 语句的 C 程序及其汇编代码

第 7 章 运行时刻环境

编译程序最终的目的是将源程序翻译成等价的目标程序。为了支持程序在目标机上运行，编译器必须准确地实现源程序中的各种抽象概念，包括名字、作用域、数据类型、过程、参数、控制流等。因为编译器只能间接地维护运行时刻环境，所以编译程序需要和操作系统以及相关的系统软件协作，将程序和运行时的活动联系起来，决定程序运行时的大部分内存布局，并生成创建和管理程序运行时刻环境所需的代码。对于编译程序来说，运行时刻环境的创建和管理是一个复杂而又十分重要的问题。本章主要集中讨论运行时刻环境的存储组织、活动记录、基于栈的过程管理、非局部变量的访问；最后以 GCC 为例，分析函数调用和返回的实现。

7.1 存 储 组 织

7.1.1 程序运行时的内存映像

从编译的角度来看，目标程序运行在一个虚拟的存储空间，每个程序值都映射到这个存储空间的一个单元。虚拟储存空间的管理由编译器、操作系统和目标机交互、协作完成。这个虚拟存储空间由一些准确定义的区域组成，每个区域都有个专门的功能，如图 7-1 所示。最典型的区域包括代码区和数据区，数据区又可以分为静态数据区、栈区和堆区。

编译器生成的目标代码存放于代码区，代码运行的相关数据存放在数据区。有些数据可以在编译阶段确定所占空间的大小，并且在运行时始终保持不变，这样的数据被存储到静态数据区。栈区用于存储和过程调用密切相关，或者生命周期包含在过程一次执行中的数据。堆区用于存储那些生命周期不确定，或者生存到被程序员显式删除为止的数据对象。为了提高运行时存储空间的利用率，栈区和堆区可以从自由空间的两端进行分配。

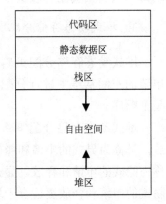

图 7-1 运行时的虚拟存储空间

7.1.2 存储分配策略

既然编译器只能间接地维护运行环境，所以存储管理的关键任务是在代码生成前安排目标机的存储资源，包括数据在运行环境中内存的布局和分配。编译器只需要根据源程序文本就能确定的存储分配策略称为静态的；反之，编译器需要结合程序运行才能确定的存储分配策略称为动态的。编译器一般采取栈式分配和堆式分配相结合的动态存储分配策略。

1. 静态存储分配

静态存储分配策略在编译时将数据对象分配到固定的存储单元，且在运行时始终保持不变。因此，静态存储分配的数据不需要运行时的任何支持，可以在编译时安排好数据项的逻辑地址。

静态存储分配的优点是数据对象的逻辑地址可以在编译时确定下来，所以可以降低目标代码运行时对运行环境的维护开销。一般来说，在编译时可以确定所占空间大小的数据可以采用静态存储分配。目标代码的大小在编译时可以确定，所以目标代码采取静态存储分配策略进行存储空间分配。

静态存储分配虽然相对简单，但对程序设计语言的实现也有一些局限。这些局限主要表现在不允许程序设计语言使用递归调用、动态建立数据、使用变长数据对象等方面。因此，大多数高级程序设计语言只针对部分对象采用静态存储分配策略。Fortran 语言不允许过程的递归，每个数据名所需的存储空间大小是常量，而且数据的属性也是完全确定的。因此，Fortran 可以完全采用静态存储分配来实现其编译器。

2. 栈式动态存储分配

栈式动态存储分配策略采用栈维护运行时刻的存储空间，先分配的存储空间后释放，后分配的存储空间先释放。栈式动态存储分配策略可以有效地支持过程的调用和返回。当一个过程被调用时，就在栈顶分配它的数据空间，这个空间称为活动记录；过程的局部变量被绑定到活动记录中的存储单元。当该过程运行结束退出时，再释放过程的数据空间。这种安排不仅允许活跃时段不交叠的多个过程调用之间共享空间，而且允许非局部变量的相对地址总是固定的，和过程的调用序列无关。此外，栈式动态存储分配策略可以有效地解决递归调用带来的存储空间大小不确定的问题，因为栈式动态存储分配策略可以将过程的每一次递归调用与栈的一个数据空间对应起来。

3. 堆式动态存储分配

堆式动态存储分配策略在运行时把存储器组织成堆结构，以便用户申请和释放。用户申请的空间从堆中进行分配，用户释放的空间退回给堆，而且申请与释放之间不一定按照某个顺序。

堆式动态存储分配策略的实现有两种方案：第一，由程序员完成从堆空间的申请和释放，又称为显式的申请和释放；第二，由编译器和运行系统完成从堆空间的申请和释放，又称为隐式的申请和释放。显式的申请和释放方案比较灵活，但无用的数据对象可能很凌乱；隐式的申请和释放更适合于堆数据对象一旦分配就永久使用的情形，但空间可能被耗尽。

只要存储空间可以释放，就有可能出现悬空引用（Dangling Reference）问题，即引用某个已被释放的存储单元。悬空引用是一种逻辑错误，因为按大多数语言的语义，已被释放的存储单元的值是没有定义的。更糟糕的是，已被释放的存储单元随后可能被分配用来存放其他数据，因此悬空引用错误会使程序出现一些难以理解而且不易捕获的错误。

例如，下面是一个简单 C 程序。

```
int *f() {
    int a = 100; return &a; }
int main() {
    int *i = f();
    printf("the result is %d\n",*i);
    return 0;
}
```

在上面的 C 程序中，f 返回的是指向绑定到局部名 a 的存储单元的指针；当控制从 f 返回后，其活动记录被释放，a 的存储单元也被释放，所以 main 中对 i 指向地址的访问就是一种悬空引用。

7.2 活动记录

过程是高级程序设计语言的主要特征，也是面向过程的程序设计语言的一个核心抽象。过程提供了一个可控的执行环境，创建一个受到保护的名字空间和对外部的接口，这些特征使得构建和维护大型程序变得容易。

7.2.1 活动记录的一般结构

在程序运行中，过程的每一次执行称为过程的一次活动。活动记录（Activation Record，AR）用于存储过程的一次执行所需的机器状态信息，以及生命周期包含在一次活动中的数据对象。

实现语言的不同，其活动记录存储的数据也不完全相同，一般来说活动记录需要存储的典型数据如下。

(1)临时数据：表达式求值过程中产生的中间结果。

(2)局部变量：过程或函数声明的变量。

(3)机器状态信息：过程此次调用之前的机器状态信息，主要包括返回地址和一些寄存器状态。其中，返回地址用于被调用者执行完毕时返回调用者。

(4)控制链：也称动态链，用于被调用者执行完毕时恢复调用者的活动记录，一般使用调用者活动记录的基地址表示。

(5)访问链：也称静态链，用于访问其他活动记录中的非局部变量。

(6)返回值：函数的返回值。

(7)参数：过程或函数定义的参数。

在同一个语言中，有一些数据在所有的活动记录中是固定的，如返回地址、控制链、机器状态信息；也有一些数据并不是每个活动记录中都是相同的，如局部变量、参数。

活动记录的具体组织结构依赖于程序设计语言的特征、目标机体系结构以及编译器设计者的一些设计偏好。第一，一般来说，固定不变的单元放在活动记录中间。这样设计的优势是可以使用同样的代码来保存和恢复过程每次调用的数据；如果将机器状态信息标准化，那么在错误出现时，调试程序更容易对栈中的内容进行解码。第二，参数和返回值一般放在被调用者活动记录开始的地方。这样设计的优势是参数和返回值可以尽量靠近调用者的活动记录。因此，调用者可以在不知道被调用者活动记录的情况下将实参放到当前活动记录的顶部，而不需要创建整个被调用者活动记录；这样的设计还可以实现可变参数。第三，编译不知道大小的数据项，一般放置在活动记录的末尾。这样设计的优势是可以在编译阶段尽可能计算出固定大小数据项的相对地址。第四，即使临时数据所占的宽度在编译时最终可以确定，但对于编译器的前端而言，这个宽度可能是未知的，因为代码生成或优化可能会缩减过程所需的临时数据的数量，因此，一般把临时数据安排在局部数据的后面，因为它宽度的改变不会影响其他的数据对象。活动记录的一般结构如图 7-2 所示。

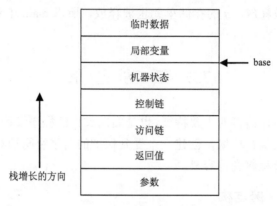

图 7-2　活动记录的一般结构

活动记录中局部数据的存储分配和数据类型、目标机体系结构与寻址方式相关。一般来说，每个数据的存储空间的大小由该数据的类型确定。基本数据对象，如字符、整数或实数，可以用几个连续字节保存。为了方便计算下标变量的地址，数组元素依次存放在连续的空间中。类似地，记录的域通常按类型声明时出现的次序存放。另外，目标机体系结构的编址方式和寻址方式将影响每一个数据的存储空间分配。例如，如果内存按字节编址，而且整数加的指令要求 4 字节对齐，即存放的地址能被 4 整除，那么存储 10 个字符的数组之后存储一个整数，编译器就会跳过 2 字节后才分配整数的空间，以保证该整数的地址是 4 的倍数。

活动记录中的数据可以通过相对于活动记录中某个位置 base 的相对地址来表示。一种常用的方法是将 base 指向活动记录中固定长度字段的末端，如图 7-2 所示。活动记录中的每个数据可以通过某个正的或者负的偏移量进行访问，根据 base 和偏移量可以将程序中的符号映射到一个虚拟存储空间。编译器可以在语义分析阶段计算出偏移量，并将其记录在符号表中，为中间代码生成提供支持。在现代体系结构中，往往还有专门的寄存器用于活动记录的维护，例如，x86-64 体系结构中，使用%rbp 指向活动记录的基地址。

活动记录中有些信息可能由处理器自动分配，如返回地址。然而，大部分信息一般由编译器生成代码完成空间的分配和管理。根据语言的不同，活动记录可以分配在静态数据区、栈区或者堆区。例如，Fortran 将活动记录分配到静态数据区，C 语言将其分配到栈区，Lisp 将其分配到堆区。

准确地说，活动记录并没有包含过程的一次执行所需的全部信息。寄存器也是运行时刻环境的一部分，它们可以用来保存临时变量、局部变量甚至全局变量。非局部数据就不在当前活动记录中；过程运行时生成的动态变量也不在活动记录中，它们通常分配在堆区。

7.2.2　变长数据的分配

程序设计语言可能允许程序员定义一些变长数据,在编译时无法确定这些数据的大小。编译器通常可以将这样的数据分配到堆区。然而,有些变长数据虽然在编译时无法确定大小,但是数据大小可以根据每次调用的参数决定,而且局部于某个过程,如变长数组。对于这样的变长数据,编译器可以将其分配到栈区,目的是尽可能减少堆区垃圾回收带来的管理开销。

变长数组是最典型的变长数据,它常用的分配策略如图 7-3 所示。在图 7-3 所示活动记录中,一个过程声明了局部数据 a、变长数组 X 和局部数据 b。编译器先在活动记录中分配 a 的空间,为数组 X 分配一个指向实际数据指针的预留单元,再分配固定大小的局部数据 b,运行至确定数组的上下界之后在栈顶开辟数组 X 的空间,并将数组的起始位置写到数组 X 的预留空间,之后分配临时变量的空间。对于变长数组单元,目标代码可以通过指针间接地进行访问。

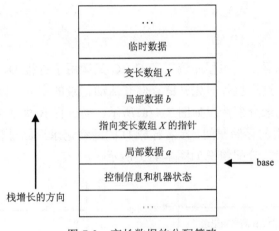

图 7-3　变长数据的分配策略

7.3　基于栈的过程管理

7.3.1　过程调用和返回

对于支持过程的程序设计语言,基于栈的过程管理可以有效地实现过程的调用和返回。当一个过程被调用时,就在栈顶分配它的活动记录;当该过程运行结束退出时,再释放它的活动记录。

例 7.1　下面以一个简单的 Pascal 程序说明过程调用中栈上的活动记录。

```
(1)   program A;
(2)      var x,y: integer;
(3)      procedure B;
(4)         var z: integer;
(5)         begin
```

```
(6)              z:=1;
(7)              x:=z+1
(8)         end;
(9)     procedure C;
(10)        var y: integer;
(11)           procedure D;
(12)              var y: integer;
(13)              begin
(14)                 B
(15)              end;
(16)        begin
(17)           D;
(18)           y:=x+1;
(19)           B
(20)        end;
(21) begin
(22)     C;
(23)     y:=x+1
(24) end.
```

从上面的代码可以看出，主程序调用了 C，C 又调用了过程 D，D 又调用 B。程序从主程序开始执行，每个过程执行时先开辟存储其活动记录的空间。因此，过程 B 被第一次激活时，栈中的活动记录分配情况如图 7-4(a)所示。当过程 B 执行结束之后，释放栈顶过程 B 的活动记录所占用的存储空间，接着释放 D 的活动记录返回过程 C。当过程 B 第二次被激活时栈中的活动记录分配情况如图 7-4(b)所示。

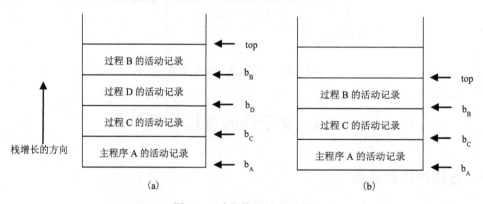

图 7-4　过程的调用和返回

过程调用和过程返回都需要执行一些代码来管理活动记录。即使是同一种语言，活动记录中各域的排放次序、过程调用和返回执行的代码序列及其顺序也会因实现而不同。

过程 P 调用过程 Q 并返回 P 的代码序列可以设计如下：

(1)P 计算实参并传递参数；

(2)P 把返回地址和基地址寄存器的值存入 Q 的活动记录中；

(3)开辟 Q 的存储空间；

(4)Q 保存寄存器的值和其他机器状态信息；

(5) Q 初始化它的局部数据并执行；

(6) Q 把返回值置入预留的空间；

(7) 恢复机器状态、P 的基地址寄存器，释放 Q 的存储空间；

(8) 根据返回地址返回 P；

(9) P 取出返回值。

一个调用代码序列中的代码通常被分割到调用者和被调用者中，这个划分没有严格的界限。一般来说，被调用者能够确定的信息应该放在被调用者的活动记录中。其次，函数返回值也可以使用寄存器进行返回。

7.3.2 过程间的值传递

过程提供了一种封装机制，用一组固定的参数和可选的返回值实现某种功能。形参的操作被封装在一个过程中，在调用过程的时候将实参绑定到形参。调用过程的执行通过形参获取实参的值，执行结束可以返回一个结果。

1. 函数值

函数值是被调用者返回给调用者的值。因为函数值在被调用过程终止后才使用，所以编译器需要将它存储在被调用者的活动记录之外。如果返回值较小且大小固定，那么编译器可以把这个返回值存储在寄存器中，否则使用内存作为返回值的存储方案。返回语句终止过程调用，并返回到主调用程序的断点。典型的过程返回语句的语法如下：

$S \rightarrow$ **return** E

如果 **return** 后跟表达式 E，E 是函数返回的结果。为了简洁，这里省略 E 的定义。函数值是在被调用者中进行计算的，但是在调用函数中进行引用。因此，返回语句在被调用者中执行，主要完成下面的工作：

(1) 计算 E 的值；

(2) 将函数值存储到返回值预先指定的空间；

(3) 恢复机器状态、调用者的基地址，释放被调用者的空间；

(4) 按返回地址返回到调用者。

因为函数值在调用函数中引用，所以调用者在进入被调用者之前，首先预留出对应的存储空间，在返回调用者时取出返回的函数值。

函数返回值可以存入寄存器或者栈中。如果调用者不知道返回值的大小，那么这个空间通常分配在堆区。在这种情况下，被调用者分配空间，把返回值存储到这个空间，并把这个空间的指针存储到调用者活动记录的返回值预留空间。调用者通过指针在堆区取出返回值。

2. 参数

过程在调用点进行参数绑定，将实参映射到被调用过程内部声明的形参，这使得程序员可以在没有过程上下文的时候编写过程，也可以使程序能够在没有过程内部操作的条件下，在不同的上下文中调用这个过程。

　　将实参映射到调用过程内部声明形参的最常用方式有值传递、引用传递。

　　值传递是最简单的参数绑定方式,这种方式在调用者中计算实参,并且由调用者将实参复制到形参的对应位置:寄存器或者被调用者活动记录中形参的存储空间。值传递的显著特征是,对形参的任何运算不会影响调用者中实参的值。在 C 语言中,下面的程序直观地展示值传递的特征。

```
int f(int x,int y){
    y=x+y;
    return y;
}
int main(){
    int a;
    a=f(1,2);
    a=f(3,4);
    return 0;
}
```

　　在上面的程序中,第一次调用函数 f, 形参 x 和 y 分别被赋予 1 和 2;第二次调用函数 f, 形参 x 和 y 分别被赋予 3 和 4, 函数计算得到的结果分别是 3 和 7。

　　引用传递是将变量的地址传递到被调用者的形参空间。如果实参是一个表达式,那么调用者先计算表达式的结果,并将结果储存在自己的活动记录中;然后将指向这一结果的指针存储到被调用者活动记录的形参空间。引用传递的显著特征是,被调过程中形参的任何变化都影响调用过程中的实参。下面的 C 函数实现引用传递。

```
int f(int &x,int &y){
    x=x+1;
    y=y+1;
    return x+y;
}
```

　　上面的 C 函数中,对形参 x 的访问本质上是对运行环境中其他单元的间接访问。

　　值传递和引用传递中,参数所需要的空间一般比较小,因为每一个参数都需要从调用过程中复制到被调过程。对于值传递方式,如果参数是较大的数据对象,如数组或者结构体,那么调用将会产生较大的负担,此时程序设计语言可以使用引用调用来实现参数传递,避免复制带来的负担。显然,引用调用对于较大数据的参数传递有重要的意义。

　　参数声明一般和过程的声明紧密联系在一起,一般定义如下:

　　　　$P \rightarrow$ **procedure id** $(Q)\ D;\ S$

　　　　$Q \rightarrow Q,\ \mathbf{id} \mid \mathbf{id}$

过程调用的一般定义如下:

　　　　$S \rightarrow \mathbf{call\ id}(L)$

　　　　$L \rightarrow L,\ E \mid E$

　　其中, P、Q、S、L、D、E 是非终结符,且 D、E 分别定义声明和表达式。为了简洁,这里省略 D 和 E 的定义,并且假设只有一种整型数据类型。调用者实现实参的计算、将实参传递到对应的形参空间，以及转入子程序 S。被调用者通过形参地址访问实参。实参的具体处理方式和参数传递方式有关。如果参数采用值传递方式，则调用者把实参的值传递到对应的形参单元，被调用程序像访问局部变量一样访问参数。

下面以典型的过程头部声明 procedure $S(a,b)$ 为例，具体解释参数声明处理。图 7-5 给出参数在活动记录中的两种实现方案，假设调用者的活动记录位于下方，那么图 7-5(a)表示先声明先分配，图 7-5(b)表示先声明后分配，两个方案中参数都采用相对于 base 的负偏移借助符号表可以实现形参到地址的映射。图 7-5(a)所示的策略，编译器参数声明过程中，在符号表中登记每一个参数的时候，该参数的相对地址是未知的。每个参数的相对地址，需要处理完该过程的所有参数才能计算得出。图 7-5(b)中，在符号表中登记每一个参数的时候，该参数的相对地址是可以计算出来的，但是形参和实参在数据栈中的顺序是相反的。

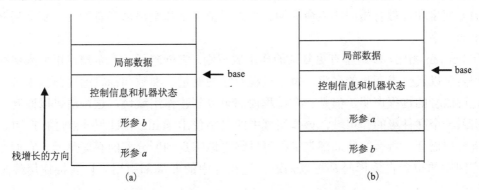

图 7-5　参数在活动记录中的两种实现方案

假设参数采取值传递方式，过程调用语句 call S $(3,x)$ 的执行需要完成下面的工作：
(1)将第一个实参 3 传递到第一个形参单元；
(2)将第二个实参 x 的值传递到第二个形参单元；
(3)转入子程序 S。

为了提高函数值返回、参数传递的效率，可以采用寄存器完成调用者和被调用者中信息的交换。然而，基于寄存器的传递方式往往受寄存器资源的限制，但内存传递方案相比寄存器存储方案效率较低。如果程序设计语言中采用数组作为过程的参数，那么采用引用传递方式可以避免大量数据的传递。

随着 CPU 架构的不断发展，寄存器的数量、位数和寻址方式都发生变化，这些变化对编译器产生了直接的影响。编译器可以使用更多的寄存器来替换之前的存储器堆栈，从而减少了存取内存数量并大大提升性能。例如，x86-64 寄存器的变化不仅体现在位数上，更加体现在寄存器数量上。因此，在 x86-64 中，GCC 就可以利用多达 6 个寄存器来存储参数，即多于 6 个参数时才通过栈来实现。

7.4　非局部变量的访问

对于大多数程序设计语言来说，一个完整的程序包含多个作用域。作用域可以是整个程序、过程的某个集合、单一过程或者一组语句。每个作用域创建了一个作用域外不可存取的名字空间。作用域可以从其他作用域继承一些名字。作用域规则为程序员提供一种控制程序存取信息的方式，因此编译器的运行环境需要为局部变量提供相应的实现机制。

7.4.1　无嵌套过程的非局部变量

程序设计语言有很多不同的作用域规则，根据源程序可以确定作用域的规则称为静态作用域规则，也称词法作用域规则；根据源程序代码运行才可以确定作用域的规则称为动态作用域规则。对于某种语言，编译器必须理解这些特定的规则，才能在基本翻译方案的基础上实现这些规则。

源于 Fortran 语言习惯，一般把作用域分为全局作用域和局部作用域。全局作用域声明过程的名字和公共块的名字；局部作用域对应一个过程，在过程内部声明的是局部变量，这些局部变量和过程有相同的生命周期。如果局部名字和全局名字有冲突，那么局部名字覆盖全局名字。

和 Fortran 相比，C 语言有更复杂的作用域规则。它创建了一个全局作用域来保存所有的过程名字以及全局变量的名字。每个过程有它的变量、参数和标签的局部作用域。C 语言不允许嵌套的过程声明，但是一个过程内部可以创建作用域块，这些块可以嵌套。C 语言还引入一个文件级的作用域，该作用域中的名字使用 static 在过程外部进行声明。C 语言没有过程嵌套，所有的非局部名字都可以静态地绑定到所分配的存储单元，它们在虚拟存储空间中的位置在编译时都可以知道。过程体中的非局部引用可以直接使用静态确定的地址。

对非局部名字进行静态存储分配的一个重要好处是程序中声明的过程可以作为参数来传递，也可以作为结果来返回，C 语言传递和返回的是过程的指针。这是因为在静态作用域和无嵌套过程的情况下，一个过程的任何非局部名字也是所有过程的非局部名字，它的静态地址可以被所有过程使用，而不用管这些过程是怎样被激活的。同样，如果过程作为结果返回，被返回过程中对非局部名字的引用仍然是引用静态存储分配给这些名字的地址。

7.4.2　过程嵌套定义的非局部变量

Pascal 语言允许过程的嵌套，并使用静态作用域。因此，和 C 语言不同的是，Pascal 语言的非局部名字不一定就是全局的。运行时访问非局部名字的时候，首先要确定该非局部名字被绑定到的活动记录，再利用该活动记录的基地址和偏移量进行访问。

例如，例 7.1 中的代码执行到语句(7) $x:=z+1$ 时，需要访问局部变量 z 和非局部变量 x。从图 7-4 可以看到，局部变量此时存储在栈顶的活动记录中，可以直接使用当前的基地址和局部变量的偏移地址进行访问。然而，非局部变量 x 是过程 B 的主程序 A 定义的，并非存储在栈顶的活动记录中，也就是说，正确访问非局部变量 x，不仅需要知道 x 的相对地址 x_{off}，还需要知道当前过程 B 的主程序 A 的活动记录的基地址 b_A。

在实现静态作用域时，需要过程的嵌套深度概念。设主程序的嵌套深度为 0，那么每从一个过程进入另一个被包围的过程时，嵌套深度加 1。

如果当前过程 P 的嵌套深度为 m，引用深度为 n 且在 P 的词法祖先 Q 内声明的变量 a，那么编译器需要深度 $n-m$ 找到 P 的词法祖先 Q 的活动记录，并最终计算出变量 a 在虚拟存储空间的地址。因此，编译器访问非局部变量的关键是建立跟踪活动记录之间的词法祖先机制。这一机制需要编译器建立保存运行时信息的数据结构，以及使用这个数据结构计算地址的代码。有两种典型的实现机制：访问链和显示表。

1. 访问链

访问链是编译器中用来定义活动记录之间的词法关系或者静态关系的指针。如果过程 P 的代码定义在过程 Q 的内部，那么在任何执行过程中，P 活动记录的访问链都指向 Q 的活动记录，而且，Q 的嵌套深度比 P 的嵌套深度小 1。访问链形成一条链路，从栈顶活动记录开始，沿着访问链指针可以实现非局部变量的存取。图 7-6 描述例 7.1 的代码执行到第 (19) 行时的静态链关系的主要变化过程。从图中可以看出，当前过程的直接可视非局部变量存储在访问链指向的活动记录中。例如，图 7-6(e) 所示中 B 过程的直接可视非局部变量存储在主程序创建的活动记录中。

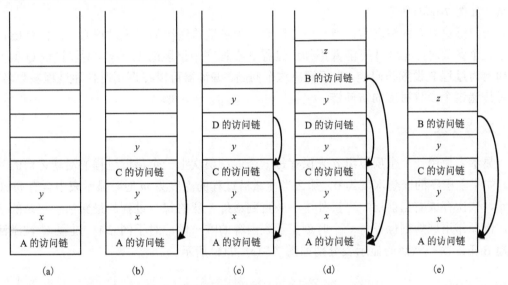

图 7-6　寻找非局部名字存储单元的访问链

假设需要从嵌套深度为 m 的过程 P 中访问在嵌套深度为 n 的过程 Q 中定义的变量 x。按照可见性规则可知 $m \leq n$，且过程 P 和过程 Q 相同时 $m = n$。x 的存储单元可以按照如下步骤找到。

(1) 当程序正在执行过程 P 时，P 的一个活动记录肯定在栈顶。首先从栈顶的活动记录开始，追踪访问链 $m-n$ 次，到达 x 的声明所在过程的活动记录，其中 $m-n$ 的值可以在编译时计算。

(2) 根据 x 的偏移地址在对应的活动记录访问到 x。在例 7.1 中的 (18) 行中，目前正在执行的是过程 C，过程所在的嵌套深度为 1，所引用的非局部变量 x 的嵌套深度为 0，所以需要跳转 $1-0=1$(次) 才可以访问到 x，如图 7-6(b) 所示。

为了实现从深度为 m 的过程中访问嵌套深度为 n 的 x，编译器需要添加维护访问链的代码。建立访问链的代码一般由调用者来完成。假定嵌套深度为 n_P 的过程 P 调用嵌套深度为 n_Q 的过程 Q，是否建立被调用者访问链的代码取决于被调用者是否嵌在调用者的里面。

(1)$n_P < n_Q$的情况，表明 Q 肯定就声明在 P 中，否则 P 不能访问 Q。此时，被调用者的访问链指向栈中在它下面的调用者的活动记录。对于例 7.1 中第(22)行代码，主程序调用了过程 C，主程序在 0 层，C 在 1 层，C 的访问链指向栈中下面的主程序的活动记录，如图 7-6(b)所示。

(2)$n_P = n_Q$的情况，说明 P 和 Q 的访问链相同，所以 P 的访问链和它下方的活动记录的访问链相同。对于例 7.1 中第(19)行代码，C 调用了 B。因为 C 在 1 层，B 在 1 层，所以被调用者 B 指向的就是 C 访问链所指的活动记录，即主程序的活动记录，如图 7-6(e)所示。

(3)$n_P > n_Q$的情况，说明 P 嵌套定义在某个过程 R 中，且 R 中直接定义了 Q。因此，从调用者 P 沿着访问链追踪 $n_P - n_Q + 1$ 次，即到达了静态包围 Q 和 P 并且离它们最近的那个过程 R 的活动记录。对于例 7.1 中第(14)行代码，D 调用了过程 B，因为 D 在 2 层，B 在 1 层，所以从 D 开始追踪 2–1+1= 2(次)，到达主程序的活动记录，即 B 的访问链指向主程序 A，如图 7-6(d)所示。

访问链更复杂的情况是，当一个过程 P 作为参数传递给另一个过程 Q，并且 Q 随后调用了这个参数时，过程 Q 可能并不知道过程 P 在程序中出现的上下文，所以过程 Q 就不知道如何为过程 P 设置访问链。为了解决这个问题，编译器可以在调用时传递过程参数名字，同时传递这个参数对应的访问链。

2. 显示表

显示表使用一个全局数组 d 来保存每一个词法层次上一个最近过程的活动记录的基地址。如果主程序的嵌套深度为 0，那么当前激活过程的深度为 m 时，显示表中含有 $m+1$ 个单元，依次存放着当前层、直接外层……直到最外一层的每一过程的最新活动记录的基地址，嵌套作用域规则保证每一个时刻显示表内容的唯一性。对于例 7.1，过程 C 被激活和过程 B 第二次被激活的显示表分别如图 7-7(a)和(b)所示。

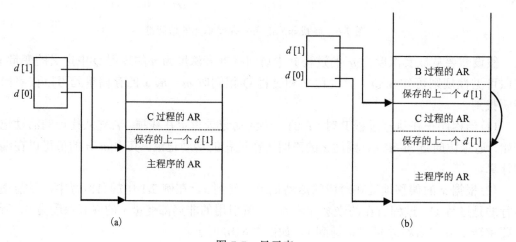

图 7-7　显示表

显示表的优势在于，如果过程 P 正在运行，而且它需要访问嵌套深度为 m 的过程 Q 中 x，那么只需要查看 $d[m]$即可。因为编译器可以知道 m，所以它可以产生代码，该代码根

据 $d[m]$ 和 x 的偏移量访问 x。例如，图 7-7(b) 反映例 7.1 执行第 (7) 行 x:=z+1 时，需要访问深度为 0 的非局部变量 x，那么只需通过指针 $d[0]$ 就可以访问到主程序的活动记录的基地址，再根据 x 的偏移量，在主程序的活动记录中找到 x 的存储单元。

为了正确地维护显示表，在过程的调用和返回时，编译器需要生成相应的代码对显示表进行维护。最简单的做法是当控制进入嵌套深度为 n 的过程 P 时，由 P 去更新 $d[n]$ 的入口，并在 P 离开的时候恢复该入口。具体来说，需要在新的活动记录中保存显示表条目中原来的值。如果嵌套深度为 n 的过程 P 被调用，且它的活动记录不是栈中对应某个深度为 n 的过程的第一个活动记录，那么 P 的活动记录就保存原来 $d[n]$ 的值，同时 $d[n]$ 本身指向 P 的这个活动记录。当过程 P 返回且对应的活动记录从栈中释放时，将 $d[n]$ 恢复到过程 P 这次调用之前的值。

例 7.1 中主程序调用过程 C，因为过程 C 的嵌套深度为 1，而且嵌套深度为 1 的过程第一次被调用，所以用来保存上一个 $d[1]$ 的存储单元为空（图 7-7(a)）。在图 7-7(a) 所示结果的基础上，深度为 1 的过程 B 被调用，且 B 并不是栈中深度为 1 的第一个活动记录，所以 B 的活动记录中保存原来 $d[1]$ 的值，而 $d[1]$ 指向 B 这个活动记录（图 7-7(b)）。过程 B 返回时，因为 B 对应的活动记录中保存的上一个 $d[1]$ 不为空，所以 B 对应的活动记录被释放后，$d[1]$ 恢复为上一个 $d[1]$ 的值，即返回图 7-7(a) 所示的状态。在图 7-7(a) 所示结果的基础上，过程 C 返回时，因为其对应的活动记录中保存的上一个 $d[1]$ 为空，所以 C 对应的活动记录被释放后，$d[1]$ 恢复为空。

使用访问链和显示表实现非局部变量的访问都需要额外的代价。显示表的维护代价是常量，即调用和返回时的一个装入和存储。访问链的维护代价是变动的，如果嵌套的深度变大，那么需要遍历一段很长的访问路径才能找到所需要的数据，但常见的调用一般是深度为 n 的过程调用深度为 $n+1$ 的过程，而它的代价是最小的。

7.5　GCC 的存储管理策略

C 语言属于面向过程的语言，它最大的特点是把一个程序分解成若干函数，且入口函数是 main。因此，本节以 Ubuntu16.04+gcc-5.4.0 例，通过函数调用和返回过程中内存的变化展示 C 语言参数和函数返回值的具体实现方法。

7.5.1　程序运行时的内存映像

运行可执行文件时，Linux 程序在内存中的虚拟存储如图 7-8 所示。其中，读写段一般包括程序中的全局变量或者静态局部变量；只读段包括代码段等，它们采用静态分配。堆区用于存放函数运行中动态存储分配的内存段，是一种用来保存程序信息的数据结构。当进程调用 malloc 等函数分配内存时，新分配的内存就被动态添加到堆区上；当利用 free 等函数释放内存时，被释放的内存从堆区中被删除。栈区存放程序临时创建的局部数据，包括函数的局部变量、参数和函数返回值，局部变量就是函数花括号(｛｝)中定义的变量，但不包括 static 声明的变量，因为 static 意味着在读写段中存放变量。

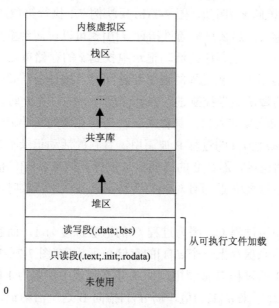

图 7-8　Linux 程序运行时的虚拟存储空间

7.5.2　x86-64 栈结构

x86-64 的过程实现包括一些特殊的指令和对内存与寄存器等机器资源的使用规则。

首先，过程运行时，超出可用寄存器存储空间的信息会在栈空间上进行分配，这个存储区域称为栈帧。栈帧可以看作活动记录的一个具体实现方案。每个帧管理一个未运行完的函数，帧是相对于函数的一个局部作用域，当前正在执行过程的帧总是在栈顶。图 7-9 给出 x86-64 过程运行时的一个典型栈帧结构。帧主要包括函数的参数、返回地址、局部数据、主调用函数的基地址以及寄存器状态等。大多数过程都可以在编译时确定帧的大小。

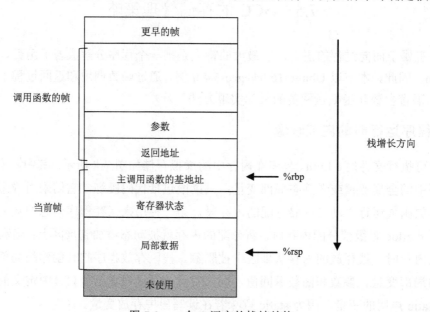

图 7-9　一个 C 语言的栈帧结构

其次，x86-64 中栈向低地址方向增长，而且由%rbp 指向栈帧开始，%rsp 指向栈顶。

不同 C 编译器的栈帧结构并没有采用固定模式，具体结构与编译器的具体实现密切相关。即使是 GCC，不同版本 C 编译器的栈帧结构可能都不完全相同。

7.5.3 函数和参数

计算机体系结构的发展不断推动着编译器发展，所以 GCC 的结构处在不断的发展变化中，不同版本的 GCC 结构和实现的细节并不完全相同。下面以一个简单 C 程序为例，直观地展示函数调用和返回过程中内存的变化。这个直观的变化过程是函数和参数实现的最好解释。

```c
int sum(int a,int b)
{ int c;
    c=a+b;
    return c;
}

int main()
{ int x,y,z;
    x=3;
    y=4;
    z=sum(x,y);
    return 0;
}
```

在 Ubuntu16.04+gcc-5.4.0 上进行编译可以得到 x86-64 汇编代码，虽然得到的汇编代码包括一些指导编译器和链接器工作的伪指令，但是为了更简略直观，往往省略大部分伪指令。因此，上述 C 程序的汇编代码如下：

```
sum:
    pushq   %rbp                    ;保存%rbp
    movq    %rsp,%rbp               ;建立 sum 的帧指针
    movl    %edi,-20(%rbp)          ;将实参 3 放入 a
    movl    %esi,-24(%rbp)          ;将实参 4 放入 b
    movl    -20(%rbp),%edx          ;取出 a
    movl    -24(%rbp),%eax          ;取出 b
    addl    %edx,%eax               ;计算 a+b
    movl    %eax,-4(%rbp)           ;将 a+b 存放入 c
    movl    -4(%rbp),%eax           ;将 c 放入%eax，准备返回函数值
    popq    %rbp                    ;恢复%rbp
    ret                             ;返回
...
main:
    pushq   %rbp                    ;保存%rbp
    movq    %rsp,%rbp               ;建立 main 的帧指针
    subq    $16,%rsp                ;开辟局部变量空间
```

```
movl     $3,-12(%rbp)                ;对局部变量 x 进行赋值
movl     $4,-8(%rbp)                 ;对局部变量 y 进行赋值
movl     -8(%rbp),%edx               ;取局部变量 y
movl     -12(%rbp),%eax              ;取局部变量 x
movl     %edx,%esi                   ;将局部变量 y 放入%esi
movl     %eax,%edi                   ;将局部变量 x 放入%edi
call     sum                         ;调用 sum
movl     %eax,-4(%rbp)               ;从%eax 取出函数值，放入局部变量 z
movl     $0,%eax
leave                                ;释放 main 栈帧，恢复%rbp
ret                                  ;返回
```

下面结合 C 程序和翻译得到汇编代码解释函数的调用和返回过程。

第一，main 函数建立栈帧。具体依次执行下面的操作：在栈中保存老的帧指针%rbp，帧指针%rbp 更新为 main 栈底，开辟 main 的局部空间，帧指针%rsp 指向栈顶；main 函数将两个局部变量的初值存入对应的存储空间，如图 7-10(a)所示。其中，为了简洁，图中每个存储单元表示 64 位即 8 字节，阴影表示空闲。从汇编指令可以看到，局部变量 x、y、z 的相对于当前%rbp 的地址依次为−12、−8、−4。也就是说，每个整型变量存储在 4 字节的空间中，并且 gcc-5.4.0 按照声明的逆序分配它们在栈帧上的局部空间。

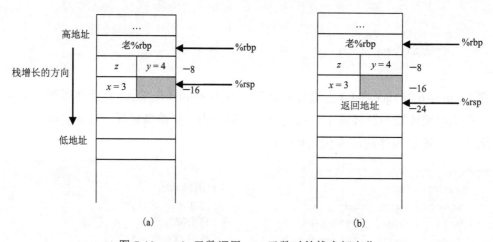

图 7-10　main 函数调用 sum 函数时的栈空间变化

第二，main 函数将两个参数存入寄存器%edi 和%esi；执行 call 指令将 sum 函数的返回地址入栈，并转入 sum 函数的第一条指令开始执行，如图 7-10(b)所示。其中，因为在x86-64 系统上进行编译，所以返回地址是 8 字节。因为地址按照 8 对齐，所以 sum 函数的返回地址存储在−24 的空间。也就是说，空间中有 4 字节的空闲区域，即图中阴影表示部分。

第三，sum 函数开始执行。首先将 main 栈帧入栈，以便执行完 sum 函数之后能顺利返回 main 的数据空间；接下来建立 sum 函数的帧指针%rbp；最后将放在寄存器中的实参传入形参单元，如图 7-11(a)所示。

第四，完成 sum 函数中的运算 $a+b$ 并将结果存放到静态局部变量 c 对应的存储单元，将函数值存入寄存器%eax 中，结果如图 7-11(b)所示。

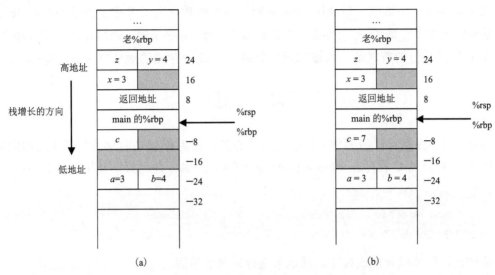

图 7-11　执行 sum 函数时的栈空间变化

第五，恢复 main 函数帧指针，%rbp 指向 main 函数的栈底，%rsp 自动退栈并且指向 sum 函数的返回地址所指的单元，结果如图 7-12(a)所示。执行 ret 返回。从 sum 函数返回 main 函数后，从寄存器%eax 中取出 sum 函数值，存入局部变量 z 中，结果如图 7-12(b) 所示；执行 leave 清空 main 的栈空间，将重置%rbp 寄存器。接下来，操作系统在程序执行完之后进行善后处理。

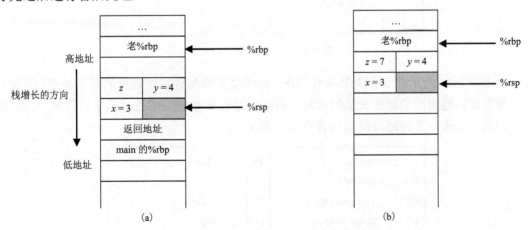

图 7-12　从 sum 函数返回 main 函数时的栈空间变化

从上面的代码运行以及进一步分析可以发现，x86-64+gcc-5.4.0 在参数不超过 6 个时，形参单元在被调用函数的栈帧中分配，且先分配局部变量，再分配形参；调用函数将实参放入寄存器，被调用函数从寄存器中读出参数并存入形参单元。当参数超过 6 个时，前 6 个参数仍然采取上述策略进行处理，而且 6 个寄存器依次使用%rdi、%rsi、%rdx、%rcx、

%r8 和%r9 进行传递；从第 7 个参数开始，在转入被调用函数之前，依次逆向存入栈中，也就是说在调用函数的栈帧中分配；被调用函数执行时根据参数与被调用函数帧指针的相对位置访问参数。函数值一般使用%rax 返回。当返回数据大于 8 字节但是不超过 16 字节时，返回值采用寄存器%rax 和%rdx。当返回数据大于 16 字节时，调用在转入子程序之前，在%rdi 存储函数值的首地址，且被调用函数通过%rdi 中存储的地址将函数值返回。

习　　题

7.1　Pascal 程序在执行时需要使用静态链和动态链，而为什么 C 程序执行不需要静态链？

7.2　图 7-13 所示的 C 程序在 Ubuntu16.04+gcc-5.4.0 上编译并运行，结果显示如下：

```
123456789
*** stack smashing detected ***: ./a.o terminated
Aborted (core dumped)
```

请结合运行环境分析该程序出现这个运行结果的原因。

```
#include <stdio.h>              int main ()
#include "string.h"            {
void f ()                          f ();
{                                  printf("Return from f\n");
    char s[4];                     return 0;
    strcpy (s,"123456789");    }
    printf("%s\n",s);
}
```

图 7-13　一个 C 程序(一)

7.3　对于图 7-14 所示的一个类 Pascal 程序，如果使用控制链实现过程的调用和返回，并且使用访问链实现非局部变量的访问，请给出过程 R 被调用时运行栈中访问链和控制链的具体结果，并描述如何访问 R 中的变量 x。

```
(1)    program M;            (9)          begin
(2)      procedure P ;       (10)           R
(3)        var x: integer;   (11)         end;
(4)        procedure Q ;     (12)       begin
(5)          procedure R ;   (13)         Q
(6)          begin           (14)       end;
(7)            x:=1          (15)       begin
(8)          end;            (16)         P
                             (17)       end.
```

图 7-14　一个类 Pascal 程序(一)

7.4 对于图 7-15 所示的一个类 Pascal 程序,如果分别使用访问链和显示表来实现过程的调用和返回,请给出过程 P 被第二次调用时运行栈中访问链和显示表的具体结果。

(1)	program M;	(13)	end;
(2)	var x,y: interger;	(14)	procedure R;
(3)	procedure P ;	(15)	var z: integer;
(4)	var x,z: integer;	(16)	begin
(5)	procedure Q ;	(17)	x := 1;
(6)	var z: integer;	(18)	z :=2;
(7)	begin	(19)	y:=x+z
(8)	P	(20)	end;
(9)	end;	(21)	begin
(10)	begin	(22)	R;
(11)	If x <y then Q;	(23)	P
(12)	x:=x+1	(24)	end.

图 7-15 一个类 Pascal 程序(二)

7.5 图 7-16 所示的 C 程序在 Ubuntu16.04+gcc-5.4.0 上编译并运行,结果显示如下:

```
Addresses of a,b,c,d: 1702073532,1702073528,1702073524,1702073520
Addresses of a1,b1,c1,d1: 1702073544,1702073548,1702073552,1702073556
Size of int=4
```

请结合运行环境分析该程序出现这个运行结果的原因。

```
#include <stdio.h>                                          int main()
void f(int a,int b,int c,int d)                             {
{                                                             int a,b,c,d;
  int   a1,b1,c1,d1;                                          a=1;
  a1= a;                                                      b=2;
  b1=b;                                                       c=3;
  c1=c;                                                       d=4 ;
  d1=d;                                                       f(a,b,c,d);
  printf("Addresses of a,b,c,d: %d,%d,%d,%d \n",&a,&b,&c,&d); return 0;
  printf("Addresses of a1,b1,c1,d1: %d,%d,%d,%d \n",&a1,&b1,&c1,&d1); }
  printf("Size of int=%d\n",sizeof(int));
}
```

图 7-16 一个 C 程序(二)

7.6 图 7-17 所示的是一个 C 函数以及在 Ubuntu16.04+gcc-5.4.0 上编译生成的汇编代码,请分析该编译器对块结构中的变量的处理方法。

```
int main ()                    main:
{                                      pushq     %rbp
    int a=1,b=2,x=3;                   movq      %rsp,%rbp
    {                                  movl      $1,−24(%rbp)
        int a=4,x=5;                   movl      $2,−20(%rbp)
        x=a+b;                         movl      $3,−16(%rbp)
    }                                  movl      $4,−12(%rbp)
    {                                  movl      $5,−8(%rbp)
        int a=6;                       movl      −12(%rbp),%edx
        x=a;                           movl      −20(%rbp),%eax
    }                                  addl      %edx,%eax
    x=a+b;                             movl      %eax,−8(%rbp)
    return 0;                          movl      $6,−4(%rbp)
}                                      movl      −4(%rbp),%eax
                                       movl      %eax,−16(%rbp)
                                       movl      −24(%rbp),%edx
                                       movl      −20(%rbp),%eax
                                       addl      %edx,%eax
                                       movl      %eax,−16(%rbp)
                                       movl      $0,%eax
                                       popq      %rbp
                                       ret
```

图 7-17　一个 C 函数及其汇编代码

7.7　某高级语言只有一种整型数据，可以声明变量、数组、过程和参数，允许嵌套调用，不允许嵌套定义过程。请针对该语言的特点给出一个活动记录设计方案。假设该语言的一个示例程序如图 7-18 所示。其中，第(1)～(15)行是过程 r，第(16)～(22)行是主程序 m，program 是关键字。请基于栈式内存管理策略进一步给出程序运行到第(4)行时数据空间的情况。

```
(1)    procedure r(x);            (12)      a[2]:=b*2;
(2)      var   s[1:3];            (13)      a[3]:=b*3;
(3)      begin                    (14)      call r(a[3])
(4)        s[1]:=x;               (15)    end;
(5)        s[2]:=x+1;             (16)    program m
(6)        s[3]:=x+2              (17)      var a,b;
(7)    end;                       (18)      begin
(8)    procedure p(v,w);          (19)        a:=3;
(9)      var   a[2:3],b;          (20)        b:=2;
(10)       begin                  (21)        call p(a,b)
(11)         b:=v+w;              (22)    end.
```

图 7-18　一个示例程序(一)

7.8　某高级语言可以定义整型和实型两种数据，可以声明变量、函数，允许嵌套调用函数，也允许嵌套定义函数。请针对该语言的特点给出一个活动记录的设计方案。该语言的一个示例程序如图 7-19 所示。其中，第(1)～(13)行是主程序的声明，第(14)～(17)行是主程序的过程体。请基于栈式内存管理策略进一步给出 P 被第二次激活时的数据空间的情况。

```
(1)    var x,y: integer;            (10)    begin
(2)    function P: integer;         (11)      y:=P+1;
(3)      var a: integer;            (12)      R:=y
(4)      begin                      (13)    end;
(5)        a:=1;                    (14)    begin
(6)        P:=a+1;                  (15)      x:=P;
(7)      end;                       (16)      y:=x+R
(8)    function R: integer;         (17)    end.
(9)      var y: integer;
```

图 7-19　一个示例程序(二)

7.9　对于 C 函数中块结构，如果采用类似过程的内存管理策略，每次进入块结构创建新的存储区域，并在退出前释放这块区域，请给出针对块结构的存储设计方案。

7.10　图 7-20 所示的是一个 C 程序，给出一个该程序运行到函数 f 的 A 块之后可行的运行栈结构。

```
int a,b;                            int f(int a,int b)
int f(int a,int b) ;                {
int main()                              int i=a;
{                                       A:{    int a=i,x;
    int a=1,b=2,x;                             x=a+b;
    x=f(a,b) ;                              }
    return 0;                           return 0;
}                                   }
```

图 7-20　一个 C 程序(三)

第8章 代码优化

代码优化的目的是提高源程序执行的时空效率，也就是说代码优化必须在确保正确的前提下进行。一般来说，可以通过在各级中间代码或目标代码上采用代码等价变换来改善代码的质量。为源程序生成最优的目标程序是一个不可判定的问题，所以编译器进行优化的目标是改善很多程序的性能，并且编译器进行优化的开销是合理的。在实践中，往往采用一些启发式技术来得到更优的代码。

随着程序设计语言翻译技术的成熟，代码优化成为编译技术中最受关注的研究内容，并取得很多工作成果，其中一些经典的优化技术广泛应用到现代程序设计语言的编译器中。

本章首先介绍与经典优化相关的一些基本概念和算法，然后介绍数据流分析基础，以及经典的优化技术，包括窥孔优化、基本块优化和循环优化。

8.1 基本块和流图

三地址代码之间的关系可以用基本块和流图表示出来，这些概念有助于进一步理解代码生成和代码优化。因此，本节以三地址代码为对象分析代码中的控制流，并进一步介绍基本块、流图和循环。

8.1.1 基本块

基本块是具有唯一入口和唯一出口，且块内顺序执行的最大连续代码序列。因为基本块是一个按顺序执行的代码序列，而且从它的唯一入口进入，从其唯一出口退出，期间不发生任何分叉，所以程序中的任何控制转移三地址代码，包括条件跳转和无条件跳转等，只能是某些基本块的出口，而控制所转移的目标将必然是某些基本块的入口。因此，可以根据程序中的控制转移三地址代码的位置以及定义性标号的地址，将中间代码划分为若干个基本块。基本步骤描述如下。

(1)确定基本块的入口：基本块的入口可以是程序的第一个三地址代码，或跳转语句转向的三地址代码，或条件跳转语句之后的语句。

(2)一个入口到下一个入口前的所有三地址代码就是一个基本块。

(3)执行上述第(1)步和第(2)步后，凡未被纳入某一基本块的语句都是程序中控制流无法到达的语句，因而也是不会被执行到的语句，可以把它们删除。

按照上面的步骤，图 8-1 表示了一个中间代码序列和它对应的 5 个基本块。因为语句(2)和(5)是跳转指令的目标，语句(1)是程序的第一个三地址代码，语句(3)和(7)是条件跳转语句的下一条语句，所以 5 个基本块分别是{(1)}、{(2)}、{(3)(4)}、{(5)(6)}和{(7)}。

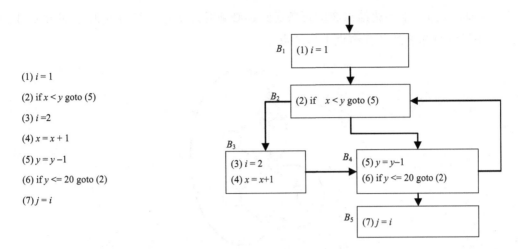

(1) $i = 1$

(2) if $x < y$ goto (5)

(3) $i = 2$

(4) $x = x + 1$

(5) $y = y - 1$

(6) if $y <= 20$ goto (2)

(7) $j = i$

图 8-1 中间代码序列及其对应的流图

8.1.2 流图

程序的控制流信息可以用以基本块作为结点的有向图表示，称为流图。在流图中，基本块 B_i 到 B_j 之间有一条有向边，当且仅当基本块 B_j 的第一条指令可能紧跟在 B_i 的最后一条指令之后执行。具体包括以下两种情况：

(1) B_i 中最后一条语句是跳转到 B_j 入口的条件或者无条件跳转语句；

(2) 基本块 B_j 在程序中紧跟在 B_i 后，且 B_i 的出口语句不是无条件跳转或停语句。

根据程序控制流关系，图 8-1 所示的就是一个中间代码序列和它对应的流图。其中，入口语句包括 (1)、(2)、(3)、(5) 和 (7)。

8.1.3 循环

循环是高级程序设计语言中常用的控制结构之一，常用循环包括 for 循环、while 循环。循环往往支配了一个程序大部分的运行时间，尤其是嵌套循环。因此，循环优化是提高程序运行效率的主要途径之一。然而，查找程序中的循环结构，首先要划分程序的基本块，然后以基本块为结点构造程序的流图，进而确定循环。

流图中的循环是具有唯一入口的强连通子图，而且从循环外进入循环内，必须首先经过循环的入口结点。为了定义流图中的循环，首先引入一个结点支配另一个结点的概念。

1. 支配结点集

如果从流图的首结点出发，到达 n 的任意通路都要经过 m，则称 m 支配 n，或 m 是 n 的支配结点，记为 m DOM n。按照定义，对于任意的结点 a，a DOM a。

结点 n 的所有支配结点的集合称为结点 n 的支配结点集，记为 $D(n)$。

例如，在图 8-2 所示的流图中，假设任何结点都是从首结点 1 可达的。从流图的结点 1 到达结点 2 的每条通路都必须经过结点 1，因此结点 2 的支配结点除了结点 2 之外还有结点 1。同理，从结点 1 到达结点 3 的每条通路都必须经过结点 1 和结点 2，因此结点 3 的支配结点除了结点 3 之外还有结点 1 和结点 2。

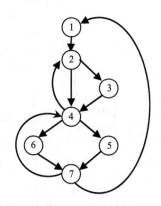

图 8-2　循环示例

根据支配结点的定义，可以计算图 8-2 所示流图中每个结点的支配结点集如下：

$D(1)=\{1\}$

$D(2)=\{1,2\}$

$D(3)=\{1,2,3\}$

$D(4)=\{1,2,4\}$

$D(5)=\{1,2,4,5\}$

$D(6)=\{1,2,4,6\}$

$D(7)=\{1,2,4,7\}$

2. 循环定义

循环是流图中的一个结点集，它满足以下两个条件：

(1) 其存在唯一的入口结点，而且入口结点支配其他所有结点；

(2) 每个结点都至少有一条返回入口结点的通路。

按照循环的两个条件，寻找循环就需要寻找可以返回首结点的有向边，将这种边称为**回边**。在一个流图中，如果一条有向边 $a \rightarrow b$，满足 $b\ \mathrm{DOM}\ a$，则 $a \rightarrow b$ 称为回边。

利用支配结点可以求出所有的回边。例如，在图 8-2 所示的流图中，由 $D(7)=\{1,2,4,7\}$ 可知 $4\ \mathrm{DOM}\ 7$，因此 $7 \rightarrow 4$ 就是回边。类似地，$7 \rightarrow 1$ 和 $4 \rightarrow 2$ 都是回边。

有向边 $a \rightarrow b$ 是回边，它对应的自然循环是结点 b、结点 a 以及由通路到达 a 而该通路不经过 b 的所有结点组成的，并且 b 是该循环的唯一入口结点。同时，因为 b 是 a 的支配结点，所以 b 一定可以到达该循环中的任意结点。

例如，在图 8-2 所示的流图中，对应回边 $7 \rightarrow 4$ 的循环为 $\{4,5,6,7\}$，对应回边 $4 \rightarrow 2$ 的循环为 $\{2,3,5,6,7,4\}$，对应回边 $7 \rightarrow 1$ 的循环为 $\{1,7,2,3,4,5,6\}$。

8.2　数据流分析

为做好代码生成和全局代码优化工作，通常需要收集整个程序的信息。这些信息称为数据流信息，收集数据流信息的过程和算法称为数据流分析。最典型的三种数据流分析是到达定值分析、活跃变量分析和可用表达式分析。

8.2.1　数据流分析模式

程序运行可以看作程序状态的转换，而程序状态由程序中所有变量的值，以及运行栈中各个活动记录的相关值组成。一条语句每次执行会把一个输入状态转换成一个输出状态。程序中相邻语句间的位置称为点。

从点 p_1 到点 p_n 的执行路径是点序列 $p_1, p_2, \cdots, p_n$，对于任意 $i=1, 2, \cdots, n-1$，下列条件之一成立。

(1) p_i 是紧接在一条语句前面的点，p_{i+1} 是同一基本块中紧跟在该语句后面的点。

(2) p_i 是某个基本块的结束点，而 p_{i+1} 是后继基本块的开始点。

数据流分析就是将程序的每个点和它的状态关联起来，抽象出分析所需要的信息，用于解决特定的分析问题。具体的抽象方式取决于分析的目标。

把每条语句 S 之前和之后的数据流值记为 IN[S] 和 OUT[S]，数据流分析就是对所有语句限制 IN[S] 和 OUT[S] 之间的关系，并通过这些约束进行求解。约束分为两种：基于语句语义的约束和基于控制流的约束。

基于语句语义的约束有两种方式，即信息沿着控制流前向传播或者沿着控制流逆向传播。在一个前向数据流问题中，由 IN[S] 来定义 OUT[S]，而在一个逆向数据流问题中，由 OUT[S] 来定义 IN[S]。例如，到达定值分析就是前向数据流问题，活跃变量分析就是逆向数据流问题。

第二种约束是根据控制流得到的。在基本块内，因为仅包含顺序执行的语句，所以基本块内前一条语句的 OUT[S_i] 就是后一条语句的 IN[S_{i+1}]。基本块之间的控制流会生成一个基本块最后一条语句和后继基本块第一条语句之间的约束。例如，到达定值分析中，一个基本块的第一条语句的定值集合，就是该基本块所有前驱基本块的最后一条语句之后的所有定值的并集。

从理论上说，S 可以是任何程序单元，如基本块、循环或单条语句等。然而，基本块内部的控制流是简单的，没有中断和分支。因此，下面主要讨论几种在基本块上建立的数据流方程。

8.2.2　到达定值分析

到达定值分析是常用的数据流分析模式之一。到达定值分析确定控制到达某个程序点时，变量 A 在程序中所有可能被定值的地方。到达定值信息可以用于求出循环中的所有不变运算，也是常量传播和常量合并的重要依据。

变量 A 的定值是一条可能给 A 赋值的语句。最普通的定值是对 A 赋值或从 I/O 设备读一个值并赋给 A 的语句,这些语句比较明确地为 A 定义一个值,称为 A 的明确定值。除了明确定值,过程参数、数组访问和间接引用也可能通过别名对 A 进行赋值。因此,确定一条语句是否向变量 A 赋值并不是一件简单的事。为了分析简单,本节讨论的定值仅涉及明确定值。

变量 A 的定值 d 到达某点 p 是指存在一条从紧跟在定值 d 后面的点到达点 p 的路径,并且在这条路径上 d 没有被重新定值。被重新定值称为注销。直观上说,没有被注销意味着在流图中从 d 到 p 有一条路径且该路径上没有 A 的其他定值。

为了求出到达 p 点的各个变量的所有定值,先对程序中所有基本块 B 定义下面几个集合。

(1) IN[B]:到达基本块 B 入口之前的各个变量的所有定值集。

(2) OUT[B]:到达基本块 B 出口之后的各个变量的所有定值集。

(3) gen[B]:基本块 B 中的定值,并且该定值到达 B 出口之后的所有定值组成的集,即 B 所生成的定值集。

(4) kill[B]:在基本块 B 外,能够到达 B 入口且在 B 中被重新定值的定值集,即 B 注销的定值集。

gen[B] 和 kill[B] 均可直接从给定的流图求出。图 8-3 所示的流图包含了 7 个定值,为了简洁,图中省略了基本块出口处的跳转语句。

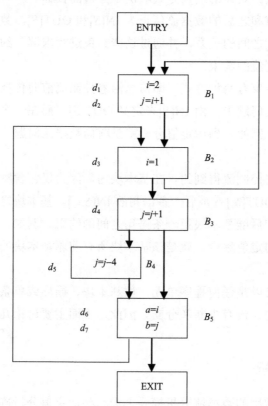

图 8-3　到达定值分析的示例流图

为了有效地表示 gen[B]和 kill[B]，引入位向量的概念。流图中每一个定值在位向量中占一维，如果定值属于某个集合，则该向量的相应位为 1，否则为 0。为了计算方便，通常在流图中增加两个分别称为入口的 ENTRY 结点和出口的 EXIT 结点。ENTRY 结点和 EXIT 结点不包含任何中间代码，而且从 ENTRY 结点到包含中间代码第一条指令的基本块有一条有向边，从包含程序最后指令的基本块到 EXIT 有一条有向边。例如，图 8-3 所示的流图有 7 个定值，所以可以使用 7 维位向量表示；也就是说，第 $k =$ 位表示 $d_k(k = 1,2,\cdots, 7)$。假设只考察变量 i 和 j，根据 gen[B]和 kill[B]的定义，可以直接求出图 8-3 所示的流图中每个基本块的 gen[B]和 kill[B]及其位向量，如表 8-1 所示。

表 8-1　图 8-3 所示的流图中各基本块的 gen[B]和 kill[B]及其位向量

基本块	gen[B]	位向量	kill[B]	位向量
B_1	$\{d_1,d_2\}$	1100000	$\{d_3,d_4,d_5\}$	0011100
B_2	$\{d_3\}$	0010000	$\{d_1\}$	1000000
B_3	$\{d_4\}$	0001000	$\{d_2,d_5\}$	0100100
B_4	$\{d_5\}$	0000100	$\{d_4\}$	0001000
B_5	$\{\}$	0000000	$\{\}$	0000000

利用 gen[B]和 kill[B]可以建立关于 IN[B]和 OUT[B]的数据流方程，进一步可以求出 IN[B]和 OUT[B]。

对于 OUT[B]，容易看出如果定值 d 在 gen[B]中，那么它一定也在 OUT[B]中；如果某定值 d 在 IN[B]中，而且被 d 定值的变量在 B 中没有被重新定值，那么 d 也在 OUT[B]中；此外，除了前面两种情况，没有其他的 $d \in$ OUT[B]。

对于 IN[B]，容易看出某个定值 d 到达 B 的入口之前，当且仅当它到达 B 的某一前驱基本块的出口之后。

因为没有任何定值可以到达流图的 ENTRY 结点，所以到达基本块 ENTRY 出口之后的定值集为空，即 OUT[ENTRY]=$\varnothing$。对于不等于 ENTRY 的所有基本块 B，它们的 IN[B]和 OUT[B]可以列出如下到达定值数据流方程。

$$OUT[B]=gen[B] \cup (IN[B]-kill[B])$$
$$IN[B] = \bigcup_{B\text{的前驱}P} OUT[P]$$

假设流图有 n 个结点，则到达定值数据流方程是 $2n$ 个变量的 IN[B]和 OUT[B]的线性方程组。可以使用迭代的方法来求解该方程组，求解过程的伪代码如图 8-4 所示，计算的结果就是基本块的 IN[B]和 OUT[B]。

```
for (所有基本块) OUT[B]=∅;
while (某个基本块的 OUT 集合发生改变)
    for (除 ENTRY 以外的每一个基本块 B){
        for (B 的每个前驱 P){
            IN[B]=∪ OUT[P];
        }
        OUT[B]=(IN[B]–kill[B]) ∪ gen[B];
    }
```

图 8-4　到达定值的迭代求解过程

按照图 8-4 所示数据流方程求解过程，可以计算出图 8-3 所示的流图中各个基本块的 IN[*B*]和 OUT[*B*]，结果如表 8-2 所示。

表 8-2　图 8-3 所示的流图中各基本块的 IN[*B*]和 OUT[*B*]

基本块	IN[*B*]	OUT[*B*]
B_1	$\{d_2,d_3,d_4,d_5\}$	$\{d_1,d_2\}$
B_2	$\{d_1,d_2,d_3,d_4,d_5\}$	$\{d_2,d_3,d_4,d_5\}$
B_3	$\{d_2,d_3,d_4,d_5\}$	$\{d_3,d_4\}$
B_4	$\{d_3,d_4\}$	$\{d_3,d_5\}$
B_5	$\{d_3,d_4,d_5\}$	$\{d_3,d_4,d_5\}$

一旦求出所有基本块的 IN[*B*]，就可以按照下面的规则求出到达基本块 *B* 中某点 *p* 的任意变量的所有定值：

(1)如果 *B* 中 *p* 点前面有 *A* 的定值，则到达 *p* 点的定值是唯一的，它就是与 *p* 点最靠近的那个 *A* 的定值；

(2)如果 *B* 中 *p* 点的前面没有 *A* 的定值，则到达 *p* 点的 *A* 的所有定值就是 IN[*B*]中 *A* 的那些定值。

8.2.3　活跃变量分析

有些代码改进依赖的是控制流逆向信息，活跃变量就是典型的例子。对于程序中的某个变量 *A* 和某点 *p* 而言，如果存在一条从 *p* 开始的路径，其中引用了 *A* 在点 *p* 的值，则称 *A* 在点 *p* 是活跃的，否则称 *A* 在点 *p* 是死亡的。直观地，对于全局范围的分析来说，一个变量是活跃的，如果存在一条路径使得该变量被重新定值之前它的当前值还要被引用，也就是说，从变量的定值到最后一次访问该定值定的值之间，该变量是活跃的。

活跃变量可以用于确定基本块内的无用赋值，即在基本块内定值但在基本块出口之后不再活跃的变量，这些变量在该基本块内的定值就是无用赋值，可以删除。活跃变量是寄存器分配的重要依据，因为一个值如果不会再被引用，那么它就没有必要存放在寄存器中。

为了求出各个基本块出口之后的活跃变量集合，定义下面的集合。

(1)IN[*B*]：基本块 *B* 入口处的活跃变量的集合。

(2)OUT[*B*]：基本块 *B* 出口处的活跃变量的集合。

(3)def[*B*]：在基本块 *B* 中定值且定值前在 *B* 中未被引用过的变量集合。

(4)use[*B*]：在基本块 *B* 中引用且引用前在 *B* 中未被定值的变量集合。

根据以上定义，use[*B*]和 def[*B*]可以直接求出。对于图 8-3 所示的流图，五个基本块的 use[*B*]和 def[*B*]如表 8-3 所示。

表 8-3　图 8-3 所示的流图中各基本块的 use[*B*]和 def[*B*]

基本块	use[*B*]	def[*B*]
B_1	{}	$\{i,j\}$
B_2	{}	$\{i\}$
B_3	{j}	{}

续表

基本块	use[B]	def[B]
B_4	{j}	{}
B_5	{i,j}	{}

假设程序的出口处没有变量是活跃的，那么到达基本块 EXIT 入口处的活跃变量集合为空，即 IN[EXIT]=∅。对于除 EXIT 外的所有基本块 B，有

$$IN[B]=(OUT[B]-def[B])\cup use[B]$$
$$OUT[B]=\bigcup_{B的后继S} IN[S]$$

其中，第一个方程表示一个变量在进入某个基本块时是活跃的，那么它在该块中定义前被引用，或者它在离开该块时是活跃的，而且在该块中没有被重新定义；第二个方程表示一个变量在离开某个基本块时是活跃的，当且仅当它进入该块的某个后继时活跃。

活跃变量分析是逆向数据流问题，所以从最后一个基本块开始由后往前迭代计算，可以得到方程的解，求解过程的伪代码如图 8-5 所示，计算的结果就是基本块入口和出口的活跃变量集合 IN[B] 和 OUT[B]。

```
for（所有基本块）IN[B]=∅;
while（某个基本块的 IN 集合发生改变）
    for（除 EXIT 以外的每一个基本块 B）{
        for（B 的每个后继 S）{
            OUT[B]=∪IN[S];
        }
        IN[B]=(OUT[B]-def[B])∪use[B];
    }
```

图 8-5　活跃变量的迭代求解过程

按照图 8-5 所示数据流方程求解过程，图 8-3 所示的流图中，各个基本块入口和出口处的活跃变量集合如表 8-4 所示。

表 8-4　图 8-3 所示的流图中各基本块的活跃变量集合

基本块	IN[B]	OUT[B]
B_1	{}	{j}
B_2	{j}	{i,j}
B_3	{i,j}	{i,j}
B_4	{i,j}	{i,j}
B_5	{i,j}	{j}

8.2.4　可用表达式分析

如果从流图入口结点到 p 的每一条路径都要计算 $x\ op\ y$，而且在到达 p 的这些路径上没有对 x 或者 y 的赋值，则称表达式 $x\ op\ y$ 在 p 点是可用的。对于可用表达式 $x\ op\ y$，如果基本块 B 中含有对 x 或 y 的赋值，或可能赋值，而且后来没有重新计算 $x\ op\ y$，则称 B 注

销了表达式 x op y。如果基本块 B 明确地计算 x op y，并且后来没有重新定义 x 或者 y，则称 B 生成表达式 x op y。在图 8-6 所示的流图中，基本块 B_1 生成了表达式 $a-d$，注销了涉及 a 和 b 的表达式。

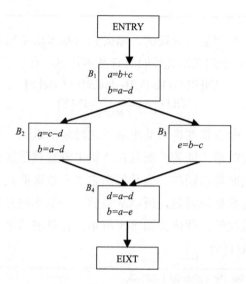

图 8-6　求解可用表达式的示例流图

虽然可用表达式的"注销"与"生成"与到达定值中的"注销"与"生成"的概念并不完全相同，但是它们遵守相似的约束规则，所以可以采用相同的方法计算。

可用表达式的基本应用是寻找公共子表达式。可以从头到尾扫描基本块内的所有语句，计算基本块生成的可用表达式集合。如果在 p 点的可用表达式集合是 A，q 是 p 的下一点，p 和 q 之间的语句是 $x=y$ op z，那么 q 点的可用表达式集合可以通过下面两步计算获得：

(1)把表达式 y op z 加到 A 中；

(2)删掉 A 中任何包含 x 的表达式。

注意，这些步骤必须按照正确的顺序执行，因为 x 可能与 y 或 z 相同。例如，图 8-6 所示的流图中基本块 B_4 包含 $d=a-d$，虽然先生成了表达式 $a-d$，但是在该语句之后因为 d 的值被改变，所以 $a-d$ 又被注销。当到达基本块的末尾时，A 就是该基本块所生成的表达式集合；该基本块注销的表达式集合是所有这样的表达式 y op z，其中 y 或者 z 是在该基本块中定值的，但 y op z 不是该基本块生成的。

可以采用类似于计算到达定值的方法寻找可用表达式。假设 U 是程序中出现在一条或多条语句的所有表达式的全集。对每个基本块 B，定义下面的集合。

(1)IN[B]：基本块 B 入口处的可用表达式集合。

(2)OUT[B]：基本块 B 的出口处的可用表达式集合。

(3)e_kill[B]：U 中被基本块 B 注销的表达式集合。

(4)e_gen[B]：基本块 B 所生成的表达式集合。

根据以上定义，e_kill[B]和 e_gen[B]可以直接求出。对于图 8-6 所示的流图，所有的表达式集合为{$b+c,a-d,b-c,a-e,c-d$}，四个基本块的 e_kill[B]和 e_gen[B]如表 8-5 所示。

表 8-5　图 8-6 所示流图中各基本块的 e_kill[*B*]和 e_gen[*B*]

基本块	e_kill [*B*]	e_gen [*B*]
B_1	{b+c,a−d,b−c,a−e }	{a−d}
B_2	{b+c,a−d,b−c,a−e }	{c−d,a−d}
B_3	{a−e}	{b−c}
B_4	{a−d,b+c,b−c,c−d}	{a−e}

因为没有任何表达式可以到达流图的 ENTRY，所以到达基本块 ENTRY 出口之后的可用表达式集合为空，即 OUT[ENTRY]=∅。对于除 ENTRY 之外的所有基本块 *B*，有下面的方程：

$$OUT[B]=e\_gen[B]\cup (IN[B]-e\_kill[B])$$
$$IN[B]=\bigcap_{B的前驱P} OUT[P]$$

可用表达式分析的方程与到达定值分析的方程类似，即 OUT[ENTRY]=∅。然而，两者还是有区别的。最大的区别是可用表达式分析的聚合操作不是并而是交，因为只有当表达式在一个基本块的所有前驱末尾都是可用的时，它在该块的开始才是可用的。而到达定值分析中，只要一个定值到达某个基本块的一个前驱末尾，它就到达了该基本块的入口处。图 8-7 的伪代码描述了计算可用表达式的迭代求解过程。

```
OUT[ENTRY]=∅;
for (对除 ENTRY 之外的所有基本块) OUT[B]=U;
while (某个基本块的 OUT 集合发生改变)
    for (除 ENTRY 以外的每一个基本块 B) {
        for (B 的每个前驱 P) {
            IN[B]=∩ OUT[P];
        }
        OUT[B]=(IN[B]-e_kill[B]) ∪ e_gen[B];
    }
```

图 8-7　可用表达式的迭代求解过程

在图 8-7 所示的迭代求解过程中，首先假设除了 ENTRY 基本块的出口地方，所有表达式 *U* 都是可用的。也就是说，求解过程只有发现一条路径使得某个表达式不可用时，才删除这个表达式。这样计算的目的是确保得到的可用表达式是保守的，确保基于可用表达式进行的程序优化不会改变程序的计算结果。

按照图 8-7 所示数据流方程求解过程，图 8-6 所示的流图中各个基本块入口和出口处的可用表达式集合如表 8-6 所示。

表 8-6　图 8-6 所示流图中各基本块的可用表达式集合

基本块	IN[*B*]	OUT[*B*]
B_1	{ }	{a−d}
B_2	{a−d}	{a−d,c−d}
B_3	{a−d}	{a−d,b−c}
B_4	{a−d}	{a−e}

8.3　窥 孔 优 化

　　一种简单有效、用于局部目标代码的改进技术称为窥孔优化。窥孔优化采用一个滑动窗口在目标指令上进行检查，在可能的情况下使用效率更高的指令替换掉窗口中的指令。窥孔优化的一次改进可能会产生新的优化机会，所以为了获得更好的优化结果，可能需要对目标代码进行多次扫描。典型的窥孔优化包括冗余指令的删除、常量合并、删除不可达代码、控制流优化、代数化简、强度削弱、特殊指令的使用等。

　　1. 冗余指令的删除

　　如果在目标代码中存在下面的指令：

```
MOV R0, a
MOV a, R0
```

那么第二条指令可以删除。因为第二条指令不论是否执行，第一条指令执行之后，a 和 R0 中都保存了相同的值。当然，删除第二条指令的前提是该指令必须紧跟在第一条指令之后。换句话说，只有这两条指令在同一个基本块内部，才能确保这样的优化是正确的。

　　2. 常量合并

　　对于二元运算，两个运算对象都是常量的语句，可以直接计算出结果。例如：

```
X=2+3
```

可以优化为：

```
X=5
```

　　3. 删除不可达代码

　　程序中逻辑上不可到达的代码可以删除。例如：

```
debug=false
if (debug) print ("debugging information!")
```

　　可以看出，因为 debug 是永假式，所以第二条语句中的 print 指令将永远不会被执行，这条 if 语句可以被删除。

　　4. 控制流优化

　　简单的中间代码生成算法往往生成一些跳转指令。当跳转指令的目标仍然是跳转指令的时候，可以删除不必要的跳转指令。例如：

```
goto L1
...
L1: goto L2
```

可以直接替换成下面的代码：

```
goto L2
…
L1: goto L2
```

再如，下面的代码：

```
goto L1
…
L1: if a<b goto L2
…
L3:
```

可以直接替换成下面的代码：

```
if a<b goto L2
goto L3:
…
L3:
```

5. 代数化简

代数运算的恒等式可以用于窥孔优化。例如，$x=x+0$ 或 $x=x*1$ 这样的指令可以在优化的过程中删除。另外，可以把代价高的运算替换成目标机上代价比较低的等价运算。例如，$x=x*2$ 替换成 $x=x+x$，还可以用移位指令实现乘除 2 的幂的运算。

6. 强度削弱

可以利用计算机中实现不同运算的指令开销不同来优化代码。例如：

```
X=2*Y
```

可以优化为：

```
X=Y+Y
```

7. 特殊指令的使用

目标机可能有一些高效的指令来实现某些特殊的运算。例如，有些机器具有自动增量和自动减量的指令，那么翻译 $x=x+1$ 或者 $x=x-1$ 就可以采用这些指令实现，而不是采用加法或减法指令。

8.4 基本块的优化

仅仅针对基本块内的指令进行的优化也称为局部优化，目的是通过代码变换得到等价而且运行效率更高的代码。基本块优化可以通过构建基本块的有向无环图（Directed Acyclic Graph，DAG）和重建代码完成。

8.4.1　基本块的有向无环图表示

由于 DAG 能够对基本块中每一个运算结果如何用于块中后续运算给出一个完整描述，所以为每一个三地址代码序列形式的基本块构造一个 DAG。基本块的 DAG 表示具有下面的特征。

（1）基本块的一个变量或者常量对应 DAG 中一个结点。

（2）基本块中每条语句 s 和一个 DAG 结点 N 相关。结点 N 用语句 s 的运算符作为标记，N 的儿子结点是 s 的运算符右部的运算对象，表示完成语句 s 的计算；N 的儿子结点可以是叶子结点或者 s 之前语句的运算结果。

（3）DAG 的结点可以和一组变量相关，表示基本块内最晚对这些变量定值的语句。

（4）基本块可以指明某些变量为活跃变量，表示这些变量将在该基本块之后的后继基本块中被引用到。

为了简化 DAG 的构造，仅仅考虑三种典型的语句形式，即 $A=C$、$A=op\ C$ 和 $A=B\ op\ C$。此外，用函数 node(x) 查找 DAG 中是否已经存在标记为 x 的结点。构造过程可以从空的 DAG 开始，依次扫描基本块的每一条语句 s，并执行如下步骤。

（1）对于语句形式 $A=C$，如果 node(C) 无定义，则创建新结点并用 A 和 C 标记该结点。

（2）对于语句形式 $A=op\ C$，判定 C 是否为常量。

① 如果 C 是常量，则计算 $p=op\ C$；在当前 DAG 中执行 node(p)。如果 node(p) 无定义，则构建新结点并用 p 和 A 标记该结点。如果 node(p) 有定义，则将 A 标记在查找到的结点上。

② 如果 C 不是常量，则检查当前 DAG 是否存在标记为语句 s 的 op 的结点，且该结点有唯一的儿子结点是 C 标记的。如果不存在，则构建新结点，使用 A 和 s 的 op 标记该结点。如果 node(C) 无定义，构建新结点且标记为 C，且 C 标记的结点是 A 标记结点的唯一儿子结点。如果存在，使用 A 标记找到的结点。

（3）对于语句形式 $A=B\ op\ C$，判定 B 和 C 是否都是常量。

① 如果 B 和 C 都是常量，那么计算 $p=B\ op\ C$；在当前 DAG 中执行 node(p)。如果 node(p) 无定义，则构建新结点并用 p 和 A 标记该结点。如果 node(p) 有定义，则将 A 标记在查找到的结点上。

② 如果 B 或 C 不是常量，则检查当前 DAG 是否存在标记为语句 s 的 op 的结点，且左右儿子结点分别是 B 和 C 标记的结点。如果不存在，构建新结点，使用 A 和 s 的 op 标记该结点。如果 node(B) 无定义，构建新结点且标记为 B；如果 node(C) 无定义，构建新结点且标记为 C。标记为 B 和 C 的结点分别是 A 的左右儿子结点。如果存在，则使用 A 标记找到的结点。

在上述的构建过程中，如果当前语句 s 的运算符左边的符号 A 已经在当前的 DAG 中标记了某个结点，那么在使用 A 标记新结点前，先把 A 从原结点的标记中删除。下面通过图 8-8 所示的三地址代码序列，直观地阐述上述过程。

(1)	$T_1=A*B$
(2)	$T_2=3/2$
(3)	$T_3=T_1-T_2$
(4)	$X=B$
(5)	$C=5$
(6)	$T_4=A*X$
(7)	$C=2$
(8)	$T_5=8+C$
(9)	$T_6=T_4*T_5$
(10)	$Y=T_6$

图 8-8　一个三地址代码序列

　　按照 DAG 构建的方法，依次处理每一条代码，所产生的 DAG 表示如图 8-9 所示。具体构造过程描述如下。

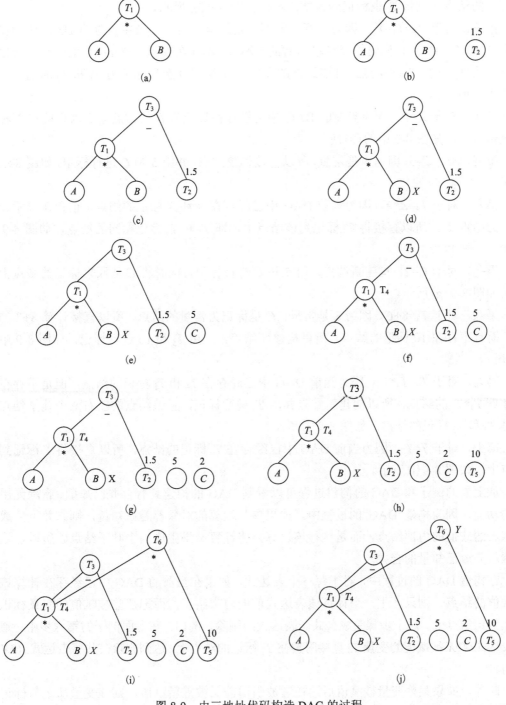

图 8-9　由三地址代码构造 DAG 的过程

第一，对于 $T_1=A*B$，因为 A 和 B 都为变量，且在当前的 DAG 中不存在标记为 A 和 B 的结点，所以建立标记为 A 和 B 的结点，建立用"$*$"和 T_1 标记的结点且该结点的左右两个儿子结点分别为 A 和 B，如图 8-9(a)所示。

第二，对于 $T_2=3/2$，因为两个运算对象都是常量，所以直接计算结果，并构造用该结果标记的结点，且将 T_2 也标记到该结点上，如图 8-9(b)所示。

第三，对于 $T_3=T_1-T_2$，因为运算对象不全是常量，而且已经在当前的 DAG 中存在标记为 T_1 和 T_2 的结点，同时检查到在当前的 DAG 中不存在表示运算 T_1-T_2 的结点，所以构造标记为 T_3 和"$-$"的结点，且该结点的左右儿子结点分别是标记为 T_1 和 T_2 的结点，如图 8-9(c)所示。

第四，对于 $X=B$，因为当前的 DAG 中已经存在标记为 B 的结点，所以直接将 X 标记到该结点上，如图 8-9 中的(d)所示。

第五，对于 $C=5$，因为 5 是常量，所以直接构建结点，并用 5 和 C 进行标记，如图 8-9(e)所示。

第六，对于 $T_4=A*X$，因为当前 DAG 中已经存在 A 和 X 标记的结点，也存在表示计算 $A*X$ 的结点 T_1，所以直接将 T_4 标记到该结点上，即 T_1 和 T_4 标记相同的结点，如图 8-9(f)所示。

第七，对于 $C=2$，构建新结点，用 5 和 C 进行标记，同时将 C 从原来标记的结点上删除，如图 8-9(g)所示。

第八，对于 $T_5=8+C$，因为 8 是常量，C 是标记为常量的结点，所以直接计算 8+2 的结果，而且不存在 10 标记的结点，所以构建新结点，且用 T_5 和 10 进行标记，如图 8-9 中的(h)所示。

第九，对于 $T_6=T_4*T_5$，因为当前 DAG 中已经存在 T_4 和 T_5 标记的结点，但是不存在表示计算 T_4*T_5 的结点，所以构建新结点并用 T_6 进行标记，且该结点的左右两个儿子结点分别是 T_4 和 T_5 标记的结点，如图 8-9(i)所示。

第十，对于 $Y=T_6$，因为当前 DAG 中已经存在 T_6 标记的结点，所以直接将 Y 标记到该结点上，如图 8-9(j)所示。

从上面的例子和 DAG 的构建过程可以看到 DAG 的构建具有合并已知量、删除无用赋值的功能。因为构建 DAG 的过程中，如果参与运算的对象都是已知量，则它并不生成计算该表达式值的内部结点，而是执行该运算，将计算结果生成一个叶子结点。所以，这个步骤就完成已知量的合并。

在构造 DAG 的过程中，对于每一个表达式，如果在当前的 DAG 中已经存在计算该表达式值的结点，则只产生一个计算该表达式值的内部结点，而把那些被赋值的变量标识符附加到该结点上。这个步骤完成公共子表达式的删除。例如，在上面例子的第六步中，通过将表达式 $A*X$ 被赋值的变量 T_4 直接附加在 T_1 标记的结点上，达到删除公共子表达式 $A*X$ 的目的。

此外，如果某些变量被赋值后，在它被引用前又被重新赋值，则该变量从之前标记的结点上删除。这个步骤完成无用赋值的删除。

从上面基本块的 DAG 构造过程还可以看到，在基本块外被定值并在基本块内使用的标识符就是叶子结点上标记的那些标识符；在基本块内被定值且在基本块后被引用的标识符就是 DAG 各个结点上的那些附加标识符。

8.4.2　基于 DAG 的代码重建

从基本块构造 DAG 的过程可以看出，构造过程已经进行了一些基本的优化工作，因此将代码表示成 DAG 后，可以利用 DAG 进行代码重建来完成代码优化。

例如，对于图 8-9(j) 所示的 DAG，可以重建优化的三地址代码序列如下：

```
(1)  T₁=A*B
(2)  T₂=1.5
(3)  T₃=T₁-1.5
(4)  X=B
(5)  T₄=T₁
(6)  C=2
(7)  T₅=10
(8)  T₆=T₄*10
(9)  Y=T₆
```

在代码重建的过程中，将常量标记的符号直接用常量代替以实现常量传播，将运算对象都是已知量的运算进行合并以实现常量合并，重复运算 $A*B$ 和 $A*X$ 是重复云计算一次以实现公共子表达式删除，无用赋值 $C=5$ 已经被删除。

前面无用赋值的删除仅仅根据基本块内的代码，如果已知基本块后被引用的情况，可以进一步优化。例如，假设只有 T_3 和 Y 在基本块之后会被引用，即活跃，则图 8-8 所示的代码可以优化为如下的代码序列：

```
(1)  T₁=A*B
(2)  T₃=T₁-1.5
(3)  Y=T₁*10
```

也就是说，既然只有 T_3 和 Y 在基本块之后活跃，那么基本块的目的就是计算出 T_3 和 Y，与计算 T_3 和 Y 无关的赋值都可以被删除。

8.5　循 环 优 化

循环内的指令是重复执行的，因而循环中进行的优化在整个优化工作中是非常重要的。在找出流图中的循环之后，就可以针对每个循环进行优化。本节介绍两种典型的循环优化技术：代码外提、归纳变量相关的优化。

8.5.1　代码外提

计算结果独立于循环执行的代码称为循环不变计算，在循环迭代的过程中始终保持不变的变量称为循环不变量。将循环不变计算放到循环体的前面，使之只在循环外计算一次，最终提高循环执行效率，这种技术称为代码外提。

实现循环不变计算的外提时，在循环的入口结点前面建立一个新的基本块，称为循环的前置结点。循环的前置结点以循环的入口结点为唯一后继，原来流图中从循环外引到循环入口结点的有向边，改成引到循环前置结点。

例 8.1　下面是一段 C 语言风格的代码。

```
int fun (int a){
    int i=0,x,y,z;
    while(i<10){
        x=3*i;
        i=i+1;
        y=a*5;
        z=y+x;
    }
}
```

在上面的代码中 a*5 的结果和循环执行的次数无关，也就是说，a*5 是循环不变计算，y 是循环不变量，所以可以将 y=a*5 提到循环体的前面。修改得到的代码如下：

```
int fun (int a){
    int i=0,x,y,z;
    y=a*5;
    while(i<10){
        x=3*i;
        i=i+1;
        z=y+x;
    }
}
```

上面的例子中，将循环不变计算外提可以得到优化的程序代码。然而，并不是所有的循环不变计算都可以外提。下面通过几个例子直观地展示循环不变计算外提的一些必要条件。

图 8-10(a)所示的流图包含一个循环 $\{B_2,B_3,B_4\}$，其中 B_2 是循环的入口，B_4 是循环的出口。在 B_3 中的 $i=2$ 是一个循环不变计算。如果把 $i=2$ 提到循环体的前面，那么对应的流图如图 8-10(b)所示。在图 8-10(b)所示的流图中，按照路径 B_1,B_2,B_4,B_5 执行，执行完 B_5 之后，i 的值为 2，j 的值也为 2。事实上，在图 8-10(a)所示的流图中，按照路径 B_1,B_2,B_4,B_5 执行，执行完 B_5 之后，i 的值是 1，也就是说，将循环不变计算 $i=2$ 提到循环体之外改变了原来程序的运行结果。换句话说，该例子中的循环不变计算 $i=2$ 是不能外提的。分析原因在于 $i=2$ 原来所在的 B_3 并不是循环的所有出口的必经结点。

继续考察满足循环出口必经结点的循环不变计算是否具备外提的条件。在图 8-10(a)的 B_2 块中，$i=3$ 是循环出口的必经结点上的循环不变计算，如果将其外提可以得到图 8-10(b)所示的流图。然而，在图 8-11(a)所示的流图中，按照路径 $B_1,B_2,B_3,B_4,B_2,B_4,B_5$ 执行，执行完 B_5 之后，i 的值为 3；而在图 8-11(b)中，按照同样的执行路径，执行完 B_5 之后，i 的值为 2。由此可见，满足循环出口必经结点的循环不变计算不是可以外提的充分条件。不能外提的原因在于，图 8-11（a）中 B_2 的 $i=3$ 不是循环体里面 i 的唯一的定值。

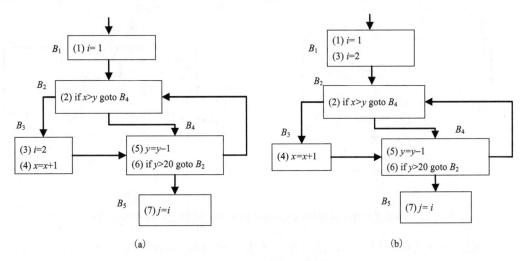

图 8-10 循环不变计算外提

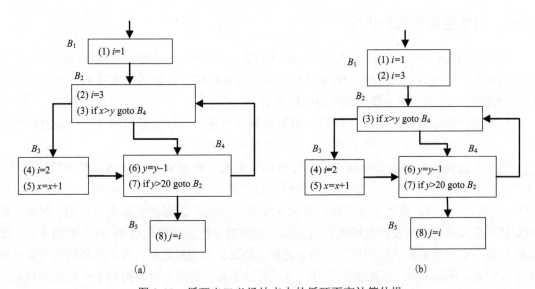

图 8-11 循环出口必经结点上的循环不变计算外提

针对满足循环出口的必经结点和循环体里唯一定值的循环不变计算，考察图 8-12 所示的流图。在图 8-12（a）所示的流图中，B_4 块中的 $i=2$ 是循环出口的必经结点上的循环不变计算，且 $i=3$ 是循环体里对 i 的唯一定值。如果将其外提可以得到图 8-12（b）所示的流图。然而，在图 8-12（a）所示的流图中，如果按照路径 B_1, B_2, B_3, B_4, B_5 执行，执行完 B_5 之后，A 的值为 2；而在图 8-12（b）中按照同样的路径执行，执行完 B_5 之后，A 的值为 3。由此可见，即使满足必经结点和唯一定值，该循环不变计算仍然不可以外提。不能外提的原因在于图 8-12（a）中不是所有的引用点都引用 B_4 定值的 $i=2$。

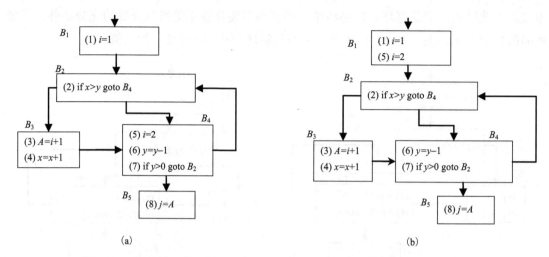

图 8-12 满足循环出口必经结点和循环体里唯一定值的循环不变计算外提

从上面的三个实例可以看到，虽然循环不变计算的判定相对简单，但是循环不变计算的外提需要综合判定支配结点、定值、引用点等特征。

8.5.2 归纳变量相关的优化

在循环的迭代中，对于一个变量 x，如果存在一个常量 c，使得 x 的赋值是增加 c，那么 x 就称为归纳变量。常见的归纳变量如循环下标及循环体内显式增或减的变量。对于例 8.1 中的循环，变量 i 和 x 都是循环的归纳变量。

归纳变量的本质是产生一个序列，如果循环中存在两个以上的归纳变量，而且归纳变量产生序列之间存在关联，那么往往可以删除部分归纳变量。

例 8.1 的循环中，对于归纳变量 i 而言，产生的序列为 $0,1,2,3,\cdots,9$；对于归纳变量 x 而言，产生的序列是 $0,3,6,\cdots,27$；两个序列产生的都是 10 个数的等差序列。因此，可以将 $x=3*i$ 变换为 $x=x+3$，通过加法实现原来乘法实现的功能，达到强度削弱的目的。另外，归纳变量 i 的功能仅仅是控制循环迭代的次数。既然对 x 产生的序列也是 10 个数的序列，那么控制循环迭代次数的功能同样可以由 x 完成。经过如此变换之后，控制循环迭代次数可以由 x 来完成，所以 i 的定值就成为无用赋值，可以删除。最后，可以得到下面优化的代码。

```
int fun (int a){
    int i=0,x,y,z;
    y=a*5;
    x=-3;
    while(x<27){
        x=x+3;
        z=y+x;
    }
}
```

从上面的例子可以看到，围绕循环的代码优化可以完成强度削弱、代码外提、无用代码删除等。通过这些操作和变换，最终提高循环执行时空效率。

习　题

8.1　在编译优化中，为什么常量的传播比常量合并困难？

8.2　请为下面的三地址代码序列构造它的控制流图。

(1) $x=5$

(2) $y=6$

(3) $r=x \bmod y$

(4) if $r==0$ goto (8)

(5) $x=y$

(6) $y=r$

(7) goto (3)

(8) write y

8.3　请为下面的三地址代码构造控制流图，并给出支配结点集和循环。

(1) $x=x+1$

(2) if $x>y$ goto (4)

(3) $a=a+1$

(4) if $x>a$ goto (8)

(5) $a=a+2$

(6) if $y>a$ goto (1)

(7) goto (10)

(8) $a=a*2$

(9) if $y>a$ goto (4)

(10) goto (8)

8.4　请为下面的三地址代码构造它的控制流图，并给出支配结点集和循环。

(1) $b=1$

(2) $b=2$

(3) if $w<=x$ goto (7)

(4) $e=b$

(5) goto (7)

(6) goto (10)

(7) $c=3$

(8) $b=4$

(9) $c=6$

(10) if $y<=z$ goto (12)

(11) goto (15)

(12) $g=g+1$

(13) $h=8$

　　（14）goto（6）

　　（15）$h=9$

8.5　假设离开下面的基本块时只有 L 活跃，请写出优化后的四元序列。

　　（1）$T_1=2$

　　（2）$T_2=A-B$

　　（3）$T_3=A+B$

　　（4）$T_4=T_2*T_3$

　　（5）$T_5=3*T_1$

　　（6）$T_6=A-B$

　　（7）$L=A+B$

　　（8）$T_7=T_6*L$

　　（9）$T_8=T_5*4$

　　（10）$M=T_8+T_7$

　　（11）$L=M$

8.6　对于图 8-13 所示的流图，解决下面三个问题。

　　（1）针对到达定值分析，计算基本块的 gen、kill、IN 和 OUT；

　　（2）针对活跃变量分析，计算基本块的 use、def、IN 和 OUT；

　　（3）针对可用表达式分析，计算基本块的 e_gen、e_kill、IN 和 OUT。

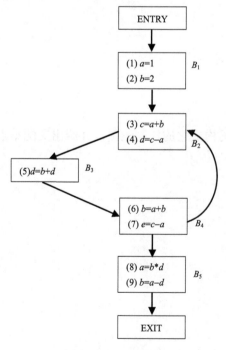

图 8-13　一个流图

8.7　一段源程序及其翻译得到的三地址代码序列如图 8-14 所示，请分析翻译过程实施了哪
　　些优化？

int i=0;
while (i<20) {
　　x=4*i;
　　i++;
　　y=z*6+x;
}
	(1) $i=0$;
	(2) $T_1=z*6$
	(3) $x=-4$
	(4) if $x>=76$ goto (7)
	(5) $x=x+4$
	(6) $y=T_1+x$
	(7) goto (3)

图 8-14　一段源程序及其翻译得到的三地址代码

8.8 对于图 8-15 所示的一组 C 函数以及在 x86-64/Ubuntu 经过编译优化后的汇编代码，请分别分析编译器对每一个程序进行了哪些优化?为什么?

序号	C函数	编译优化后的汇编代码

(1)	int f() {
	　　int x=1,y=2,z;
	　　if(x<y) z=x+y;
	　　else z=x−y;
	　　return z;
	}
		f:
		　　movl　　$3,%eax
		　　ret

(2)	int f(int x) {
	　　int a,b,c=2;
	　　a=2*x;
	　　b=5−x;
	　　b=b*c;
	　　return b;
	}
		f:
		　　movl　　$5,%eax
		　　subl　　%edi,%eax
		　　addl　　%eax,%eax
		　　ret

(3)	void f(int a,int b,int c) {
	　　int x=1,z=a;
	　　while (z<b) {
	　　　　z=x+c;
	　　}
	　　return z;
	}
		f:
		　　movl　　%edi,%eax
		　　cmpl　　%esi,%edi
		　　jge　　.L2
		　　addl　　$1,%edx
		.L4:
		　　movl　　%edx,%eax
		　　cmpl　　%edx,%esi
		　　jg　　.L4
		.L2:
		　　rep ret

(4)	int f(int a,int b)
	{　int x=1,y=2,z;
	　　while (a<b)
	　　{
	　　　　if (x<y) z=x+y;
	　　}
	　　return z;
	}
		f:
		　　cmpl　　%esi,%edi
		　　jge　　.L2
		.L4:
		　　jmp　　.L4
		.L2:
		　　movl　　$3,%eax
		　　ret

(5)	int f(int j) {
	　　int x;
	　　int i=0;
	　　while (j<20) {
	　　　　x=i+1;
	　　　　j=j+x;
	　　}
	　　return j;
	}
		f:
		　　movl　　%edi,%eax
		　　cmpl　　$19,%edi
		　　jg　　.L2
		.L4:
		　　addl　　$1,%eax
		　　cmpl　　$20,%eax
		　　jne　　.L4
		.L2:
		　　rep ret

图 8-15　一组 C 函数及其翻译得到的汇编代码

第 9 章 目标代码生成

目标代码生成是编译的最后一个阶段，其任务是将编译器前端生成的中间代码和符号表信息转化成目标机体系结构下的目标代码。目标代码可以是汇编代码或者机器代码。相比较而言，汇编代码简化了代码生成过程，增强了可读性，但还需要经过汇编才能得到可执行的机器代码。此外，具有绝对地址的机器语言程序最有效，但是不能独立地完成源程序各个模块的编译。具有相对地址的机器语言程序比较灵活，允许分别编译各个模块，能够利用已有的程序资源，但是需要经过链接才能得到可执行的机器语言程序。

9.1 代码生成的主要问题

代码生成将输入的中间代码程序转换成目标机上高质量的目标程序。为了得到高质量的代码，设计代码生成器时，编译器的设计者必须考虑目标机上指令集的特性和硬件资源。虽然不同的中间代码形式以及不同的目标机体系结构使得代码生成器有很多特定的设计细节，但是指令选择、寄存器分配和指令调度几乎是所有编译器都需要面对的问题。这三个问题对代码生成的质量有直接的影响，而且是相关的，所以为一个源程序生成最优的目标程序非常困难。也正因为如此，在实践中目标代码生成使用的算法大多是启发式的。

9.1.1 指令选择

指令选择是选择适当的目标机指令来实现中间代码语句。如果不考虑目标程序的效率，可以针对不同的中间代码设计出它的代码模板。例如，每个形如 $a=b+c$ 的三地址代码翻译成如下的指令序列：

  MOV b,R0
  ADD c,R0
  MOV R0,a

但是这种逐条语句的代码生成方法往往生成冗余的指令，使得最终的目标程序质量不高。例如，对于下面的三地址语句：

  $a=b+c$
  $d=a+e$

按照上面的翻译模板，将被翻译成下面的目标代码序列：

  MOV b,R0
  ADD c,R0
  MOV R0,a
  MOV a,R0
  ADD e,R0

MOV R0,*d*

很显然，第四条指令是冗余的。因为前一条指令刚刚把值从寄存器转移到内存，这条指令又把内存的值加载到寄存器。

目标程序的质量取决于它执行的空间效率和时间效率，所以要设计出良好的代码序列，就需要知道指令代价，但是指令代价往往和指令的上下文与目标机体系结构有关。指令选择的难度很大程度上依赖于指令集的特征。对相同的计算，目标机通常存在很多不同的执行方法。例如，如果目标机有加 1 指令 INC，则 *a*=*a*+1 最有效的实现是 INC *a* 而不是下面的代码序列。

MOV *a*,R0

ADD \$1,R0

MOV R0,*a*

尽管指令选择在决定指令质量中起到重要的作用，但是指令选择可能带来巨大的筛选空间，所以在实践中，必须采用那些能够产生良好代码的启发式技术。如果中间代码已经表示了某些机器级的细节，那么指令选择可以考虑这些细节并做出相应的选择，否则指令选择必须填补这些细节。

9.1.2　寄存器分配

寄存器是内存层次结构中访问速度最快的存储空间，将运算对象放在寄存器中的指令通常要比将运算对象放在内存中的指令快。因此，代码生成的另一个问题是在程序的每一点决定哪些值应该驻留在寄存器中。然而，寄存器是计算机系统中的紧缺资源，如 x86-64 有 16 个通用寄存器。此外，这些寄存器的使用可能还需要遵循一些使用约定，不能完全用于自由分配。因此，要想生成高质量的目标代码，必须充分利用目标机上的寄存器。

寄存器的分配决定哪些值驻留在寄存器中，哪个寄存器将保存这些值中的哪一个。当某个值不能驻留在寄存器中时，系统必须把这个值存储到内存。寄存器分配的一般目标是高效地使用目标机提供的寄存器，包括减少数值在寄存器和内存之间移进、移回的指令数量。

选择最优的寄存器分配方案是一个 NP 完全问题，如果考虑到目标机的硬件和(或)操作系统对寄存器的使用约束，该问题还会进一步复杂。对于所有数值都有相同存储长度的单一基本块，最优分配方案可以在多项式时间内完成，但任何额外的特征都使它变成 NP 完全问题，如增加可选的数据项长度。

在基本块范围内的寄存器分配称为局部寄存器分配，在过程范围内的寄存器分配称为全局寄存器分配。局部寄存器分配的一个启发式策略是将最常用的值驻留在寄存器中，通过计算待分配对象的访问频率决定分配寄存器的优先级别。全局寄存器分配的一个启发式策略是将内循环中最活跃的值驻留在寄存器中，因为大多数程序的多数时间都花在执行循环上，所以给予内部循环的分配优先级高于外部循环，更高于不包含在循环中的代码。

9.1.3　指令调度

指令调度是确定指令执行的顺序，因为指令执行的顺序会影响目标程序的效率。指令调度是一种依赖于机器的程序优化，它应用于机器代码，对代码进行重新排序，变换为与输入具有相同结果的指令序列。

现代计算机都是具有流水线的体系结构，即具有对多条指令的不同部分重叠进行操作的准并行处理实现技术。某些指令需要多个时钟周期，最常见的例子是访问内存，所以依赖于这些指令运行结果的其他指令都不能立即执行，因为在接下来的几个时钟周期内结果还不能使用。但是，接下来几个时钟周期内可以执行不访问这些结果的指令。图 9-1 所示的是两个功能相同的代码序列。假设从内存读取数据到寄存器需要 3 个时钟周期，ADD 指令需要 1 个时钟周期，那么执行图 9-1 所示的代码序列 1 需要 12 个时钟周期，执行图 9-1 所示的代码序列 2 需要 6 个时间周期。

代码序列 1	代码序列 2
MOV x,R1	MOV x,R1
ADD R1,R1	MOV y,R2
MOV y,R2	MOV z,R3
ADD R2,R2	ADD R1,R1
MOV z,R3	ADD R2,R2
ADD R3,R3	ADD R3,R3

图 9-1 指令调度示例

从上面的例子可以看到，不同的指令顺序对目标代码的执行效率有直接的影响。然而，选择最佳的指令顺序也是一个 NP 完全问题。为了简单起见，本书仅仅讨论按照给定的中间代码顺序生成目标代码。

9.2 一个简单的代码生成器

代码生成程序总是针对某一具体的计算机来实现的。因此，对于一种完整的程序设计语言来说，脱离具体的计算机，仅通过一般性的讨论来说明生成高效的目标代码的细节是不适当的，也是不可行的。然而，又不想局限于某种特定的计算机讨论目标代码的生成。因此，本节引入一个简单计算机的汇编代码作为目标代码，它具有多数实际计算机的某些共同的特点，并在此基础上讨论目标代码生成的主要问题。

9.2.1 目标语言

假定目标机模型具有 n 个通用寄存器，它们既可以作为累加器也可以作为变址器。目标机模型是字节可寻址的，其指令形式为

OP source,destination

其中，OP 为操作码，source 和 destination 分别是源操作数和目标操作数，目标操作数也用于存储计算结果。

一个完整的汇编语言包含几十到上百条指令。为了避免过多的细节妨碍对概念的理解，这里仅使用有限的指令集合。

(1)传递指令。

MOV source,destination，表示将 source 的内容移到 destination 中。

(2)二元运算指令。

二元运算指令包括 ADD、SUB、MUL、DIV 等计算指令，这些指令将 source 的内容和 destination 进行计算，并将运算结果存入 destination 中。

(3)跳转指令。

跳转指令包括条件跳转和无条件跳转两类指令。JMP destination，表示将控制流转向标号为 destination 的机器指令；条件跳转 JC R,destination，表示根据寄存器 R 的值做某个常见的测试，如果大于 0，则在满足测试的条件下将控制流转向标号为 destination 的机器指令，否则控制流转移到下一条机器指令。

假设目标机具有多种寻址达式，不同的模式有不同的开销。程序开销可以采用不同的度量标准，如编译时间、目标程序的大小以及运行时间等。确定一个程序的实际开销是一个非常复杂的问题，为某个源程序寻找最小开销的目标程序是不可判定问题，而且很多子问题都是 NP 困难的。在一般情况下，在代码生成阶段只采用一些有效的启发式策略。

为了简单，假设每个目标语言的指令都有相同的基础代价 1，并且一条指令的开销是基础开销加上源寻址达式和目标寻址达式的开销。这条指令开销与指令的长度相对应。例如，寄存器寻址达式的附加开销为 0，而直接寻址方式与立即寻址方式的附加开销为 1。如果 contents(a)表示由 a 代表的寄存器或者内存单元的内容，则寻址方式和它们的汇编语言形式及其开销如表 9-1 所示。

表 9-1 寻址方式、汇编语言形式及其开销

寻址方式	汇编语言形式	地址	增加的开销
直接寻址	M	M	1
寄存器寻址	R	R	0
变址寻址	c(R)	c+contents(R)	1
间接寄存器寻址	*R	contents(R)	0
间接变址寻址	*c(R)	contents(c+contents(R))	1
立即寻址	$c	c	1

下面是一些指令的例子。

(1)指令 MOV R0,R1 将寄存器 R0 的内容复制到寄存器 R1 中，指令占一个字的内存，所以开销是 1。

(2)指令 MOV R0,M 将寄存器 R0 的内容复制到内存单元 M 中，指令占 2 个字的内存，内存单元 M 的地址存放在该指令的下一个字中，所以指令开销是 2。

(3)指令 ADD $1,R0 将寄存器 R0 的内容加 1，常数 1 必须出现在指令后面的下一个字中，所以指令占 2 个字的内存，所以指令开销是 2。

(4)指令 MOV *4(R0),M 表示将值 contents(contents(4+ contents(R0)))存入内存单元 M，指令占 3 个字的内存，常数 4 和内存单元 M 要存放在指令之后的两个字中，所以指令开销是 3。

每条三地址代码可以通过多种不同的指令序列来实现，它们的开销可能不同。例如，下面就是 $a=b+c$ 的几种实现方案。

(1) MOV b,R0

　　ADD c,R0

　　MOV R0,a

(2) MOV b,a

　　ADD c,a

(3) 假定 R0、R1 和 R2 中分别存放了 a、b 和 c 的地址。

　　MOV *R1,*R0

　　ADD *R2,*R0

(4) 假定 R1 和 R2 中分别包含 b 和 c 的值，并且 b 的值在这个赋值以后不再需要。

　　ADD R2,R1

　　MOV R1,a

实现方案 (1) 和 (2) 的开销都是 6，实现方式 (3) 的开销是 2，实现方式 (4) 的开销是 3。可见有效利用机器的寻址能力可以生成优化的代码。此外，如果某个变量不久后要被引用，则尽量将该变量的左值或者右值保存在某个寄存器中。

假设目标程序的开销为针对某个特定输入所执行的所有指令开销的总和，代码生成算法的目标就是使所生成的目标程序在典型输入上执行的指令开销总和达到最小。

9.2.2　一个目标代码生成算法

本节针对单一基本块，介绍一个简单的代码生成算法。假设该算法中涉及的基本块已经通过合并公共子表达式等技术转换成优化的三地址代码序列，并且有一组寄存器可以用来存放基本块内的值，每个运算只有一个对应的机器指令。

代码生成中的一个主要问题是如何最大限度地利用寄存器。因此，代码生成算法依次考虑基本块中的每一个三地址代码，并且追踪哪个值存放在寄存器中，以尽量避免不必要的寄存器和内存之间的转存。为了随时掌握寄存器和相关内存单元的情况，需要一个数据结构来存储哪些值存放在哪些寄存器中，以及变量存储在哪些位置上。这个数据结构包括以下的寄存器描述符和地址描述符。

(1) 寄存器描述符 RVALUE：每个寄存器都有一个寄存器描述符，它用于记录该寄存器中存储了哪些变量的当前值。每当代码生成器需要一个新的寄存器时都要查看该描述符。因为本节的生成算法仅考虑那些基本块内的局部变量，所以可以假设基本块入口所有的寄存器描述符都是空的。在代码生成过程中，每个寄存器将保存 0 个或者多个变量。

(2) 地址描述符 AVALUE：用于记录运行时保存变量当前值的一个或者多个位置。该位置可能是一个寄存器、一个栈单元、一个内存地址，或它们组成的某个集合。这些信息可以用来确定对变量的存取方式，通常保存在符号表中。

代码生成算法的核心是充分利用寄存器，本节使用 getReg 函数为每个三地址代码 $x=y$ op z 或者 $x=y$ 选择一个寄存器，作为即将生成指令的目标操作数。为了算法简单，采用下面的启发式过程为 y 选择一个寄存器。

（1）如果 y 的当前值存储在寄存器中，则选择一个包含 y 的当前值的寄存器 R_y。

（2）如果 y 不在寄存器中，并且存在空闲的寄存器 R_y，则返回寄存器 R_y。

（3）如果 y 不在寄存器中，并且也没有空闲的寄存器，那么可以考虑从已经占用的寄存器中选择某个安全的寄存器 R。如果 R 是一个候选寄存器，且 v 是存储在 R 中的变量，那么保证满足下面的可能情况之一：

① R 中保存了变量 v 的值，但是 v 的值不再被使用；

② R 中保存了变量 v 的值，但是还可以在其他地方获取 v 的值；

③ 在上面的两种情况都不满足的条件下，使用指令 MOV R,v 将 v 转存到内存中。

因为选择寄存器的时候，候选寄存器 R 中可能存放多个变量，所以需要对存放值在 R 中的每一个变量重复执行上面的步骤。使用需要生成转存指令的数量作为每个候选寄存器的评分，并选择评分最低的寄存器。

基于基本块的简单代码生成的算法，对基本块中的每一条形如 $x=y$ op z 的三地址代码序列执行如下的操作。

（1）以 $x=y$ op z 为参数，调用 getReg，为 y 选择寄存器 R。

（2）根据 AVALUE[y]确定 y 的当前值是否在寄存器中；如果 y 的当前值不在寄存器中，则生成目标代码：MOV y,R。

（3）根据 AVALUE[z]，返回一个 z 的当前值的存储位置 z'；如果该位置满足 z 的当前值同时保存在寄存器和内存，则返回的是一个寄存器。

（4）生成目标代码：OP z',R。

（5）从 AVALUE[y]和 AVALUE[z]中删除可能存在的 R。

（6）令 AVALUE[x]={R}，并令 RVALUE[R]={x}，表示变量 x 的当前值只在 R 中并且 R 中的值只代表 x 的当前值。

（7）如果 y 的当前值不会再被引用，且 y 的当前值存储在寄存器 R_y 中，则从 RVALUE[R_y]中删除 y，从 AVALUE[y]中删除 R_y；对 z 进行相同的处理。

对基本块中的每一条形如 $x=y$ 的三地址代码序列执行如下的操作。

（1）以 $x=y$ 为参数，调用 getReg，为 y 选择寄存器 R。

（2）根据 AVALUE[y]判断 y 的当前值是否存储在寄存器中，如果 y 的当前值不在寄存器中，那么生成目标代码：MOV y,R，并且令 AVALUE[y]={R,y}，RVALUE[R]={x,y}；如果 y 的当前值在寄存器中，那么令 RVALUE[R]=RVALUE[R]∪{x}。

（3）令 AVALUE[x]={R}。

（4）如果 y 的当前值不会再被引用，且 y 的当前值存储在寄存器 R_y 中，则从 RVALUE[R_y]中删除 y，从 AVALUE[y]中删除 R_y。

处理完基本块中所有的三地址代码之后，对当前值在某寄存器 R 中的每个变量 M，若它在出口之后是活跃的，则生成 MOV R,M，将其存入主存，并修改 M 的地址描述符 AVALUE[M]=AVALUE[M]∪{M}。

下面是一个三地址代码序列：

$t=a-b$

$u=a-c$

$$v=t+u$$
$$a=d$$
$$d=v+u$$

假定 a、b、c、d 在基本块的出口是活跃的，并且仅有两个寄存器 R1 和 R2 可以使用。利用上述代码生成算法的过程如表 9-2 所示，其中寄存器描述符 RVALUE 和地址描述符 AVALUE 用一个序列表示，RVALUE 的每个单元依次表示一个寄存器中当前存储的变量值，AVALUE 的每个单元依次表示一个变量值当前的存储位置；此外，表格还显示了基本块翻译之前和之后的寄存器描述符和地址描述符。

表 9-2　代码生成算法的过程示例

步骤	语句	生成的代码	寄存器描述符 RVALUE		地址描述符 AVALUE						
			R1	R2	a	b	c	d	t	u	v
1			{}	{}	{a}	{b}	{c}	{d}	{}	{}	{}
2	$t=a-b$	MOV a,R1 SUB b,R1	{t}	{}	{a}	{b}	{c}	{d}	{R1}	{}	{}
3	$u=a-c$	MOV a,R2 SUB c,R2	{t}	{u}	{a}	{b}	{c}	{d}	{R1}	{R2}	{}
4	$v=t+u$	ADD R2,R1	{v}	{u}	{a}	{b}	{c}	{d}	{}	{R2}	{R1}
5	$a=d$	MOV R2,u	{v}	{}	{a}	{b}	{c}	{d}	{}	{u}	{R1}
5	$a=d$	MOV d,R2	{v}	{a}	{R2}	{b}	{c}	{d}	{}	{u}	{R1}
6	$d=v+u$	ADD u,R1	{d}	{a}	{R2}	{b}	{c}	{R1}	{}	{u}	{}
7		MOV R1,d	{d}	{a}	{R2}	{b}	{c}	{R1,d}	{}	{u}	{}
8		MOV R2,a	{d}	{a}	{R2,a}	{b}	{c}	{R1,d}	{}	{u}	{}

在表 9-2 所示的过程中，第 1 步是初始化，使寄存器描述符 RVALUE[R1]={},RVALUE[R2]={}。假设进入基本块之前，a、b、c、d 都存储在内存中。

第 2 步，扫描代码 $t=a-b$。调用 getReg 为 a 选择寄存器 R1，也将用于存储 t。因为 a 不在 R1 中，所以产生 MOV a,R1 和 SUB b,R1 指令。修改 R1 的寄存器描述符和 t 的地址描述符，即 RVALUE[R1]={t}，AVALUE[t]={R1}。

第 3 步，扫描代码 $u=a-c$。调用 getReg 为 a 选择寄存器 R2，也将用于存储 u。因为 a 不在 R2 中，所以产生 MOV a,R2 和 SUB c,R2 指令。修改 R2 的寄存器描述符和地址描述符，即 RVALUE[R2]={u}，AVALUE[u]={R2}。

第 4 步，扫描代码 $v=t+u$。调用 getReg 为 t 选择寄存器。因为 t 已经存储在寄存器 R1 中，所以 getReg 返回 R1。同时，因为 u 也保存在寄存器 R2 中，所以产生 ADD R2,R1 指令。修改 R1 的寄存器描述符和 v 的地址描述符，即 RVALUE[R1]={v}，AVALUE[v]={R1}。

第 5 步，扫描代码 $a=d$。调用 getReg 为 d 选择寄存器。因为目前已经没有空闲的寄存器，选择将 R2 中的 u 溢出到内存，所以生成 MOV R2,u 指令。修改 R2 的寄存器描述符为空，u 的地址描述符为 u。

因此，getReg 返回 R2，并且生成 MOV d,R2 指令。修改 R2 的寄存器描述符 RVALUE [R2]={a,d}，d 的地址描述符 AVALUE[d]={d,R2}，a 的地址描述符 AVALUE[a]={R2}。

又因为 d 的当前值不会再被引用，所以将 d 从 R2 的寄存器描述符中删除，将 R2 从 d 的地址描述符中删除，即 RVALUE[R2]={a}，AVALUE[d]={d}。

第 6 步，扫描代码 $d=v+u$。调用 getReg 为 v 选择寄存器。因为 v 已经存储在寄存器 R1 中，所以 getReg 返回 R1，并且生成 ADD u,R1 指令。修改 R1 的寄存器描述符为{d}，d 的地址描述符为{R1}。

第 7 步，将存储在 R1 且基本块出口之后活跃的变量值存入内存，生成 MOV R1,d 指令。修改 d 的地址描述符为{R1,d}。

第 8 步，将存储在 R2 且基本块出口之后活跃的变量值存入内存，生成 MOV R2,a 指令。修改 a 的地址描述符为{R2,a}。

9.2.3　表达式优化代码的生成

基于基本块的目标代码生成算法，按照基本块内各个中间代码语句的顺序生成相应的目标代码。然而，如果一个基本块仅包含表达式的求值语句，那么这些语句可能存在多个不同顺序的等价序列。例如，图 9-2 所示 DAG 可以构建两段等价的三地址代码序列，如图 9-3 所示。

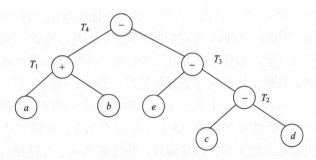

图 9-2　一个 DAG 图

三地址代码序列 1	三地址代码序列 2
$T_1=a+b$	$T_2=c+d$
$T_2=c+d$	$T_3=e-T_2$
$T_3=e-T_2$	$T_1=a+b$
$T_4=T_1-T_3$	$T_4=T_1-T_3$

图 9-3　两段等价的三地址代码序列

　　根据基于基本块的目标代码生成算法，图 9-3 所示的代码序列分别生成对应的目标代码，如图 9-4 所示。其中，假设生成代码时，只有寄存器 R0 和 R1 可用，并假设基本块出口处只有 T_4 是活跃的。从图 9-4 容易看出，两段等价三地址代码序列生成的目标代码序列执行开销不同。

目标代码序列 1	目标代码序列 2
MOV a,R0	MOV c,R0
ADD b,R0	ADD d,R0
MOV c,R1	MOV e,R1
ADD d,R1	SUB R0,R1
MOV R0,T1	MOV a,R0
MOV e,R0	ADD b,R0
SUB R1,R0	SUB R1,R0
MOV T1,R1	MOV R0,T4
SUB R0,R1	
MOV R1,T4	

图 9-4　两段等价的目标代码序列

　　图 9-4 所示的目标代码序列 1 存在典型的不足：当计算 T_1 之后，T_1 值不能及时地用于后续的计算，所以必须把它的值存入内存中。在目标代码序列 2 中，取 T_1 值的两条指令不再出现，同时还省去一个存储 T_1 值的临时单元。图 9-3 所示的三地址代码序列 2 的每一个运算都具有这样的特点：为了完成一条三地址代码的执行，总是首先完成它的右操作数的计算，再完成它的左操作数的计算，最后执行运算的本身。这个特点使得生成的目标代码可能省去那些不必要的存取指令，从而产生更为有效的目标代码。

　　从图 9-2 所示的 DAG 可以看出，基本块的目的是计算 T_4。根据上述分析，为了计算 T_4，需先计算出右操作数 T_3，但是由于 T_3 不是叶子结点，为了计算 T_3，又得先计算出 T_2。此时，由于 T_2 的左右两个直接后继结点都是叶子结点，因此可首先处理 T_2，生成 $T_2 = c + d$ 对应的代码；接下来，回到 T_3 的计算。此时，计算右操作数 T_2 的代码已经产生，而其左操作数为一已知量 e，所以可以翻译 T_3 对应的代码 $T_3 = e - T_2$。最后，回到 T_4 的计算。既然计算 T_3 的代码已经产生，就可以生成计算其左操作数 T_1 的代码，进而就可以生成 $T_4 = T_1 - T_3$ 对应的目标代码序列。按照上述的顺序翻译就可以得到目标代码序列 2。

　　根据上面的分析，可以得到一个基于 DAG 的三地址代码序列排序的启发式算法，伪代码如图 9-5 所示。其中，假设所给的 DAG 含有 m 个结点，数组 N 中每一个登记项的内容为 DAG 中某个内部结点的编码。简单地说，排序算法就是按照根结点、左儿子结点、右儿子结点的顺序进行遍历的过程，并且按照遍历的逆序输出。排序算法没有考虑叶子结点的排序，因为某个内部结点如果引用叶子结点的值，则不必生成叶子结点的代码，如果引用叶子结点上还有附加标识符，则先产生对这些标识符赋值的目标代码就可以。

　　经过排序的三地址代码序列可以有效地使用寄存器，从而提高翻译得到的目标代码质量。例如，利用图 9-5 所示的伪代码对图 9-2 所示的 DAG 进行排序，获得的代码序列就是图 9-3 中的三地址代码序列 2。

```
for (k=1;k<=m;k++) N[k]=null
i=m;
while (仍然还有没有排序的结点) {
        选择一个没有排序的结点 v，且它的父结点已经排序了；
        N[i]=v;
        i--;
        while(v 最左边的儿子结点 u 的父结点都已经排序了，且 u 不是叶子结点){
                N[i]=u;
                i--;
                v=u;
        }
}
```

图 9-5　基于 DAG 的三地址代码序列排序的启发式算法

9.3　基于图着色的寄存器分配

在代码生成过程中需要一个寄存器，但是所有的寄存器都在使用时，某个正在使用的寄存器中的值就必须被保存到内存的一个位置上，以便释放一个寄存器，这一过程称为溢出。图着色方法是一个可以用于寄存器分配和溢出管理的技术。

基于图着色的寄存器分配可以描述为下面步骤。

(1)假设可用的寄存器是无限的，称为伪寄存器，并为中间代码中可以指派给寄存器的名字分配伪寄存器。

(2)构建一个寄存器冲突图 G，图中的结点表示伪寄存器，无向边表示冲突，即在程序的某个点上两个待分配的变量同时活跃，或者某个变量不能使用某个寄存器。

(3)使用 n 种颜色对图 G 进行着色，其中 n 是可指派的寄存器个数。一个图是被着色的，当且仅当每个结点都被赋予一个颜色，且任意相连结点的颜色不同。

(4)为相同颜色结点所对应的数据对象分配相同的寄存器。

图 9-6 描述一个中间代码序列、活跃变量和寄存器冲突图。假设这段代码序列执行结束之后的活跃变量是 x 和 j，那么对于每条三地址代码后的程序点，其活跃变量表示在该条代码的右侧；对于每条三地址代码前的程序点，其活跃变量表示在该三地代码的上一条代码的右侧。例如，语句 $j=x+b$ 前后程序点的活跃变量分别是 $\{x,b\}$ 和 $\{x,j\}$。图 9-6(b)描述的是这一段中间代码序列的寄存器冲突图，其中每个结点使用变量名进行标记，且两个同时活跃的结点之间存在一条边。假设所有的寄存器都是同一类寄存器并且没有特殊的使用约定，所以冲突图中不需要包含任何约定的寄存器。

是否可以使用 n 种颜色对寄存器冲突图进行着色是一个 NP 完全问题，但是在实践中可以使用下面的启发式技术进行快速着色。该着色过程包括以下两步。

三地址代码序列	活跃变量
	$\{k, j\}$
$a=k+j$	$\{a, k, j\}$
$b=k-j$	$\{a, k, b\}$
$c=a*b$	$\{c, k\}$
$b=k*5$	$\{b, c\}$
$x=c+6$	$\{x, b\}$
$j=x+b$	$\{x, j\}$
live-out:x, j	

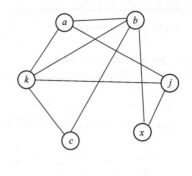

(a)　　　　　　　　　　　　　　　　　　　(b)

图 9-6　中间代码序列、活跃变量和寄存器冲突图

（1）如果图 G 中存在一个结点 v，v 的邻居结点个数少于 n，则把 v 和与 v 相连的边删除，并且得到 G'；这一步利用 n-着色的基本性质，即对图 G' 的一个 n-着色方案可以扩展为一个对 G 的 n-着色方案，只要给结点 v 指派一个尚未指派给邻居结点的颜色即可。

（2）不断重复第（1）步，从图中删除度数小于 n 的结点，如果可以得到一个空图，说明图 G 可以实现 n-着色；否则可以从图 G 中选择某个结点将其删除，并继续着色过程。其中，被选择删除的结点作为溢出候选结点。

图 9-6 所示的寄存器冲突图使用 3 种颜色着色方案，将不同颜色分配给不同物理寄存器的一个结果如图 9-7 所示。按照图 9-7 所示的结果，变量 a、c 和 x 指派寄存器 R1，b 和 j 指派寄存器 R2，k 指派寄存器 R0。

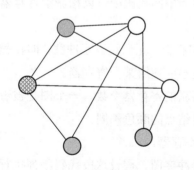
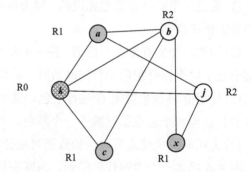

图 9-7　图着色和寄存器分配

当然，寄存器分配比较复杂，不仅仅是图着色的问题。例如，当物理寄存器数目不足以分配给所有变量时，就必须将某些变量溢出到内存中，也就是将某些保存在寄存器中的值写到内存中。最小化溢出代价也是一个 NP 完全问题。

9.4　目 标 文 件

如果目标代码生成的是汇编指令，那么编译器将源程序翻译得到的汇编代码文件需要执行，还需要使用汇编器和链接器，通过汇编和链接将汇编代码文件转换成目标文件。本节围绕目标文件，简单介绍汇编和链接的基本概念及过程。

9.4.1　目标文件格式

可重定位目标文件、可执行文件和共享目标文件一般统称目标文件。目标文件的格式随操作系统不同而有所差异，PE（Portable Executable）是 Windows 环境下的目标文件格式，ELF（Executable and Linkable Format）是 Linux 等类 UNIX 操作系统中的目标文件格式，PE格式和 ELF 格式都是通用对象文件格式（Common Object File Format，COFF）的衍生文件格式。COFF 格式是一种跨平台移植可执行文件和对象文件格式，也是早期 System V UNIX采用的目标文件格式。COFF 文件由一组严格定义的数据结构序列组成，不仅包含代码和数据，还包含重定位信息、调试信息、符号表等其他信息。Win32 环境下，PE 格式是包括.exe、.dll、.sys 等文件的标准格式。Linux 等类 UNIX 操作系统下，ELF 格式是.o 和.so等文件的标准格式。

ELF 文件包括文件头（ELF Header）、节（Section）或段（Segment）、程序头表（Program Header Table）或节头表（Section Header Table），如图 9-8 所示。文件头描述整个文件的组织，包括版本信息、入口信息、偏移信息等。段是从运行的角度来描述 ELF 文件的，节是从链接的角度来描述 ELF 文件的。程序头表描述与程序执行直接相关的信息。节头表描述文件各个 Section 的属性信息。

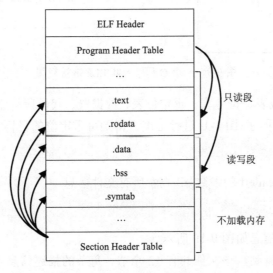

图 9-8　ELF 的文件结构

在汇编器和链接器看来，ELF 文件是由节头表描述的一系列节组成的。在加载器看来，ELF 文件由程序头表描述的一系列段组成，每段加载具有相同属性的一节或多节。一个 ELF文件一般包括以下常见的节。

（1）.text：存放程序代码。

（2）.rodata：存放只读数据，如常量。

（3）.data：通常存放已初始化的全局变量和局部静态变量。

（4）.bss（Block Started by Symbol）：通常存放未初始化的全局变量和局部静态变量，或者初始化为 0 的变量；.bss 不占用目标文件的空间，只在加载时占用地址空间。区分已初始化和未初始化全局变量与局部静态变量的目的是节省磁盘空间，因为.bss 只是一个占位符而不占文件空间，其内容由操作系统初始化，即清零。

　　（5）.symtab：一个符号表，存放程序中定义和引用的函数与全局变量的信息。和编译器中的符号表不同，.symtab 不包括局部变量的条目。

　　图 9-9 直观地给出一个简单的 C 程序的链接视图。其中，d 和 f 是全局变量，i 和 j 是静态局部变量，x 是局部变量；此外，d 和 j 是没有初始化的变量。因此，f 和 i 被映射到.data 节，d 和 j 被映射到.bss 节，局部变量 x 将被映射到动态数据栈区。

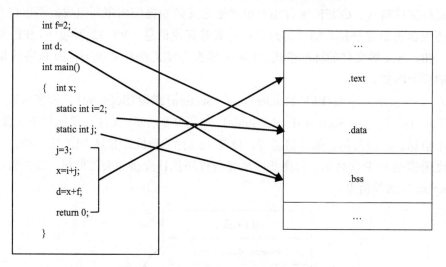

图 9-9　一个 C 程序及其 ELF 链接视图

　　目标文件就是将段表、符号表、重定位表、数据段、代码段等组合到 ELF 文件中。使用下面的命令对 test.c 程序（图 1-1）进行汇编，得到可重定位的目标文件 test.o。

```
$ gcc -c test.c -o test.o
```

　　进一步使用命令 readelf 的参数-all 查看所有文件信息：

```
$ readelf -all test.o
```

test.o 的部分文件信息如图 9-10 所示。

　　从图 9-10 中可以看到，该文件共有 12 个节。每节的描述信息包括类型（Type）、虚拟地址（Address）、相对 ELF 文件开头的偏移地址（Offset）、节大小（Size）、节内保存表的表项大小（Entsize）、标志位（Flags）、链接到其他 Section Header 的索引号（Link）、附加的段信息（Info）和段对齐（Align）。其中，NULL 类型表示无效节；PROGBITS 类型表示 Section 中的内容为程序数据，如代码、全局变量等；RELA 类型表示该 Section 为重定位表；NOBITS 类型一般用于.bss 节；STRTAB 类型的 Section 用于保存字符串；SYMTAB 类型的 Section 用于保存符号表。

　　ELF 文件信息中还可以查看到文件的类型、节头（Section Header）起始的位置等。使用命令 ls 的参数–1 可以查看 test.o 文件大小为 1384（0x000000568）字节：

```
$ ls -l test.o
```

```
Section Headers:
  [Nr] Name          Type        Address           Offset    Size              EntSize           Flags  Link  Info  Align
  [ 0]               NULL        0000000000000000  00000000  0000000000000000  0000000000000000          0     0     0
  [ 1] .text         PROGBITS    0000000000000000  00000040  0000000000000020  0000000000000000  AX      0     0     1
  [ 2] .rela.text    RELA        0000000000000000  000001d8  0000000000000018  0000000000000018  I       10    1     8
  [ 3] .data         PROGBITS    0000000000000000  00000060  0000000000000004  0000000000000000  WA      0     0     4
  [ 4] .bss          NOBITS      0000000000000000  00000064  0000000000000000  0000000000000000  WA      0     0     1
  [ 5] .comment      PROGBITS    0000000000000000  00000064  0000000000000036  0000000000000001  MS      0     0     1
  [ 6] .note.GNU-stack PROGBITS  0000000000000000  0000009a  0000000000000000  0000000000000000          0     0     1
  [ 7] .eh_frame     PROGBITS    0000000000000000  000000a0  0000000000000038  0000000000000000  A       0     0     8
  [ 8] .rela.eh_frame RELA       0000000000000000  000001f0  0000000000000018  0000000000000018  I       10    7     8
  [ 9] .shstrtab     STRTAB      0000000000000000  00000208  0000000000000059  0000000000000000          0     0     1
  [10] .symtab       SYMTAB      0000000000000000  000000d8  00000000000000f0  0000000000000018          11    8     8
  [11] .strtab       STRTAB      0000000000000000  000001c8  000000000000000d  0000000000000000          0     0     1
Key to Flags:
W (write), A (alloc), X (execute), M (merge), S (strings), l (large)
I (info), L (link order), G (group), T (TLS), E (exclude), x (unknown)
O (extra OS processing required) o (OS specific), p (processor specific)
```

图 9-10　test.o 的节信息，C 代码在图 1-1 中

　　因为 64 位 ELF 文件的节信息使用一个结构体数组进行存储，每个结构体为 64 字节，而且 test.o 有 12 个节，所以 Section Header Table 大小为 768 字节。结合文件信息中节头起始地址 616（0x000000268），test.o 的 ELF 文件布局如图 9-11 所示。

　　在图 9-11 所示的 ELF 文件布局中，.bss 和.comment 的偏移地址都是 0x00000064，但是.bss 的大小为 0，也就是说.bss 不占存储空间。同样.note.GNU-stack 也是不占存储空间的。虽然.note.GNU-stack 不占空间，但却有 6 字节的空闲，这是因为.eh_frame 要求按照 8 的倍数进行对齐；.strtab 和.rela.text 之间有 3 字节的空闲，也是因为.rela.text 需要按照 8 的倍数进行对齐。

9.4.2　汇编

　　汇编语言是计算机的机器语言的符号形式，相比较高级语言程序，汇编语言程序语法结构简单，容易翻译成机器语言程序，所以有些编译器会以汇编语言作为其目标语言，然后由一个汇编器将它翻译成目标代码。

　　在 Ubuntu 上使用下面的 gcc 命令对 test.c 程序（图 1-1）进行编译：

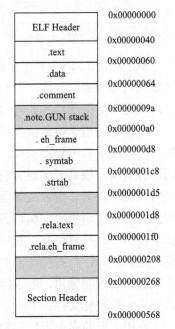

图 9-11　test.o 的 ELF 文件布局，C 代码在图 1-1 中

```
$ gcc -S test.c -o test.s
```

经过 gcc-5.4.0 可以得到下面的汇编语言程序：

```
        .file "test.c"
            .globl    b
            .data
            .align 4
            .type b,@object
            .size b,4
b:
            .long     3
            .text
            .globl    main
            .type     main,@function
main:
            pushq     %rbp
            movq      %rsp,%rbp
            movl      $2,-8(%rbp)
            movl      b(%rip),%edx
            movl      -8(%rbp),%eax
            addl      %edx,%eax
            movl      %eax,-4(%rbp)
            movl      $0,%eax
            popq      %rbp
            ret
            .size     main,.-main
            .ident    "GCC: (Ubuntu 5.4.0-6ubuntu1~16.04.12) 5.4.0 20160609"
            .section  .note.GNU-stack,"",@progbits
```

从上面的汇编语言程序可以看到，词法记号删除了大部分界符和运算符，同时标识符可以用符号"@"开头，而且所有的汇编助记符、寄存器、汇编器操作符都是关键字，所以汇编程序的语法结构相对简单。

汇编器是用于特定计算机上的汇编语言程序的翻译程序，将汇编语言程序翻译为二进制目标程序。和编译器类似，汇编器也包括词法分析、语法分析、语义分析和代码生成。词法分析程序根据汇编语言的特点识别词法记号，因为汇编语言程序的语法结构相较于高级语言程序简单，所以汇编器的词法分析相对比较简单。在词法分析的基础上，汇编器的语法分析程序识别出汇编语言的语法模块，主要是声明和指令两类。对识别出的语法模块，获取段信息、符号信息、重定位信息、有效数据定义等分别填充到段表、符号表、重定位表、数据段等；根据操作符关键字、操作数和操作数长度，以及目标指令编码规则，将指令映射成二进制输出，形成代码段。把所有的段按照 ELF 文件的格式组装起来，形成最终的可重定位目标文件。

使用下面的命令可以将源程序或汇编程序汇编为目标文件：

```
$ gcc -c test.c -o test.o
$ gcc -c test.s -o test.o
```

经过汇编得到的目标程序反汇编结果如图 1-2 所示。例如，指令 pushq %rbp 汇编得到的机器代码是 0x55；movq %rsp,%rbp 汇编得到的结果是 0x4889e5；指令 movl $2,-8(%rbp) 汇编得到的结果是 0xc745f802000000。

x86-64 指令一般包括七个可选的部分：Legacy Prefix、REX Prefix、Opcode、ModRM、SIB、Displacement 和 Immediate。其中，Legacy Prefix 是可选的指令前缀，用来调整内存操作数属性、增强指令功能等。REX Prefix 也是可选的指令前缀，使用 1 字节来扩展访问 64 位数据，它的高四位一定是 0x4，低四位分别代表 W、R、X、B 四个域。Opcode 是必需的操作码，表示要执行的操作，如加、减、乘、除等。ModRM 和 SIB 提供操作数可选的寻址方式，是 1 字节的编码，ModeRM 字节按照 2-3-3 依次表示 mode、reg 和 r/m 三个域，SIB 字节按照 2-3-3 依次表示 scalar、index 和 base 三个域。Displacement 记录需要的偏移；Immediate 记录立即数。

例如，对于编码 0x4889e5，其中的 0x48 是指令前缀 REX Prefix，二进制表示为 01001000，即 REX.w=1，表示访问的是 64 位寄存器；0x89 是操作码，表示从寄存器到寄存器的 MOV 指令；0xe5 是 ModRM，二进制表示为 11100101，即 ModRM.mod=0b11 表示寄存器操作数，ModRM.reg=0b100 表示寄存器%rsb，ModRM.r/m=0b101 表示寄存器%rbp。因此，编码 0x4889e5 是指令 movq %rsp,%rbp 汇编得到的结果。对于编码 0xc745f802000000，0xc7 是操作码，表示从立即数到内存的 MOV 指令；0x45 是 ModRM，即 ModRM.mod=0b01 表示寄存器+8 位位移的寻址方式，ModRM.r/m=0b101 表示使用寄存器%rbp；0xf8 是 Displacement，表示–8 的补码；0x02000000 是小端存储的 Immediate，即 0x2。因此，编码 0xc745f802000000 是指令 movl $2,–8(%rbp) 汇编得到的结果。

9.4.3　链接

大型程序经常被分为多个部分进行编译，每个目标文件可能有自己的函数或者全局变量，编译得到的目标程序想要加载进入内存执行，就需要链接器将这些分离的目标文件合并形成完整的可执行文件。

链接的基本问题是多个目标文件合并输出为一个目标文件。链接器主要完成两个基本任务：符号解析和重定位。符号解析主要将符号的引用和输入的可重定位目标文件的符号表中的一个符号关联起来。在符号解析的基础上，链接器扫描各个段，根据它们的属性将相同类型的段进行合并，并确定各个段合并之后的长度。然后，根据重定位表修改代码段和数据段中对每个符号的引用，调整代码中的地址，使得它们指向正确的运行时地址。

例如，test.o 包括.rela.text 和.rela.eh_frame 两个重定位段，它们具体描述需要重定位的代码信息（图 9-12）。其中，Offset 是相对于节起始的偏移，Type 表示重定位类型，Addend 是一个有符号常数，对一些重定位类型的修改值进行偏移调整。R_X86_64_32 和 R_X86_64_PC32 是最典型的两种重定位类型。R_X86_64_32 表示重定位一个使用 32 位绝对地址的引用，地址在指令中占用 4 字节，即 32 位。R_X86_64_PC32 表示重定位符号引用的是一个 32 位的 PC 相对地址，即寻址的目标是 CPU 当前执行的指令编码的 32 位地址加上 PC 值，PC 值通常是下一条指令的地址。例如，.text 中需要重定位的符号为 b，其 Offset 为 0x00000000000d，是相对于.text 起始的偏移，重定位类型是 R_X86_64_PC32。此外，.rela.eh_frame 是异常信息处理。

```
Relocation section '.rela.text' at offset 0x1d8 contains 1 entries:
   Offset            Info              Type              Sym. Value          Sym. Name + Addend
00000000000d   000800000002     R_X86_64_PC32     0000000000000000              b − 4
Relocation section '.rela.eh_frame' at offset 0x1f0 contains 1 entries:
   Offset            Info              Type              Sym. Value          Sym. Name + Addend
000000000020   000200000002     R_X86_64_PC32     0000000000000000             .text + 0
```

图 9-12　test.o 的重定位条目，C 代码在图 1-1 中

可以使用 ld 命令对 test.c 汇编得到的 test.o 进行链接：

```
$ ld test.o -e main -o test
```

虽然单个文件的链接比多个文件的链接简单，但仍然可以直观展示链接中典型的符号重定位。test.c 程序(图 1-1)汇编得到的 test.o 链接后得到 test，该文件的各节信息如图 9-13 所示。对照图 9-10 所示的 ELF 文件信息可以发现，链接前所有段的 Address 都为 0，因为虚拟存储空间没有被分配。链接后.text 被分配到 0x00000000004000e8，.eh_frame 被分配到 0x0000000000400108，.data 被分配到 0x0000000000600140。完成空间和地址分配，链接器就可以进行符号的解析和重定位。

```
Section Headers:
 [Nr] Name       Type       Address            Offset     Size               EntSize            Flags  Link  Info  Align
 [ 0]            NULL       0000000000000000   00000000   0000000000000000   0000000000000000   0      0     0
 [ 1] .text      PROGBITS   00000000004000e8   000000e8   0000000000000020   0000000000000000   AX     0     0     1
 [ 2] .eh_frame  PROGBITS   0000000000400108   00000108   0000000000000038   0000000000000000   A      0     0     8
 [ 3] .data      PROGBITS   0000000000600140   00000140   0000000000000004   0000000000000000   WA     0     0     4
 [ 4] .comment   PROGBITS   0000000000000000   00000144   0000000000000035   0000000000000001   MS     0     0     1
 [ 5] .shstrtab  STRTAB     0000000000000000   000002ad   000000000000003a   0000000000000000   0      0     1
 [ 6] .symtab    SYMTAB     0000000000000000   00000180   0000000000000108   0000000000000018   7      6     8
 [ 7] .strtab    STRTAB     0000000000000000   00000288   0000000000000025   0000000000000000   0      0     1
Key to Flags:
 W (write), A (alloc), X (execute), M (merge), S (strings), l (large)
 I (info), L (link order), G (group), T (TLS), E (exclude), x (unknown)
 O (extra OS processing required) o (OS specific), p (processor specific)
```

图 9-13　链接得到 test 的节信息，C 代码在图 1-1 中

当链接器完成空间和地址分配之后，链接器就可以对每个需要重定位的指令进行修正。例如，图 9-12 所示的重定位符号 b，Offset 为 0xd，是相对于.text 起始的偏移，这个信息告诉链接器待修正的地址为

$$refaddr = 0x4000e8 + 0xd = 0x4000f5$$

根据重定位类型 R_X86_64_PC32，重定位地址为

$$*refptr = addr(r.symbol) + r.addend − refaddr$$
$$= 0x600140 − 0x − 0x4000f5$$
$$= 0x200047$$

对 b 重定位的目的就是计算出 0x200047，其中二进制指令中 32 位地址编码为小端存储，即 R_X86_64_PC32 表示 b 的修正地址是当前指令编码的 32 位地址加上 PC 寄存器(指

令计数器)值。当运行到指令 0x4000f3 时，该指令编码的 32 位地址为 0x200047，PC 值为 0x4000f9，所以访问 b 的地址为

$$0x4000f9+0x200047=0x600140$$

也就是说，b 存储在.data 段中。从链接得到的 ELF 文件信息(图 9-13)可以看到，链接得到的 test 的.data 只占 4 字节的空间，即.data 只存储整型数据 b。可以使用下面的反汇编指令 objdump 的参数 "–d" 查看得到的目标文件 test 的代码段:

```
$ objdump -d test
```

目标文件 test 反汇编结果如图 9-14 所示。

```
00000000004000e8 <main>:
  4000e8:   55                  push    %rbp
  4000e9:   48 89 e5            mov     %rsp,%rbp
  4000ec:   c7 45 f8 02 00 00 00 movl   $0x2,-0x8(%rbp)
  4000f3:   8b 15 47 00 20 00   mov     0x200047(%rip),%edx    # 600140 <b>
  4000f9:   8b 45 f8            mov     -0x8(%rbp),%eax
  4000fc:   01 d0               add     %edx,%eax
  4000fe:   89 45 fc            mov     %eax,-0x4(%rbp)
  400101:   b8 00 00 00 00      mov     $0x0,%eax
  400106:   5d                  pop     %rbp
  400107:   c3                  retq
```

图 9-14　已重定位的可执行文件 test，C 代码在图 1-1 中

对照图 1-2 反汇编的结果可以发现，链接前编译器将 b 的地址看作 0，链接之后地址改为 0x200047。

链接方式可以分为静态链接和动态链接两种。静态链接把公共库中的目标文件合并到可执行文件内部，这种方式简单，但是往往使得可执行文件的体积变得过大。动态链接不会把公共库中的目标文件合并到可执行文件内部，仅仅记录动态链接库的路径信息，只有运行之前才加载需要的库文件。因此，动态链接的方式节省存储空间，但是实现动态链接要相对复杂，而且也会增加程序运行的时间开销。

习　　题

9.1　对于下面的表达式，假设使用两个寄存器，请分别给出最优目标代码序列。

(1) $a*(b+c)+d/(e+f)$

(2) $a+b*(c*(d+e))$

9.2　对于下面的三地址代码序列，如果 u 是基本块出口的活跃变量，并且只有 R0、R1 两个可用的寄存器，请给出目标代码序列。

(1) $T_1=a-b$

(2) $T_2=a-c$

(3) $T_3=T_1+T_2$

(4) $u=T_3+T_2$

9.3　对于下面的三地址代码序列，如果 v 是基本块出口的活跃变量，并且只有 R0、R1 两个可用的寄存器，请给出目标代码序列。

(1) $t=a-b$

(2) $s=c+d$

(3) $w=e-f$

(4) $u=w/t$

(5) $v=u-s$

9.4　对于下面基本块中的三地址代码序列，基本块入口的活跃变量是 k、j，出口的活跃变量是 k、j、d，请构建它的寄存器冲突图。

(1) $g=j+1$

(2) $h=k-1$

(3) $f=g*h$

(4) $e=j+8$

(5) $m=j+16$

(6) $b=f*f$

(7) $c=e+8$

(8) $d=c*c$

(9) $k=m+4$

(10) $j=b$

9.5　对于图 9-15 所示的流图，请给出一个寄存器分配方案。

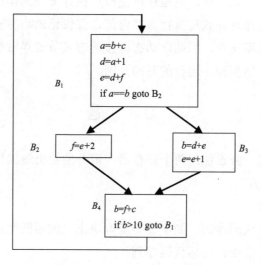

图 9-15　一个示例流图

9.6　对于图 9-9 所示的 C 程序，分析它的 ELF 文件布局。

9.7 对于图 9-16 所示的两个 C 程序 a.c 和 b.c，请给出编译、链接得到的目标代码，并指出链接后 share 和 sum 的重定位地址。

/*a.c*/	/*b.c*/
extern int share=3;	int sum (int a,int *b)
int main ()	{
{	int s;
int a=2,s;	s=a+*b;
s=sum (a,&share);	return s;
return 0;	}
}	

图 9-16　两个 C 程序

第 10 章　简单语言的翻译程序

　　虽然掌握了编译程序每一个步骤实现的基本方法和技术,但理解这些相关方法和技术如何协同处理并完成整个语言的翻译过程仍然是比较困难和抽象的。虽然真实的编译器很多,但是真实的编译器在描述和实现上非常复杂,所以初学者很难直接从这些真实的编译器上获得对编译程序的整体理解,并进一步获得构造一个编译程序的初步能力。因此,本章设计了一个简单的程序设计语言 SIMPLE,并实现该语言的翻译程序。

　　本章的 SIMPLE 翻译程序采用多遍的组织方式,其中词法分析、语法分析、语义分析和中间代码生成组织为一遍,目标代码生成组织为一遍。本章采用 C 语言作为实现编译程序的语言,详细阐述 SIMPLE 翻译程序的分析、设计和实现。虽然 SIMPLE 语言还缺少很多程序设计语言的特征,但是该翻译程序的实现已经运用了典型的编译技术和方法,不仅为读者展示了简单编译程序的完整结构,也为进一步扩展提供了基本的框架和示范。

10.1　源语言及其定义

10.1.1　语法定义

　　本章定义一个简单的程序设计语言,称作 SIMPLE。SIMPLE 语言具有典型的嵌套块结构特征,且 SIMPLE 程序由无参数、无返回值的子程序序列组成,其典型特征用下面的上下文无关文法进行定义:

$$program \rightarrow fundecls$$
$$fundecls \rightarrow function\ fundecls\ |\ function$$
$$function \rightarrow id\ (\ )\ block$$
$$block \rightarrow \{decls\ stmts\}$$
$$decls \rightarrow type\ vardefs;\ decls\ |\ \varepsilon$$
$$type \rightarrow \textbf{int}\ |\ \textbf{char}\ |\ \textbf{bool}$$
$$vardefs \rightarrow vardef\ |\ vardef,vardefs$$
$$vardef \rightarrow id$$
$$stmts \rightarrow stmt\ stmts\ |\ \varepsilon$$
$$stmt \rightarrow assignstmt\ |\ ifstmt\ |\ readstmt\ |\ writestmt\ |\ callstmt\ |\ returnstmt\ |\ block$$
$$assignstmt \rightarrow variable=bexpr;$$
$$variable \rightarrow id$$
$$callstmt \rightarrow id\ (\ );$$
$$returnstmt \rightarrow \textbf{return};$$
$$readstmt \rightarrow \textbf{read}\ (varlist);$$

varlist→variable | *variable,varlist*

*writestmt→***write***(exprlist)*;

exprlist→expr,exprlist | *expr*

*ifstmt→***if** *bexpr* **then** *stmt* | **if** *bexpr* **then** *stmt* **else** *stmt*

bexpr→expr | *expr < expr* | *expr > expr* | *expr ==expr*

expr→expr + expr | *expr * expr* | *(expr)* | *variable* | *num* | *letter* | **true** | **false**

id→alphabet idtail

idtail→alphabet idtail | *digit idtail* | ε

alphabet→ **a** | ⋯ | **z** | **A** | ⋯ | **Z**

digit→ **0** | **1** | ⋯ | **9**

num→ **1** *numtail* | **2** *numtail* | ⋯ | **9** *numtail*

numtail→digit numtail | ε

letter→'*character*'

其中，*program*、*fundecls*、*function*、*block*、*decls*、*type*、*vardefs*、*vardef*、*stmts*、*stmt*、*assignstmt*、*variable*、*varlist*、*ifstmt*、*readstmt*、*writestmt*、*callstmt*、*returnstmt*、*bexpr*、*expr*、*exprlist*、*id*、*idtail*、*letter*、*digit*、*num*、*numtail*、*character*、*alphabet* 是非终结符。*character* 是 ASCII 值为 32～126 的字符，*digit* 是十个基数，*alphabet* 是大小写的 26 个英文字母。此外，,、;、>、<、=、*、+、(、)、{和}是一个字符的单词，同时它们在程序中也充当界符；'和'充当界符。

非终结符 *id* 和 *num* 表示终结符组成的两类序列。*id* 是以字母开头，后面是字母或者数字的标识符；*num* 是以数字开头，后面仍然是数字的无符号整数。其次，*letter* 是字符常量。此外，**int**、**char**、**if**、**then**、**else**、**true**、**false**、**bool**、**return**、**read**、**write** 是由终结符组成的一些特殊单词，在程序中将作为关键字表示特殊的含义。对于语法分析来说，标识符、无符号整数、字符常量、关键字、运算符和界符可以认为是终结符。这些终结符是词法分析程序的输出。

一个 SIMPLE 语言程序如图 10-1 所示。该程序由一个称为 main 的子程序构成，并且该子程序由两个嵌套的 *block*（块结构）进行定义，外层的 *block* 定义了两个整型变量，里层的 *block* 定义两个整型变量。

```
main ()
{   int a1,b;
    read(a1,b);
    {   int x,y;
        if a1<b+2 then x=5+6*3; else x=6;
        write(x,5+4);
    }
    return;
}
```

图 10-1 一个 SIMPLE 语言程序

从 SIMPLE 语言文法也可以看到，更复杂的语言功能可以通过扩展上述文法得到。同时，为了方便文法的扩展，SIMPLE 语言文法增加一些可以简化的非终结符和单产生式。例如，为了方便 SIMPLE 语言增加数组类型，引入非终结符 *vardef* 和 *variable*。也就是说，如果 SIMPLE 语言增加数组类型，那么仅需要将 *vardef* 和 *variable* 的产生式扩展如下：

$vardef{\rightarrow}id\,|\,id[num{:}num]$

$variable{\rightarrow}id\,|\,id[expr]$

再如，为了增加代数运算的种类，可以将 $expr$ 的定义扩展为：

$expr{\rightarrow}expr{+}expr\,|\,exp{-}expr\,|\,expr\,|\,exp{*}expr\,|\,exp/expr$

同理，为了使 SIMPLE 语言可以支持 while 语句，可以为 $stmt$ 增加候选式：

$stmt{\rightarrow}\textbf{while}\ bexpr\ \textbf{do}\ stmt$

类似地，可以使 SIMPLE 语言支持 goto 语句、for 语句、有返回值的函数、参数等。当然，更加丰富的语言功能也使得编译器的实现变得复杂。因此，为了能更清晰地展示编译的基本理论和技术的一般运用方法，本章仅以基本的语言功能为例，阐述 SIMPLE 翻译器的分析、设计和实现。

10.1.2　其他约束

上下文无关文法对 SIMPLE 语言的语法进行定义，本节在此基础上对 SIMPLE 语言的其他约束进行说明和限制。

第一，SIMPLE 语言程序由一系列的无参数、无返回值的子程序组成。无返回值的子程序也称为过程。每个过程由过程名进行标识，**return** 表示过程结束返回调用者；最后一个过程名为 main，表示主程序的入口。

第二，SIMPLE 语言的标识符包括变量名和过程名。所有的标识符需要先声明再使用，变量所声明的类型可以是 **int**、**char** 和 **bool** 类型；因为 $block$（块结构）可以嵌套，在同一个 $block$ 内禁止同名变量的重复声明，但是可以在不同的 $block$ 中进行重复声明。$block$ 中符号的引用满足最近匹配原则，也就是引用标识符 x 时，从内向外依次检查 $block$ 中的第一个对 x 的声明。如果没有找到，那么 x 就是没有声明过的标识符。在图 10-1 所示的 SIMPLE 程序中，语句 **if** a1<b+2 **then** x=5+6*3; **else** x=6;对 a1 和 b 的访问都是外层 $block$ 声明的标识符。

第三，SIMPLE 语言定义了一种关系表达式 $bexpr$，其运算对象可以是 **bool** 类型的常量 **true** 或者 **false**，也可以是代数表达式经过关系运算符">"、"<"和"=="计算的结果；关系表达式的结果是 **bool** 型。代数运算可以使用乘法运算符"*"和加法运算符"+"；赋值语句使用"="运算符。

第四，SIMPLE 语言中字符类型的数据仅能进行比较、赋值、读入或者输出。

和大多数程序设计语言一样，SIMPLE 语言的乘法"*"和加法"+"满足左结合，且乘法"*"优先于加法"+"。然而，按照 10.11 节定义的文法，乘法和加法运算在表达式中并不一定满足需要的优先关系，也不一定满足左结合。

此外，SIMPLE 语言中的关系运算、代数运算和赋值运算，需要进行类型检查，只有类型匹配才可以进行运算。

10.2　词法分析的实现

词法分析从输入的 SIMPLE 源程序中获取具有语法意义的词法记号及其附加信息。这些词法记号对于语法分析来说，可以认为是带附加信息的终结符。

10.2.1　词法记号

SIMPLE 语言由基本的运算符、界符、标识符、关键字、无符号整数和字符常量组成。因此，SIMPLE 语言的词法记号划分为如下几类：

(1)运算符：>、<、=、*、+、(、)。

(2)界符：,、;、{、}。

(3)标识符：以字母开头，后面是字母或者数字的序列。

(4)关键字：**int**、**char**、**if**、**then**、**else**、**true**、**false**、**bool**、**write**、**read**、**return**。

(5)无符号整数：以数字开头，后面仍然是数字的序列。

(6)字符常量：ASCII 码值为 32～126 的字符。

经过对源程序中单词的抽象，从语法分析的角度，源程序被抽象为有限个词法记号组成的序列，因此采用下面的 C 语言枚举型定义 SIMPLE 语言的词法记号：

```
enum tokenkind
{
    errtoken,     endfile,      id,           num,         letter,
    addtoken,     multoken,     ltctoken,     gtctoken,    eqctoken,
    comma,        semicolon,    lparen,       rparen,      lbrace,
    rbrace,       becomes,      iftoken,      elsetoken,   thentoken,
    chartoken,    booltoken,    inttoken,     falsetoken,  truetoken,
    rettoken,     writetoken,   readtoken,
};
```

其中，每个元素对应一个词法记号。例如，id 表示标识符，num 表示无符号整数，letter 表示字符常量，iftoken 表示关键字 if，等等。因为 id、num 和 letter 不仅仅表示一个单词，本质上还分别表示一类单词，所以词法分析输出这些记号时还需要输出单词的"值"。除了 id、num 和 letter，其他的词法记号仅表示一个单词，所以词法分析仅需要输出这些词法记号。在语言基本符号之外增加了 errtoken 和 endfile 两个词法记号，errtoken 表示错误的字符串，endfile 表示文件结束标志 EOF。

关键字是标识符的子集，因此词法分析在识别出符合标识符规则的单词时，应首先判断该单词是否为关键字。因为关键字是一个有限的集合，所以采用一张保留字表预先存储 SIMPLE 语言中的关键字。对于可能是保留字的标识符，先调用函数 lookup 在保留字表中进行查找。如果不是保留字，则将该单词定义为标识符。

10.2.2　词法单元的定义

对于运算符、界符以及关键字这些单词，每个词法记号表示一个单词。因此，除了词法记号本身，词法分析可以不需要输出其他附加信息。然而，对于标识符、无符号整数和字符常量，因为每个词法记号表示一类单词，所以词法分析除了输出词法记号，还需要输出单词的其他属性。例如，无符号整数需要输出整数的数值。此外，每个单词的信息不完全相同，所以 SIMPLE 翻译器使用下面的结构体来完成单词定义：

```
struct tokenstruct
{
    enum tokenkind kind;
    union
    {
        char *idname;
        int numval;
        char ch;
    } val;
};
struct tokenstruct token
```

在 SIMPLE 翻译器定义的 token 中，采用联合体定义 token 的 val，可以更有效地利用存储空间。如果词法分析程序识别出的单词判断为标识符，除了将 token 的 kind 值记为 id，还需要记录该标识符本身的字符串，并将其存储在 idname 中。同理，如果单词判断为无符号整数，那么将 token 的 kind 值记为 num，同时将该整数对应的数值存储在 numval 中；如果单词判断为字符常量，则将 token 的 kind 值记为 letter，同时将该单词的字符存储在 ch 中。关键字、界符和运算符仅需要 kind 信息。

10.2.3　单词的识别

虽然词法分析可以将整个输入的源程序转换成单词序列，但是因为 SIMPLE 翻译器将词法分析、语法分析、语义分析和中间代码生成组织为一遍，所以词法分析设计为一个函数：

```
struct tokenstruct gettoken()
```

函数 gettoken 由语法分析调用，从输入的 SIMPLE 程序中读入每个字符，剔除空格、制表符、换行符，并返回一个 token。

手工实现词法分析程序的基础是 DFA。根据 SIMPLE 语言的特点，构建识别所有单词的 DFA，如图 10-2 所示。

该 DFA 的初始状态 0 包含 14 条射出边，其中第一条边识别标识符，第二条边识别整数，第三条边识别字符常量，第四条边识别 "=" 和 "=="，剩余的射出边识别一个字符对应的单词。

根据 DFA 构造的词法分析程序是一个分支程序。该程序根据首字符不同进入不同的分支，每个分支根据一个构词模式依次扫描字符并拼接单词，直到不能再拼接为止，进一步输出词法记号及其附加信息。

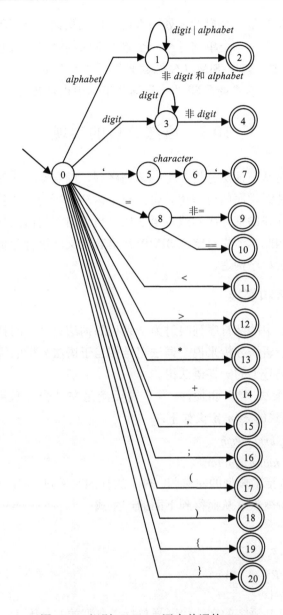

图 10-2　识别 SIMPLE 语言单词的 DFA

　　根据图 10-2 所示的 DFA，SIMPLE 的词法分析程序可以设计为多分支的程序。其中，第一个分支使用一个循环识别标识符，循环结束的条件是出现非数字和非字母的字符。第二分支用一个循环识别整数，循环结束的条件是出现非数字的字符；其次，词法分析需要将字符串映射为整数，并将值存储在 numval 中。第三个分支识别到 "'" 进入，如果接下来的第二个字符是 ASCII 码值为 32~126 的字符，且第三个字符是 "'"，则识别出一个字符常量，否则识别出 errtoken 并进行回退指针处理。第四个分支识别到 "=" 进入，如果向前扫描的字符是 "="，则表示识别到 "=="，否则回退字符且识别出 "="。剩下的分支识别一个字符组成的单词。最后，词法分析程序将不属于 SIMPLE 语言单词集合的字符识别为 errtoken。

词法分析中回退指针是一个启发式处理方法，以确保词法分析程序没有过滤掉有效的字符。这种方法在识别允许一个单词是另一个单词前缀的时候是有必要的，例如，"="就是"=="的前缀。同理，如果 SIMPLE 语言扩展了"<="和">="等单词，那么回退指针的方法在识别">"、"<"、"<="和">="这些单词中也是必要的。

10.3　语法分析的实现

语法分析的任务是基于词法分析产生的单词序列，确定输入程序的语法结构，并以显式或者隐式的方式构造源程序的语法树。自顶向下语法分析的本质就是模拟推导的过程，对输入的源程序构建存在的推导序列或者语法树。自顶向下的语法分析实现和左递归、左公因子等特点相关，因此本节先对定义 SIMPLE 语言的文法进行分析，再阐述基于递归下降分析技术的语法分析程序构造。

10.3.1　文法的分析和变换

词法分析将源程序中的字符序列映射为一系列的词法记号，而且可能出现的词法记号是有穷的。因此，对于语法分析来说，词法记号相当于语法分析的终结符，语法分析本质上就是尝试构造词法记号上的一棵语法树。

SIMPLE 语言中乘法"*"和加法"+"需要满足左结合，且乘法"*"优先于加法"+"，所以代数表达式的 *expr* 定义如下：

expr→expr + term | term

*term→term * factor | factor*

显然，*expr* 定义包括了典型的左递归。对于这样的左递归，可以采用 4.1.3 节中介绍的方法对产生式进行等价变换，从而得到下面的产生式：

expr→term tr

tr→+ term tr | ε

term→factor tp

tp→ factor tp | ε*

其次，定义 SIMPLE 语言的文法中同样包括了典型的左公因子：

vardefs→vardef | vardef ,vardefs

ifstmt→if bexpr then stmt | if bexpr then stmt else stmt

对这两个定义进行等价变换可以得到如下的产生式：

vardefs→ vardef vardefstail

vardefstail→,vardef vardefstail | ε

ifstmt→ if bexpr then stmt iftail

iftail→ else stmt | ε

然而，对得到的文法进一步分析可知，虽然文法删除了左公因子，但是在 if 语句的定义部分却存在二义性。对包含"**if** *a<b* **then** if *c>d* **then** *x*=2; **else** *x*=3;"的输入程序，仍然可以构造两棵不同的语法树。定义 if 语句的规则有二义性，这就意味着当推导的当前非终结

符是 *iftail* 时，如果只知道一个单词且下一个出现的单词为 **else**，则 *iftail* 的两个候选式 **else** *stmt* 和 ε 都是合法候选式，即 FOLLOW(*iftail*) ∩ FIRST(**else** *stmt*)={**else**}。

针对 if 语句的二义性，本章采用最简单的最近匹配原则来解决冲突，即当输入的单词是 **else** 时，采用候选式 **else** *stmt* 进行下一步的推导。也就是说，对于类似 **if** *a*<*b* **then if** *c*>*d*; **then** *x*=2; **else** *x*=3;的语句，将 **else** 和第二个 if 进行匹配。

10.3.2　递归下降的语法分析程序

递归下降分析程序的实现将一个非终结符的识别过程编写成一个子程序，并且子程序根据非终结符的候选式编写成分支代码。例如，对于非终结符 *expr*、*tr* 和 *term*，实现它们语法分析的伪化码如图 10-3 所示。

```
void expr() {
    term(); tr();
}
void tr() {
    if (token== addtoken) {
            gettoken(); term();tr();
    }
}
void term() {
    factor();tp();
}
```

图 10-3　*expr*、*tr* 和 *term* 语法分析伪代码

在实现 *expr* 语法分析的伪代码中，可以看到 tr() 通过递归调用实现。因为递归可以用循环代替，从而减少子程序的数量，所以 *expr* 语法分析的伪化码可以采用图 10-4 所示的伪代码实现。

```
void expr() {
    term();
    while (token== addtoken) {
            gettoken(); term();
    }
}
```

图 10-4　消除 *tr* 递归的 *expr* 语法分析伪代码

和图 10-4 所示的分析过程相一致的产生式可以用下面的 BNF 来表示：

　　exp::=*term* {'+' *term* }

在 BNF 中，引入新的元符号"{"和"}"，表示花括号内的语法成分可以重复。在花括号不加上下界时表示可重复任意次数，花括号有上下界时表示重复次数受上下界限制。此外，还引入元符号"["和"]"，表示方括号内的成分为任选项。虽然在 BNF 中，习惯使用尖括号"<"和">"将非终结符括起来，但是为了和 10.1 节的文法保持形式一致，仍然采用斜体字符串表示非终结符。

　　将词法分析得到的词法记号看作终结符，那么 SIMPLE 语言的上下文无关文法可以改写为下面的 BNF：

　　　　program::= **id** '(' ')' *block* { **id** '(' ')' *block* }

　　　　block::='{' *decls stmts* '}'

　　　　decls::={ *type vardefs* ';'}

　　　　type::=**int** | **char** | **bool**

　　　　vardefs::= *vardef*{',' *vardef*}

　　　　vardef::=**id**

　　　　stmts::={ *stmt*}

　　　　stmt::= *assignstmt* | *callstm* | *returnstmt* | *ifstmt* | *readstmt* | *writestmt* | *block*

　　　　assignstmt::= *variable* '=' *bexpr*';'

　　　　variable::=**id**

　　　　callstm::=**id** '(' ')' ';'

　　　　returnstmt::=**return**';'

　　　　readstmt::=**read** '(' *variable*{',' *variable* }')' ';'

　　　　writestmt::=**write** '(' *expr* {',' *expr*}')' ';'

　　　　ifstmt::=**if** *bexpr* **then** *stmt* [**else** *stmt*]

　　　　bexpr::=*expr* | *expr* '<' *expr* | *expr* '>' *expr* | *expr* '==' *expr*

　　　　expr::=*term* {'+' *term*}

　　　　term::= *factor* {'*' *factor*}

　　　　factor::='('*expr*')' | *variable* | **num** | **letter** | **true** | **false**

　　其中，单引号 "'" 和 "'" 中的字符代表字符本身。应该注意一点，*stmts* 不能直接使用下面的 BNF 定义：

　　　　stmts::={ *assignstmt* | *callstm* | *returnstmt* | *ifstmt* | *readstmt* | *writestmt* | *block*}

因为 *ifstmt* 中真分支和假分支的语句不可以使用 *stmts* 定义，只能使用 *stmt* 定义。

10.4　符号表的实现

　　创建符号表的目的是将符号的相关信息从声明的地方传递到使用的地方，为静态语义检查和中间代码生成提供必要的信息。本节针对 SIMPLE 语言的特点以及符号组织需求，阐述符号表的设计和管理的实现方法。

10.4.1　符号表的设计

　　按照语法和语义的定义，SIMPLE 语言具有嵌套的分程序结构特点。对于这样的语言，应该采取分层建立和管理符号表。

　　SIMPLE 翻译器将所有符号存储到一个全局符号表中。为了实现标识符在不同的 *block* 中可以进行重复声明，在符号表中设置一个 level 属性来记录符号的作用域的嵌套深度，以区分不同作用域中的符号。

因为 SIMPLE 语言要求标识符先声明再使用、禁止同名标识符在同一个 *block* 中重复声明，同时还需要进行类型的检查等，所以符号表需要存储的属性还包括每个符号的名字、类型。每个变量都需要考虑它在运行时存储空间上的分配，所以每个变量还设置相对地址属性。此外，因为有些标识符表示变量，有些标识符表示过程名，而两者的用法不完全相同，所以还应该在符号表中进行区分。

综上考虑，使用下面的数据结构定义 SIMPLE 翻译器的符号表：

```
enum idform
{  var,
   proc
};
enum datatype
{  nul,
   inttype,
   chartype,
   booltype
};
struct tablestruct
{  char name[n];
   enum idform form;
   enum datatype type;
   int level;
   int address;
};
struct tablestruct table[tmax]
```

根据上面的数据结构，符号表中每个符号项的定义包括符号的名字 name、符号的种类 form、数据类型 type、所在块的深度 level 以及地址 address。其中，对于变量，address 表示相对地址。对于过程，address 表示子程序的入口标号。

因为函数同时具备变量和过程的一些特征，所以为了方便 SIMPLE 扩展函数，符号表的定义中区分了符号的种类 form 和数据类型 datatype；同时，datatype 中的 nul 值用于 proc 种类的标识符。

对于图 10-5 所示的示例程序，假设每个整型变量占 2 个存储空间，字符型和布尔型变量都占 1 个存储空间，而且最外层的 *block* 中的第一个变量的相对地址为 0。在图 10-5 所示的程序中，标识符 b 和 x 都重复定义了两次，但是因为它们所在的 *block* 不同，所以都是合法的声明。

对于图 10-5 所示的程序，当翻译程序运行到 B_3 时，符号表中存储的符号如表 10-1 所示。首先，因为当翻译程序运行到 B_3 时，B_2 块已经翻译结束，B_2 块中的声明的变量 b 和 c 不会再被后面的代码所引用，所以从符号表中删除。其次，加入 B_3 块中声明的 x。此外，SIMPLE 将 main 当作一个标识符处理，并且它的 address 是子程序的入口标号 L1，因为在中间代码生成阶段将会在子程序的入口处生成一条定义 L1 的三地址代码。

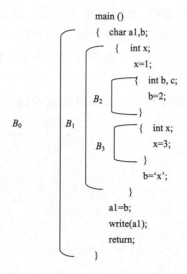

图 10-5 展示作用域的 SIMPLE 程序

表 10-1 SIMPLE 语言的符号表示例

name	form	type	address	level
main	procedure		1	0
a1	variable	chartype	0	1
b	variable	chartype	1	1
x	variable	inttype	2	2
x	variable	inttype	4	3

10.4.2 符号表的管理

对符号表的管理主要包括在声明阶段将符号及其相关信息填入符号表和在使用阶段在符号表中查找符号的相关信息。符号在符号表中的存储方式与符号表的查找方法相关，一般可以按照标识符声明的顺序依次将符号及其相关信息填入符号表，这种组织方式下符号的查询采用顺序查找的方法。

SIMPLE 语言符号表处理的难点是作用域的嵌套，这意味着随着嵌套的深入，需要不断填入声明的符号。同时，当一个 *block* 分析结束时，需要及时从符号表中删除不再使用的符号。

符号表由词法分析、语法分析、语义分析创建并由语义分析和中间代码生成使用。在大多数情况下，词法分析只能向语法分析返回词法记号以及单词的附加信息。因此，在实现符号表的时候，由语法分析决定符号是否需要相应的表项，同时由语法分析程序完成创建表项的工作。

采用两个函数 enter 和 found，分别实现 SIMPLE 语言中符号的登记和查询的工作。enter 函数将当前单词 toekn 的名字 name、符号种类 *f*、数据类型 dt、所在的作用域 lev、table 中的位置*tx，以及相对地址*off，登记到符号表的表尾。enter 函数的伪代码如图 10-6 所示。其中，token 是全局变量，并且假设 int 类型的数据占 2 个存储空间，布尔型和字符型仅占 1 字节。

```
void enter (enum idform f,enum datatype dt,int lev,int * tx,int * off) {
    (*tx)++;
    strcpy (table[ (*tx) ].name, token.val.idname);
    table[ (*tx) ].form = f;
    table[ (*tx) ].type = dt;
    table[ (*tx) ].level = lev;
    table[ (*tx) ].address = (*off);
    if (dt==inttype)
            (*off) = (*off) +2;
    else if (dt==booltype ||dt==chartype )
            (*off) = (*off) +1;
}
```

图 10-6　enter 函数的伪代码

在符号表中，通过 level 值来体现符号的局部化单元，最外层 *block* 设置为 0，每进入一个嵌套 *block*，嵌套深度 level 值加 1。因为 SIMPLE 语言不允许重复声明，所以每个声明的符号需要先判定是否重复声明，如果重复声明，则不执行 enter 函数，并提示相应的错误信息。根据 name 和 level 值判定是否重复声明，如果 level 相同，name 也相同，则判定为标识符重复声明。

found 函数判定名字*idname 的标识符是否登记在符号表中，主要的伪代码如图 10-7 所示。因为符号表按照先声明先填写的方法处理声明的标识符，所以嵌套最深的 *block* 声明的标识符在 table 的表尾。因此，found 函数从表尾开始查找，这样就满足最近声明原则。另外，在符号表的数组中，table[0]是空出的，所以每次执行 found 函数时，先把待查询的*idname 复制到 table[0].name 中，确保*idname 没有登记过符号表时，函数 found 返回 0。

```
int found (char * idname,int tx) {
        strcpy (table[0].name,idname);
        i = tx;
        while (strcmp (table[i].name,idname) != 0)
                i--;
        return i;
}
```

图 10-7　found 函数的伪代码

符号表由词法分析、语法分析、语义分析创建并使用。在大多数情况下，词法分析只能向语法分析返回词法记号。因此，在实现符号表的时候，由语法分析确定将符号及其属性插入符号表中。

10.5　中间代码生成

中间代码生成不是编译的必需阶段，编译器可以采用一遍或者多遍组织编译过程。单遍编译器在一遍扫描的过程中完成词法分析、语法分析、语义分析和代码生成；多遍编译

器在源程序或者等价的代码形式中进行多次扫描，每次扫描完成不同的分析和任务。语义
分析之后生成中间代码，可以尽可能地把与目标机无关的翻译任务独立出来，有利于编译
程序的优化和移植。SIMPLE 翻译器采用两遍的组织方式，第一遍的结果是将源程序转换
成中间代码序列。

10.5.1　中间代码的定义

经过语法分析得到的语法树本质上是一种中间代码表示形式，可以基于语法树进行代
码优化和代码生成。为了更直观地展示中间代码生成的结果，SIMPLE 翻译器采用四元式
的三地址代码表示源程序翻译得到的中间代码序列，具体四元式形式如下：

(OP,operand1,operand2,result)

该四元式的含义是 result=operand1 OP operand2，表示不同的操作码 OP 对运算的分量
operand1 和 operand2 进行操作。操作码 OP 使用下面的 C 语言共用体进行定义：

```
enum IRcode_name
{   ADD,        SUB,        MUL,        DIV,        EQC,        LTC,
    GTC,        ASS,        LAB,        JPC,        JUMP,       RET,
    READ,       WRITE,      ENTRY,      CALL
};
```

运算的分量可以是标号、常量、临时变量或者地址，用下面的 C 语言共用体进行定义：

```
enum addr_kind
{   labelkind,      constkind,      tempkind,       varkind };
```

为了统一表示中间代码的各操作分量和操作结果，统一定义 addr 结构保存它们的基本
信息。addr 的结构用下面 C 语言结构体进行定义：

```
struct addrRecord
{ enum addr_kind addrkind;
  union
  {   int value;
      char c;
      bool b;
  } constant;
  char name[al];
  enum datatype type;
};
```

在 addr 的结构中，addrkind 用来区分操作分量的具体类型；value 用来存储常量的值、
标号的编号、临时变量的编号或变量的偏移地址；c 用来存储字符类型的常量值；b 用来存
储布尔类型的值；name 为了直观地输出中间代码而使用；type 用来存储符号的数据类型。

使用下面的结构体定义每一条中间代码：

```
struct IRCodeR
{   IRcode_name IRcodename;
    addrRecord *addr1;
```

```
    addrRecord   *addr2;
    addrRecord   *addr3;
} ;
```

上面的结构体本质上使用四元式定义每一条中间代码，SIMPLE 翻译器使用的中间代码以及含义如表 10-2 所示。

表 10-2　SIMPLE 翻译器的中间代码及含义

种类	中间代码	含义
关系运算	(EQC,addr1,addr2,addr3)	If addr1=addr2 then addr3=1 else addr3=0
	(LTC,addr1,addr2,addr3)	If addr1<addr2 then addr3=1 else addr3=0
	(GTC,addr1,addr2,addr3)	If addr1>addr2 then addr3=1 else addr3=0
代数运算	(ADD,addr1,addr2,addr3)	Addr3= addr1+addr2
	(MUL,addr1,addr2,addr3)	Addr3= addr1*addr2
语句	(READ,−,−,addr3)	输入语句
	(WRITE,−,−,addr3)	输出语句
	(LAB,−,−,addr3)	标号语句
	(ASS,addr1,−,addr3)	Addr3= addr1
	(JUMP,−,−,addr3)	无条件调转到 addr3
	(JPC,addr1,−,addr3)	若 addr1=0，则跳转到 addr3，否则顺序执行
	(ENTRY,addr1,addr2,addr3)	过程入口。其中 addr1 是过程产生的临时变量所占的空间大小；addr2 是过程声明变量所占的空间大小；addr3 是过程入口标号
	(CALL,−,−,addr3)	调用入口地址为 addr1 的过程
	(RET,−,−,−)	返回调用过程

一个 SIMPLE 程序最后翻译得到的四元式序列存储到一个一维的全局结构体数组中：

```
struct IRCodeR IRcode[IRmax]
```

10.5.2　生成中间代码的构造

针对 SIMPLE 语言所包含的典型语句，下面将具体讨论这些语句的中间代码构造的主要方法。虽然 10.3 节给出了删除左递归和左公因子的等价文法，但是因为这些产生式往往没有直观地反映出语句的典型结构，所以本节仍然针对 10.1 节给出的文法，对于 SIMPLE 语言所包含的一些典型语句，分析中间代码的基本构造方法。

1．声明语句

大多数声明语句都不生成代码，包括中间代码或者目标代码，但是子程序的声明需要生成代码。因为子程序的声明不仅和局部变量有关，还和一段可能重复执行的代码相关，所以需要为子程序生成相应的代码。此外，子程序运行时和活动记录有关，所以还需要生成管理活动记录的代码。

SIMPLE 语言声明仅包括变量和过程的声明，变量声明部分主要结合程序的语义进行符号信息的登记和管理。除了过程体的代码，过程声明主要完成活动记录的空间计算并生成相应的指令，基本思想和过程如下。

(1)编译程序开始，生成一条跳转指令，确保程序永远从主程序开始执行。非终结符 *program* 的中间代码生成方法可以表示为下面的语法制导定义：

program→fundecls
　　{ *mainlab*=addrLabel(NewLabel());
　　　program.code=genIR(JUMP,NULL,NULL,*mainlab*)
　　　　|| *fundecls.code*}

其中，*mainlab* 是主程序的入口标号；函数 addrLabel()创建一个标号类型的四元式分量；函数 NewLabel()创建一个新的标号；*code* 属性表示生成的中间代码序列；*program* 翻译的中间代码由 JUMP 指令和 *fundecls* 代码顺序组成。

(2)子程序声明中，当分析到子程序名 **id** 的时候，生成子程序的入口指令。子程序声明的中间代码生成方法可以表示为下面的语法制导定义：

fundecls→function fundecls$_1$
　　{ *fundecls.code*= *function.code* || *fundecls*$_1$*.code*}
fundecls→function
　　{ *fundecls.code*= *function.code* }
*function→***id** '(' ')' *block*
　　{ *tempsize*=addrconst();
　　　varsize= addrconst();
　　　lab=addrLabel(NewLabel());
　　　enter(proc,nul,lev,&tx,&off);
　　　function.code= genIR(ENTRY,*tempsize,varsize,lab*)
　　　　|| *block.code*}

其中，函数 addrconst()创建一个常量类型的四元式分量；*tempsize* 记录子程序生成的临时变量的空间大小；*varsize* 记录子程序声明的变量空间大小；*lab* 是子程序的入口标号，如果 **id** 为 main，则 *lab* 就是 *mainlab*；enter()将过程 **id** 及其相关信息登记到符号表中。另外，*varsize* 和 *tempsize* 属性需要子程序的 *block* 分析结束后进行回填。

(3)子程序 *block* 除了对符号表中变量的初始偏移地址、符号表的指针、过程的临时变量以及空间进行初始化，主要根据 *decls* 定义完成变量声明处理。*block* 的中间代码主要由 *stmts* 决定：

block→'{' *decls stmts*'}'
　　{ *block.code*= *stmts.code*}

其中，*decls* 是变量声明，涉及下面的产生式：

decls→ type vardefs; decls | *ε*
type→ **int** | **char** | **bool**
vardefs→vardef | *vardef,vardefs*
*vardef→***id**

变量声明部分主要结合程序的语义进行符号信息的登记和管理,不需要生成中间代码。

2．语句序列

SIMPLE 语言中语句序列的中间代码分别由具体的语句决定：

　　　stmts→stmt stmts$_1$

　　　　　　{ *stmts.code= stmt.code*||*stmts*$_1$*.code*}

　　　stmts→ε

　　　　　　{ *stmts.code=*''}

　　　stmt→assignstmt

　　　　　　{ *stmt.code= assignstmt.code* }

　　　stmt→callstmt

　　　　　　{ *stmt.code=callstmt.code*}

　　　stmt→returnstmt

　　　　　　{ *stmt.code= returnstmt.code* }

　　　stmt→ifstmt

　　　　　　{ *stmt.code= ifstmt.code* }

　　　stmt→readstmt

　　　　　　{ *stmt.code= readstmt.code* }

　　　stmt→writestmt

　　　　　　{ *stmt.code= writestmt.code* }

　　　stmt→block

　　　　　　{ *stmt.code= block.code* }

　　在 SIMPLE 语句序列中，处理难点是 *stmt* 中的 *block* 定义。因为 *block* 可以顺序定义，也可以嵌套定义。如果两个 *block* 结构 B_1 和 B_2 是顺序定义的，那么分析 B_2 之前，需要将 B_2 的变量初始偏移地址、符号表的指针恢复为与 B_1 分析前一致。另外，需要比较 B_1 和 B_2 声明的变量空间大小，并使用大者作为分析 B_2 之后的空间偏移。这个值除了用于分配嵌套在 B_2 中 *block* 声明的每一个变量，最终也用于计算子程序的 *varsize*。

3．表达式

　　关系表达式是运算对象为常量、变量或者代数表达式的表达式。对于 "<" 的关系运算，生成中间代码的翻译模式如下：

　　　bexpr→expr$_1$ < *expr*$_2$

　　　　　　{ *bexpr.addr*= NewTemp()；

　　　　　　bexpr.code=expr$_1$*.code* || *expr*$_2$*.code*

　　　　　　　　||genIR(LTC,*expr*$_1$*.addr*,*expr*$_2$*.addr*,*bexpr.addr*) }

　　其中，NewTemp() 函数生成一个临时变量类型的四元式分量，这里为了简洁省略了 NewTemp() 的参数；*addr* 属性表示四元式的运算分量；*expr.addr* 和 *expr.code* 是 *expr* 的综合属性，在翻译关系运算之前可以获得。

　　对于定义"=="和">"关系的产生式，处理方法和"<"产生式类似，只是最后一条指令不同：

$bexpr \rightarrow expr_1 > expr_2$
　　　　　{ $bexpr.addr$=NewTemp();
　　　　　　$bexpr.code= expr_1.code \parallel expr_2.code$
　　　　　　　　　　$\parallel$genIR(GTC,$expr_1.addr,expr_2.addr,bexpr.addr$) }

$bexpr \rightarrow expr_1 == expr_2$
　　　　　{ $bexpr.addr=$ NewTemp();
　　　　　　$bexpr.code= expr_1.code \parallel expr_2.code$
　　　　　　　　　　$\parallel$genIR(EQC,$expr_1.addr,expr_2.addr,bexpr.addr$) }

　　类似地，对于代数运算表达式，生成中间代码的翻译模式如下：

$expr \rightarrow expr_1 + term$
　　　　　{ $expr.addr=$ NewTemp();
　　　　　　$expr.code$=genIR(ADD,$expr_1.addr,term.addr,expr.addr$) }

$expr \rightarrow term$
　　　　　{ $expr.addr= term.addr$; $expr.code=term.code$ }

$expr \rightarrow (expr_1)$
　　　　　{ $expr.addr=expr_1.addr$; $expr.code= expr_1.code$ }

$term \rightarrow term_1 * factor$
　　　　　{ $term.addr$=NewTemp();
　　　　　　$term.code= term_1.code \parallel factor.code$
　　　　　　　　　　$\parallel$genIR(MUL,$term_1.addr,factor.addr,term.addr$) }

$term \rightarrow factor$
　　　　　{ $term.addr = factor.addr$; $term.code=factor.code$}

$factor \rightarrow (expr)$
　　　　　{ $factor.addr = expr.addr$; $factor.code= expr.code$}

$factor \rightarrow variable$
　　　　　{ $factor.addr = variable.addr$; $factor.code=variable.code$}

$factor \rightarrow num$
　　　　　{ $factor.addr$ =addrconst(); $factor.code$='' }

$factor \rightarrow letter$
　　　　　{ $factor.addr$ =addrconst(); $factor.code$='' }

$factor \rightarrow$ **true**
　　　　　{ $factor.addr$ =addrconst(); $factor.code$='' }

$factor \rightarrow$ **false**
　　　　　{ $factor.addr$ =addrconst(); $factor.code$='' }

$variable \rightarrow$ **id**
　　　　　{ i=found(**id**.$name$,*tx);

if $(i!=0)$ *variable. addr*=addrvar(); *variable.code*='''}

其中，addrconst()创建一个存储常量的四元式分量，对应不同类型的常量，将常量存储到四元式分量中。函数 addrvar()创建一个变量类型的四元式分量，为了简洁省略了addrvar()的参数。如果采用自顶向下语法分析方法实现翻译程序，删除表达式文法的左递归还需要等价地变换产生式的语义。删除表达式的左递归对语义的影响和变换方法，在5.4.1 节给出详细的变换方法以及结果，此处不再赘述。

4．赋值语句

对于赋值语句，生成式中间代码的翻译模式如下：

assignstmt→variable=*bexpr*;

　　　{ *assignstmt.code*=genIR(ASS,*bexpr.addr*,NULL,*variable.addr*) }

5．if 语句

if 语句生成中间代码的翻译模式可以定义如下：

stmt→ **if** *bexpr* **then** *stmt₁*

　　　{ *bexpr_false* = addrLabel(NewLabel());

　　　　stmt.code=*bexpr.code*

　　　　　　　|| genIR(JPC,*bexpr.addr*,NULL,*bexpr_false*)

　　　　　　　|| *stmt₁.code*

　　　　　　　|| genIR(LAB,*bexpr_false*,NULL,NULL) }

stmt→ **if** *bexpr* **then** *stmt₁* **else** *stmt₂*

　　　{ *bexpr_false*=addrLabel(NewLabel());

　　　　stmt_next =addrLabel(NewLabel());

　　　　stmt.code=*bexpr.code*

　　　　　　　|| genIR(JPC,*bexpr.addr*,NULL,*bexpr_false*)

　　　　　　　|| *stmt₁.code*

　　　　　　　|| genIR(JUMP,NULL,NULL,*stmt_next*)

　　　　　　　|| genIR(LAB,*bexpr_false*,NULL,NULL)

　　　　　　　|| *stmt₂.code*

　　　　　　　|| genIR(LAB,*stmt_next*,NULL,NULL) }

其中，*bexpr_false* 和 *stmt_next* 是标号，分别表示 if 语句中布尔表达式为假或者 if 语句结束跳转的目标。结合中间代码的设计，采用指令 LAB 完成创建标号的工作。

6．read 语句

*readstmt→***read**(*varlist*);

　　　{ *readstmt.code*= *varlist.code*}

varlist→variable

　　　{ *varlist.code*=genIR(READ,NULL,NULL,*variable.addr*) }

$$varlist \rightarrow variable, varlist_1$$
$$\{ varlist.code = \text{genIR}(\text{READ}, \text{NULL}, \text{NULL}, variable.addr)$$
$$|| varlist_1.code \}$$

7. write 语句

$$writestmt \rightarrow \textbf{write}(exprlist);$$
$$\{ writestmt.code = exprlist.code \}$$
$$exprlist \rightarrow expr$$
$$\{ exprlist.code = \text{genIR}(\text{WRITE}, \text{NULL}, \text{NULL}, expr.addr) \}$$
$$exprlist \rightarrow expr, exprlist_1$$
$$\{ exprlist.code = \text{genIR}(\text{WRITE}, \text{NULL}, \text{NULL}, expr.addr)$$
$$|| exprlist_1.code \}$$

8. call 语句

$$callstmt \rightarrow \textbf{id}();$$
$$\{ i = \text{found}(\textbf{id}.name);$$
$$\text{if }(i!=0)$$
$$\{ lab = \text{addrLabel}(table[i].address);$$
$$callstmt.code = \text{genIR}(\text{CALL}, \text{NULL}, \text{NULL}, lab);$$
$$\text{else error}();\}$$
$$\}$$

其中，*lab* 引用子程序 **id** 定义的入口标号，如果 **id** 没有声明过则报错。

9. return 语句

$$returnstmt \rightarrow \textbf{return};$$
$$\{ returnstmt.code = \text{genIR}(\text{RET}, \text{NULL}, \text{NULL}, \text{NULL}) \}$$

10.5.3　中间代码生成和优化

在 SIMPLE 编译程序中，采用增量翻译的方式将生成的中间代码增量地存储到一个全局空间 IRcode 中。子程序 genIR 实现生成一条中间代码并将其写到 IRcode，写入的位置通过中间代码指针 NextIR 指示，每生成一条中间代码，NextIR 计算器增加 1。NextIR 是一个全局变量，但是仅仅 genIR 有权修改 NextIR。

当一个 SIMPLE 程序翻译结束时，得到的中间代码存储在 IRcode 数组中，通过子程序 PrintIR 可以直观地查看源程序翻译的结果。

在获得中间代码之后，可以进行多遍，通过对中间代码进行重排、删除、合并等操作，提高代码运行时的时空效率。常量合并是最简单的代码优化，SIMPLE 翻译器提供可选的常量优化。例如，图 10-1 所示的示例程序经过常量合并得到的优化代码如表 10-3 所示。

表 10-3　SIMPLE 示例程序(图 10-1)的中间代码经过常量合并之后的优化代码

中间代码	常量合并之后的优化代码
[0]　(JUMP,-,-,L1)	[0]　(JUMP,-,-,L1)
[1]　(ENTRY,9,8,L1)	[1]　(ENTRY,9,8,L1)
[2]　(READ,-,-,a1)	[2]　(READ,-,-,a1)
[3]　(READ,-,-,b)	[3]　(READ,-,-,b)
[4]　(ADD,b,2,T1)	[4]　(ADD,b,2,T1)
[5]　(LTC,a1,T1,T2)	[5]　(LTC,a1,T1,T2)
[6]　(JPC,T2,-,L2)	[6]　(JPC,T2,-,L2)
[7]　(MUL,6,3,T3)	[7]　(ASS,18,-,T3)
[8]　(ADD,5,T3,T4)	[8]　(ADD,5,T3,T4)
[9]　(ASS,T4,-,x)	[9]　(ASS,T4,-,x)
[10]　(JUMP,-,-,L3)	[10]　(JUMP,-,-,L3)
[11]　(LAB,-,-,L2)	[11]　(LAB,-,-,L2)
[12]　(ASS,6,-,x)	[12]　(ASS,6,-,x)
[13]　(LAB,-,-,L3)	[13]　(LAB,-,-,L3)
[14]　(WRITE,-,-,x)	[14]　(WRITE,-,-,x)
[15]　(ADD,5,4,T5)	[15]　(ASS,9,-,T5)
[16]　(WRITE,-,-,T5)	[16]　(WRITE,-,-,T5)
[17]　(RET,-,-,-)	[17]　(RET,-,-,-)

在表 10-3 所示的中间代码中,为了提高可读性,使用 L1、L2、L3 分别对应标号 1、2、3。同理,使用 T1、T2、T3、T4、T5 分别对应临时变量编号 1、2、3、4 和 5。

10.6　目标代码生成

为了完整地展示编译的过程,同时避免涉及实际目标机中过多的物理结构特征,SIMPLE 翻译器在《编译原理及实践》一书中设计的虚拟目标机基础上,设计一个简单虚拟目标机 VM,并将 SIMPLE 源程序翻译成虚拟机 VM 上的代码。

10.6.1　虚拟目标机

1. 寄存器和存储器

虚拟目标机包括 9 个寄存器,其中 6 个是通用寄存器 ax、bx、cx、dx、top 和 bp。通用寄存器可以作为普通的数据寄存器使用;bp 和 top 是指针寄存器,主要用于存储器操作数的寻址,且 bp 记录基地址,top 记录栈顶。3 个专用寄存器是 pc、flag 和 ip,其中 flag 是标志寄存器,用于指示比较指令的状态;pc 是程序计数器,用于存放指令的地址;ip 是指令寄存器,用来保存当前正在执行的一条指令。

为了使翻译过程简单并且结构清晰,翻译器使用一个整型数组定义 6 个通用寄存器和 2 个专用寄存器 pc 和 flag。ip 是一个结构体变量,与代码段的存储单元的结构一致。也就是说,字符型数据和布尔型数据在目标代码中都转换成整型数据进行访问。

虚拟目标机还包括两个存储器,分别用于存储指令和数据。存储指令的代码段由结构数组定义，存储数据的数据段是一个整型数组。定义它们的数据结构如下：

```
int reg [Rnum];
int dMem [DSIZE];
typedef struct {
    int iop;
    int iarg1;
    int iarg2;
    int iarg3;
  } INSTRUCTION;
INSTRUCTION iMem [ISIZE]
```

2. 指令集

虚拟目标机指令一般包括四个可选的组成部分：

　　iop r,　d,　s

其中，iop 是必需的操作码，表示要执行的操作，如加减乘除等；r、d、s 在不同的指令中表示的含义不同。下面具体解释虚拟机提供的指令。

(1) opIN：有两个参数 r 和 d，如果 $d=0$，指令将外部整型变量读入寄存器 r；如果 $d=1$，指令将外部字符型变量读入寄存器 r。

(2) opOUT：有两个参数 r 和 d，如果 $d=0$，指令将寄存器 r 的内容按照整型输出；如果 $d=1$，指令将寄存器 r 的内容按照字符型输出。

(3) opADD：有三个参数，指令将寄存器 d 的值加寄存器 s 的值存入寄存器 r。

(4) opSUB：有三个参数，指令将寄存器 d 的值减寄存器 s 的值存入寄存器 r。

(5) opMUL：有三个参数，指令将寄存器 d 的值乘寄存器 s 的值存入寄存器 r。

(6) opDIV：有三个参数，指令将寄存器 d 的值除寄存器 s 的值存入寄存器 r。

(7) opLD：有三个参数，并且 r 和 s 是寄存器，d 是立即数，指令将地址为 $d+\mathrm{reg}(s)$ 的内存单元的值存入寄存器 r。

(8) opST：有三个参数，并且 r 和 s 是寄存器，d 是立即数，指令将寄存器 r 中的值存入地址为 $d+\mathrm{reg}(s)$ 的内存单元。

(9) opLDA：有三个参数，并且 r 和 s 是寄存器，d 是立即数，指令将 $d+\mathrm{reg}(s)$ 值存入寄存器 r。

(10) opLDC：有两个参数 r 和 d，指令将立即数 d 放入寄存器 r。

(11) opMOV：有两个参数 r 和 d，指令将寄存器 d 的值存储到寄存器 r 中。

(12) opPUSH：有一个参数 r，指令将寄存器 r 的值压入栈顶，top 指针加 1。

(13) opPOP：有一个参数 r，指令将 top 指针减 1，且栈顶值存入寄存器 r。

(14) opJNL：如果寄存器 flag 不小于 0，则 r 的值存入寄存器 pc，即下一条指令将跳转到 r。

(15) opJNG：如果寄存器 flag 不大于 0，则 r 的值存入寄存器 pc，即下一条指令将跳转到 r。

(16) opJNE：如果寄存器 flag 的值不等于 0，则 r 的值存入寄存器 pc，即下一条指令

将跳转到 r。

（17）opJUMP：r 的值存入寄存器 pc，即下一条指令将无条件跳转到 r。

10.6.2　运行时刻环境

目标代码的运行环境和目标代码生成密切相关。当编译结束之后，可以获得源程序的目标代码，因此目标代码采用静态存储分配。SIMPLE 语言提供过程抽象，同时允许过程嵌套调用，所以数据段采用栈式动态的存储分配策略，以过程为单位进行管理。

根据 SIMPLE 语言的特点，过程的活动记录的设计方案如图 10-8 所示。其中，返回地址用于存储被调用过程返回时的返回地址，控制链用于存储主调用过程活动记录的基地址；活动记录的每一个单元可以通过 bp 以及相对 bp 的偏移地址进行访问。虽然临时变量的空间最终在编译时可以确定，但代码生成或优化可能会缩减过程所需的临时变量，因为它长度的改变不会影响其他的数据对象，所以把临时变量安排在局部变量的后面。

虽然 SIMPLE 语言中 $block$ 具有嵌套定义的特征，但是这种嵌套仅局限于子程序内部的 $block$。为了提高空间的利用率，在 SIMPLE 语言的运行环境中，进入 $block$ 时分配变量声明的空间，退出 $block$ 时释放它占用的空间。一个子程序内声明的嵌套 $block$ 依次分配在活动记录中，但是顺序声明的 $block$ 不是同时活跃的，所以这些 $block$ 在数据空间上是重叠的。

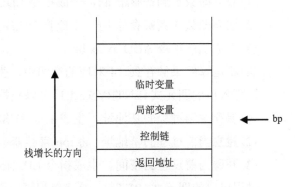

图 10-8　活动记录的设计方案

对于图 10-5 所示的 SIMPLE 程序，块结构 B_2 和 B_3 就是顺序声明的。当程序运行到 B_2 时，数据段中的空间布局仅包含 B_0、B_1、B_2，当程序运行到 B_3 时，数据段中的空间布局仅包含 B_0、B_1、B_3，如图 10-9 所示。因为 B_2 和 B_3 不同时活跃，所以 B_2 中的 b 和 B_3 中的 x 是重叠的，也就是说 B_2 中的 b 和 B_3 中的 x 的地址是相同的。

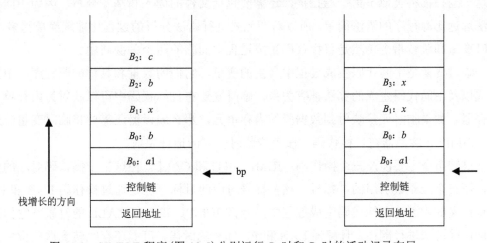

图 10-9　SIMPLE 程序（图 10-5）分别运行 B_2 时和 B_3 时的活动记录布局

需要注意的是，为了展示不同的数据类型所占空间大小不同的具体处理，虽然 SIMPLE 翻译器为源程序中的整型变量分配两个单元的空间，但是在虚拟机的数据段中，整型数据仅使用低地址单元进行存储。

10.6.3　从中间代码到目标代码的转换

目标代码生成在中间代码生成的基础上进行，因此目标代码生成本质上是进行第二遍扫描。因为中间代码的每个四元式都由有限个操作码中的一个进行确定，并且每个操作码对应的四元式有固定的格式，所以中间代码生成的基本思想就是依次扫描每一个四元式，并且根据每一个操作码以及固定的结构将其翻译成目标代码。

下面针对一些典型的四元式，解释它们的翻译过程。例如，四元式(ADD,5,3,T4)可以根据下面的过程进行翻译：

(1)取立即数 5 到寄存器 ax，生成指令 LDC ax 5。

(2)取立即数 3 到寄存器 bx，生成指令 LDC bx 3。

(3)生成加法指令 ADD ax ax bx。

(4)将运算结果储存到 T4 对应的空间中，生成指令 ST ax 10 bp。

过程入口的四元式(ENTRY,9,8,L1)可以根据下面的过程进行翻译：

(1)保存主调过程的基地址，生成指令 PUSH bp。

(2)建立当前过程的基地址，将 top 寄存器中的值储存到 bp 中，生成指令 MOV bp top。

(3)开辟当前过程的空间，生成指令 LDA top 17 bp。

过程退出的四元式(RET,-,-,-)可以根据下面的过程进行翻译：

(1)释放过程占用的空间，生成指令 MOV top bp。

(2)恢复主调过程的基地址，生成指令 POP bp。

(3)跳转到返回地址，生成指令 POP pc。

SIMPLE 翻译程序并没有将中间代码写出到文件，如果中间代码已经写出到文件，那么这一遍扫描将类似于第一遍扫描，还需要包括文件的读入和基本分析。因为中间代码的语法远远比源程序的语法简单，所以对四元式进行语法分析的过程比前端简单得多。然而，临时变量和跳转指令仍然是目标代码生成过程中面临的两个关键问题。

临时变量是中间代码生成过程中产生的变量，它们的数量和具体的源程序、中间代码形式以及中间代码生成的算法都有关系。临时变量在目标代码中可以映射为内存单元或者寄存器。如果临时变量映射到数据段的内存单元，那么编译器还需要将临时变量映射为地址。SIMPLE 翻译器在目标代码阶段完成临时变量的地址映射。

跳转指令主要涉及三个操作码：JUMP、JPC 和 CALL。在这三个操作码对应的四元式中，第三个操作数引用的是标号。这些标号对应的目标可能是通过操作码 LAB 和 ENTRY 进行定义的。因为目标代码生成过程中，翻译 JUMP、JPC 和 CALL 的时候，它们的跳转目标可能还未进行翻译，且翻译 LAB 和 ENTRY 的时候，可能还存跳转到这些位置的跳转指令还未进行翻译，所以需要将定义性出现的标号和引用性出现的标号都记录下来，并在适当的时机回填相应目标指令的跳转目标。

对于 LAB 和 ENTRY 指令，它们定义的标号 L 都是四元式中的第四个单元，可以采用如下基本相同的处理方法。

(1)在标号地址表中，检查标号 L 是否存在；如果存在则报错，如果不存在则执行下一步。

(2)将标号 L 和它对应的目标指令地址登记到标号地址表中。

对于 JUMP、JPC 和 CALL 引用的标号 L，也可以采取基本相同的方法。

(1)在标号地址表中，检查标号 L 是否存在；如果存在则使用标号地址表中 L 的地址生成完整的跳转指令，如果不存在则执行下一步。

(2)将该跳转指令的地址和标号 L 登记到跳转指令表中。

对于不满足上面情况的跳转指令，可以在每次碰到 LAB 和 ENTRY 指令时，查询定义的标号是否已经存在对应的跳转指令，并进行回填处理，也可以在翻译完所有的指令之后进行回填处理。图 10-1 所示的源代码经过翻译器翻译，最终可以获得目标代码。使用函数 PrintObject 显示的目标代码如图 10-10 所示。

[0]	JUMP 1	[20]	LDC ax 5
[1]	PUSH bp	[21]	LD bx 10 bp
[2]	MOV bp top	[22]	ADD ax ax bx
[3]	LDA top 8 bp	[23]	LDA top 2 top
[4]	IN ax 0	[24]	ST ax 12 bp
[5]	ST ax 0 bp	[25]	LD ax 12 bp
[6]	IN ax 0	[26]	ST ax 4 bp
[7]	ST ax 2 bp	[27]	JUMP 30
[8]	LD ax 2 bp	[28]	LDC ax 6
[9]	LDC bx 2	[29]	ST ax 4 bp
[10]	ADD ax ax bx	[30]	LD ax 4 bp
[11]	LDA top 2 top	[31]	OUT ax 0
[12]	ST ax 8 bp	[32]	LDC ax 9
[13]	LD ax 0 bp	[33]	LDA top 2 top
[14]	LD bx 8 bp	[34]	ST ax 14 bp
[15]	SUB flag ax bx	[35]	LD ax 14 bp
[16]	JNL 28	[36]	OUT ax 0
[17]	LDC ax 18	[37]	MOV top bp
[18]	LDA top 2 top	[38]	POP bp
[19]	ST ax 10 bp	[39]	POP pc

图 10-10　示例程序(图 10-1)的目标代码

10.6.4　虚拟机解释程序

虚拟机 VM 是一个取值、执行的循环程序，它执行的基本过程如图 10-11 所示。虚拟机 VM 首先将寄存器 top、bp、pc 设置为 0，然后从 iMem[0]取出指令放入 ip 寄存器开始执行，除非执行的指令修改了 pc 寄存器，否则 pc 加 1 执行下一条指令。

```
void VM() {
        reg[top]= 0;
        reg[bp]= 0;
        reg[pc]= 0;
        do{
                ip=iMem[reg[pc]];
                reg[pc]=reg[pc]+1;
                switch (ip.op) {
                        case opIN:…;break;
                        case opOUT:…;break;
                        case opADD:…;break;
                        …
                }
        }while reg[pc]!=0)
}
```

图 10-11   虚拟机 VM 执行的基本过程

在虚拟机 VM 的执行过程中，循环体是一个 switch 语句，根据每条指令的操作码进行解释执行。

10.7 课 程 设 计

SIMPLE 翻译器采用自顶向下的语法分析方法，同时采用多遍的组织方式实现翻译过程。第一遍完成前端翻译，以语法语义分析为核心，词法分析和中间代码生成程序作为它的子程序调用，每调用一次词法分析程序仅从源程序中识别出一个单词，每调用一次中间代码生成程序生成一条三地址代码。第二遍完成后端的翻译，将中间代码翻译成目标代码。

本书提供 SIMPLE 翻译器的完整代码，在此基础上可以派生出各类不同的课程设计任务。下面给出几个典型的设计方案。

1. 翻译器的组织结构完善

本书提供的翻译器采用多遍的组织方式。具体来说，第一遍完成词法分析、语法分析、语义分析和中间代码生成，第二遍完成目标代码生成。然而，为了简化中间代码和目标代码并未写出外存。为了使编译器每一个环节的功能和任务更加清晰，可以将中间代码和目标代码写出外存。每一遍分析开始或者虚拟机解释执行时再从外存读入。

2. 语言功能的扩展

SIMPLE 翻译器仅实现了基本数据类型、表达式和语句。因此，可以从语言功能的角度进行扩展，增加注释、扩展单词、数据类型、表达式、循环、数组、函数、参数等。

1)增加注释

为源程序增加注释功能，为源程序的可读性提供支持，同时理解词法分析中对注释的处理方法。其次，源程序可以增加单行注释和多行注释两种。

2）扩展单词

SIMPLE 语言的标识符局限于小写字母，且标识符定义为以字母开头，后面是数字或者字母的字符串。针对程序设计语言中的单词定义，可以将标识符扩展为包括大小写字母、下划线等。

3）增加数据类型

为 SIMPLE 语言增加数据类型，如实数类型。

4）增加表达式

为 SIMPLE 语言增加表达式运算的类型。例如，增加代数运算，包括减法运算（–）、除法运算（/）；增加关系运算，包括大于等于关系运算（>=）、小于等于关系运算（<=）、不等于关系运算（<>）。

增加代数运算，将 *expr* 的定义扩展为

$$expr \rightarrow expr + term \mid expr - expr \mid term$$
$$term \rightarrow term * factor \mid term / factor \mid factor$$

增加关系运算，将 *bexpr* 的定义扩展为

$$bexpr \rightarrow expr \mid expr < expr \mid expr > expr \mid expr == expr$$
$$\mid expr <> expr \mid expr <= expr \mid expr >= expr$$

5）增加循环

为 SIMPLE 语言增加 while 循环。while 循环的语法可以通过 *stmt* 增加如下候选式：

$$stmt \rightarrow \textbf{while } bexpr \textbf{ do } stmt$$

其中，*bexpr* 为真则执行 do 后面的语句，为假则退出循环。

6）增加数组

为 SIMPLE 语言增加一维数组，将 *vardecl* 和 *variable* 的定义扩展为如下的规则：

$$vardef \rightarrow \textbf{id} \mid \textbf{id[num: num]}$$
$$variable \rightarrow \textbf{id} \mid \textbf{id}[expr]$$

例如，int a[2:5]定义一个下标为 2～5 的 4 个元素的整型数组。数组元素可以在表达式中被引用。

7）增加函数

增加函数的定义功能，对原来的产生式进行如下扩展：

$$function \rightarrow type \; \textbf{id} \; '(' \; ')' \; block$$
$$type \rightarrow \textbf{int} \mid \textbf{char} \mid \textbf{bool} \mid \textbf{void}$$
$$returnstmt \rightarrow \textbf{return;} \mid \textbf{return } expr;$$
$$factor \rightarrow '(' \; expr \; ')' \mid variable \mid \textbf{id} \; '(' ')' \mid \textbf{letter} \mid \textbf{true} \mid \textbf{false}$$

上面的扩展采用典型的 C 语言风格的定义。扩展之后，源程序由若干个子程序组成，每个子程序的定义包括类型、名字和 *block*。*type* 为 void 的子程序无返回值，即过程；*type* 不是 void 的子程序有返回值，即函数。函数返回值的数据类型就是指定的类型，且返回值通过 return 语句返回。

一个函数声明之后，可以采用类似于变量的方法对函数进行引用。

8) 增加参数

增加子程序的参数定义，对原来的产生式进行如下扩展：

function→type **id** '(' *params* ')' *block*

params→param, params | ε

param→type **id**

一个子程序定义了参数，那么参数的访问和子程序定义的变量相似。

3. 编译器功能的扩展

现有的 SIMPLE 编译程序仅实现了基本的语言功能，在中间代码优化、目标代码优化和错误处理等方面还可以进行完善和补充。

在上面的设计方案中，增加注释和扩展单词可以作为词法分析的实验任务，增加表达式和循环可以作为语法和语义分析的实验任务，增加数据类型、数组、函数和参数可以作为语义分析和存储管理的实验任务。部分课程设计内容可能需要对虚拟目标进行扩展。除了上面所罗列的设计方案，也可以根据课程的需求进行调整，同时对本书所给的源代码以及测试用例进行补充完善。

参 考 文 献

AHO A V, LAM M S, SETHI R, 等, 2009. 编译原理 [M]. 2 版. 赵建华, 郑滔, 戴新宇, 译. 北京: 机械工业出版社.

BRYANT R E, O'HALLARON D R , 2016. 深入理解计算机系统(原书第 3 版)[M]. 龚奕利, 贺莲, 译. 北京: 机械工业出版社.

COOPER K D, TORCZON L, 2006. 编译器工程[M]. 冯速, 译. 北京: 机械工业出版社.

范志东, 张琼声, 2016. 自己动手构造编译系统: 编译、汇编与链接[M]. 北京: 机械工业出版社.

高国军, 任志磊, 张静宣, 等, 2019. 编译优化序列选择研究进展[J]. 中国科学: 信息科学, 49 (10): 1267-1282.

HOPCROFT J E, MOTWANI R, ULLMAN J D, 2022. 自动机理论、语言和计算导论(原书第 3 版)[M]. 郭家骕, 译. 北京: 机械工业出版社.

蒋立源, 康慕宁, 1999. 编译原理[M]. 2 版. 西安: 西北工业大学出版社.

刘慧, 徐金龙, 赵荣彩, 等, 2019. 学习模型指导的编译器优化顺序选择方法[J]. 计算机研究与发展, 56 (9): 2012-2026.

刘磊, 金英, 张晶, 等, 2004. 编译程序的设计与实现[M]. 北京: 高等教育出版社.

LOUDEN K C, 2000. 编译原理及实践[M]. 冯博琴, 冯岚, 等译. 北京: 机械工业出版社.

王生原, 董渊, 张素琴, 等, 2015. 编译原理[M]. 3 版. 北京: 清华大学出版社.

王亚刚, 2017. 深入分析 GCC[M]. 北京: 机械工业出版社.

俞甲子, 石凡, 潘爱民, 2009. 程序员的自我修养——链接、装载与库[M]. 北京: 电子工业出版社.

AHO A V, LAM M S, SETHI R, et al, 2007. Compliers: principles, techniques and tools[M]. 2nd ed. Boston: Pearson Education Addison-Wesley.

ASHOURI A H, KILLIAN W, CAVAZOS J, et al, 2018. A survey on compiler autotuning using machine learning[J]. ACM computing surveys, 51 (5):1-42.

CUMMINS C, PETOUMENOS P, WANG Z, et al, 2017. End-to-end deep learning of optimization heuristics[C]. International conference on parallel architectures and compilation techniques. Portland: 219-232 .

LI M, LIU Y, LIU X, et al, 2021. The deep learning compiler: a comprehensive survey[J]. IEEE transactions on parallel and distributed systems, 32(3):708-727.

SAMMET J E, 1972. Programming languages: history and future[J]. Communications of the ACM, 15(7): 601-610.

WANG Z, O'BOYLE M, 2018. Machine learning in compiler optimization[J]. Proceedings of the IEEE, 106 (11): 1879-1901.